稀磁半导体材料的
理论设计与计算

卢一林　崔方超　董盛杰　著

本书数字资源

北　京
冶　金　工　业　出　版　社
2025

内 容 提 要

本书系统阐述了稀磁半导体材料的理论设计与计算方法，深入探讨了其电子结构、磁学特性及调控机制。全书以密度泛函理论为核心工具，解析了氢化物、硫化物、卤族化合物及二维磷烯等体系的磁电耦合效应与自旋轨道相互作用。通过第一性原理计算，揭示了掺杂诱导的磁性起源、应变与电场对能带结构的调控规律，以及拓扑自旋电子学等新兴领域的物理机制。书中提出了基于超晶格工程的有序缺陷设计策略，为室温铁磁体制备和自旋极化输运提供了理论支撑，并展望了该类材料在自旋场效应晶体管、磁隧道结等器件中的应用前景。

本书兼具理论深度与实践指导意义，适合材料科学、凝聚态物理及电子工程领域的研究人员、高校教师及研究生阅读。书中翔实的计算案例与理论模拟方法，尤其可为从事半导体材料设计、自旋电子器件开发的科研工作者提供重要参考。

图书在版编目（CIP）数据

稀磁半导体材料的理论设计与计算 / 卢一林，崔方超，董盛杰著. -- 北京 : 冶金工业出版社，2025. 7.
ISBN 978-7-5240-0295-6

Ⅰ. TM27

中国国家版本馆 CIP 数据核字第 2025L4W498 号

稀磁半导体材料的理论设计与计算

出版发行 冶金工业出版社 **电　话** (010)64027926
地　址 北京市东城区嵩祝院北巷 39 号 **邮　编** 100009
网　址 www. mip1953. com **电子信箱** service@ mip1953. com

责任编辑 于昕蕾 美术编辑 彭子赫 版式设计 郑小利
责任校对 梁江凤 责任印制 范天娇
唐山玺诚印务有限公司印刷
2025 年 7 月第 1 版，2025 年 7 月第 1 次印刷
710mm×1000mm 1/16；11. 5 印张；197 千字；174 页
定价 80. 00 元

投稿电话 (010)64027932 投稿信箱 tougao@ cnmip. com. cn
营销中心电话 (010)64044283
冶金工业出版社天猫旗舰店 yjgycbs. tmall. com
（本书如有印装质量问题，本社营销中心负责退换）

前　　言

稀磁半导体作为凝聚态物理与材料科学交叉领域的前沿方向，其独特的电荷-自旋双自由度调控能力，为新一代低功耗、高集成度自旋电子器件提供了革命性材料平台。随着计算材料学的飞速发展，基于密度泛函理论的第一性原理方法已成为揭示材料本征物性、指导实验设计的核心工具。

全书以“理论设计—计算模拟—机理阐释—应用探索”为主线展开。第1章综述部分从计算物理学发展脉络切入，剖析稀磁半导体的研究历程与二维材料设计范式；第2章深度解析密度泛函理论及其衍生方法，重点探讨交换关联泛函选择、赝势构建等关键计算技术；第3~7章分别聚焦氢化物、硫化物、卤族化合物、二维磷烯及超晶格体系，通过典型案例揭示掺杂工程、应变调控、界面效应等多场耦合对磁电性能的协同作用机制；第8章则面向器件化需求，探讨自旋注入、输运优化等工程挑战，并展望量子信息技术中的潜在应用。

本书的显著特色体现在两方面：其一，打破传统研究偏重单一体系的局限，构建了“宽禁带半导体-窄带隙拓扑材料-离子晶体”的多元研究谱系；其二，提出缺陷有序化超晶格设计策略，为解决磁性稀释难题提供新思路。本书的成稿得益于国内外同行的宝贵建议。感谢天津大学和渤海大学的合作团队在理论验证与数据建模环节提供的技术保障。各位专家学者的宝贵支持为本书的学术质量提供了坚实保障。

本书主要面向材料科学与工程、应用物理、电子科学与技术等专业的高年级本科生、研究生，以及从事半导体器件研发的工程技术人员。建议读者在阅读前具备固体物理、量子力学基础。针对不同阅读需求，工程应用导向型读者可重点研读第5~7章的材料设计，而关注学科前沿的研究者宜深入剖析第 8 章的前瞻性展望——该章系统梳理了拓扑自旋器件、量子信息接口等新兴方向的理论突破点与技术演进路径。

限于研究视野与学科发展的动态性，书中难免存在疏漏之处，恳请学界同仁不吝指正，共同推动稀磁半导体研究的范式革新。

作　者

2025 年 5 月于渤海大学

目　　录

1 综　　述

材料是人类社会生活的物质基础。材料的发展引起时代的变迁，是推动人类物质文明和社会进步的里程碑。20 世纪 90 年代以来，材料成为当今科学技术的三大支柱（材料、能源和信息）之一，其作用和意义尤为重要。当一种新材料诞生时，势必会带动相关产业和技术的迅速发展，甚至会催生新的产业和技术领域。作为高新技术的基础和先导，新材料的应用范围极其广泛。按照应用领域和当今的研究热点来划分，新材料一般可以分为高性能结构材料、新型功能材料、新能源材料、电子信息材料、纳米材料、先进复合材料、生态环境材料、生物医用材料、智能材料、化工新材料、新型建筑材料等。作为新材料领域的核心，新型功能材料具备优良的力学、热学、电学、光学、磁学和化学等功能而被广泛应用于各类高科技领域。其中，稀磁半导体材料自被发现以来，它可以在不改变传统半导体其他性质的情况下兼具电子的电荷和自旋双重量子属性，使其具有优异的磁、磁光和磁电等性能，在高密度非易失性存储器、磁感应器和自旋量子计算机等领域具有重要的应用。特别是半金属铁磁体（HMFs），其费米能级处具有100%的自旋极化率，使得自旋注入半导体的研究备受人们的关注。本书主要介绍几种新型稀磁半导体材料，并研究了相关的电子结构和磁性。我们希望这些新型的功能材料能够进一步加强并扩展稀磁半导体的研究领域，为实现高新技术材料以及制备新型功能元器件提供理论基础。

1.1　计算物理学概述

计算物理学是以电子计算机和计算机技术作为工具和手段，通过计算数学的方法来研究和模拟材料的物理性质的一门新兴学科。从历史上来看，计算物理学是现代计算机在科学中的第一个应用，也是目前计算科学中重要的分支之一。通常认为，计算物理学是理论物理和实验物理的综合产物，也是另一种对理论物理和实验物理的补充方式。

物理学最早是一门基于实验的学科。1862 年，麦克斯韦（Maxwell）通过电磁波规律，建立了 Maxwell 方程组，并同时在理论上预言了电磁波的存在，使人们认识到了理论物理思维的独特魅力，近而理论物理作为一门独立的学科开始发展并逐渐成熟起来。直到 20 世纪初，理论物理发生了两次重大变革，即量子力学和相对论的诞生，使其与实验物理成为物理学的两大支柱。尤其重要的是，人们意识到理论物理和实验物理相结合的研究方式的重要性，这又进一步促进了物理学的发展。同时，更多更复杂的问题也接踵而来。由于量子力学方程十分复杂，传统的解析方法无法解决，甚至在使用近似方法时也很难求解，为科学家们了提出了新的挑战。

在 20 世纪 50 年代初期，人们将计算机应用于非线性系统的长时间行为和大尺度性质的研究，这被认为是计算物理的正式起点。之后，利用计算物理技术，人们不断创新，提出新的概念并且发现新的物理现象，例如著名的 Zabusky 等人揭示了 KdV 方程的孤立波所呈现的守恒性和类粒子性[1]。这些新的物理现象推动了物理学的进一步发展，同时使得计算物理在理解、发现和预言新的物理现象等方面的研究受到人们广泛的关注。不同于传统的解析方法，计算物理擅长复杂想象的研究，可以模拟大量微观粒子组成的宏观系统的动力学过程。其中，蒙特卡罗方法是目前比较成熟的计算机模拟方法。计算物理可以模拟实际中很难实验的系统，例如等离子体的多尺寸模拟、两个黑洞融合产生的引力波模拟等。目前，随着科学技术的蓬勃发展，计算物理已涉及诸多领域：统计物理学、凝聚态物理学、量子力学、地球物理、生物物理等学科，与实验物理和理论物理在物理学上形成三足鼎立，为人们探寻物理学中的现象、解决物理问题以及揭示物理规律等方面都做出了极其重要的贡献。

在凝聚态物理研究领域，分子动力学、第一性原理和蒙特卡罗方法构成了现代计算模拟的三大支柱。其中，基于密度泛函理论（DFT）的第一性原理计算因其独特的理论优势，成为连接微观原子结构与宏观物理性质的核心工具。该方法以量子力学基本原理为出发点，通过求解多电子体系的薛定谔方程，结合 Hohenberg-Kohn 定理和 Kohn-Sham 方程，将复杂的多体问题转化为单电子问题。这种方法无须依赖实验参数或经验模型，仅需输入原子核位置和电子数目等基本物理量，即可从微观层面揭示材料的电子结构、磁学特性、光学响应等关键性质。

随着计算技术的进步，第一性原理方法在计算精度和效率上实现了跨越式发展。早期的局域密度近似（LDA）能够较好地描述金属和简单绝缘体的结构与能量，但对半导体体系的带隙存在系统性低估。广义梯度近似（GGA）通过引入密度梯度修正，显著提升了对半导体、表面吸附等体系的计算精度。近年来发展的杂化泛函（如 HSE06）通过混合局域与非局域交换项，在保持计算效率的同时，有效解决了半导体带隙低估问题。对于强关联体系（如过渡金属氧化物），元泛函（meta-GGA）通过考虑动能密度等高阶信息，进一步优化了对电子关联效应的描述。

这种方法在凝聚态研究中具有承上启下的关键作用。它不仅突破了传统量子化学方法的计算瓶颈，实现了周期性体系的高效模拟，还通过与分子动力学（DFT-MD）和蒙特卡罗方法相结合，构建起多尺度模拟框架。例如，在极端条件下的材料研究中，DFT-MD 能够模拟高温高压下的结构相变和动力学行为；通过将 DFT 计算的能量曲面与蒙特卡罗方法相结合，则可精确预测合金相图和缺陷形成能。

在实际应用中，第一性原理计算已渗透到半导体材料设计、纳米结构表面科学、强关联体系探索等多个领域。在半导体领域，通过能带结构计算揭示了过渡金属掺杂 MgH_2 体系的自旋劈裂机制，以及应变诱导 PbS 能带反转的物理过程。在纳米材料研究中，表面吸附能和反应路径的精确计算为新型催化剂设计提供了理论指导，例如石墨烯缺陷对 CO_2 吸附的影响分析。对于高温超导材料和稀土掺杂钙钛矿氧化物等强关联体系，DFT+U 方法成功解析了其电子配对机制和磁电耦合特性。

近年来，第一性原理方法与机器学习相结合开启了计算材料学的新篇章。通过构建原子间势的机器学习模型（如 SchNet、GAP），计算效率提升了 3~4 个数量级，使得长期动力学模拟成为可能。同时，实验技术的进步（如 X 射线衍射、扫描隧道显微镜）与理论计算形成了闭环验证体系，例如二维材料褶皱结构的 DFT 预测与原子力显微镜观测高度吻合，铁电材料极化翻转机制的理论模拟也通过压电力显微镜实验得到了验证。

尽管第一性原理计算已取得显著成就，但其发展仍面临挑战。当前交换关联泛函对范德华力、自旋轨道耦合等作用的描述仍存在不足，需要发展更精确的非局域泛函。在激发态性质计算方面，GW 近似与含时密度泛函理论（TDDFT）的发展正逐步突破基态计算的限制，为光吸收、载流子迁移率等动态性质的预测提供新手段。此外，高压（>100 GPa）、强磁场等极端环境下的材料行为研究，需要结合 DFT 与热力学模型开发新的计算范式。

展望未来，随着量子计算技术的突破，第一性原理计算有望在复杂体系模拟、量子材料设计等领域实现跨越式发展。这种方法不仅将深化人类对物质微观结构的理解，还将为能源存储、信息处理等领域的技术革新提供理论支撑，推动凝聚态物理研究迈向新的高度。

1.2 稀磁半导体的研究简述

1.2.1 稀磁半导体的介绍

现代信息技术实现了信息的处理和存储，信息的处理是利用半导体中电荷的载流子运动来实现，信息的存储则是利用了磁性材料的自旋属性。长期以来，人们一直希望能够同时利用电子的电荷和自旋属性，制备出集磁、光、电于一身的低功耗的磁性半导体器件[2]。

在 20 世纪 60 年代，苏联和波兰科学家对磁性半导体材料（主要是天然矿石）进行了光学和电学的研究，发现居里温度低于 100 K，导电性能较差，很难应用到实际生活中，但这一发现开辟了稀磁半导体的研究热潮[3]。之后，在 20 世纪 80 年代，张立纲小组首次成功地通过少量的磁性杂质 Mn 掺杂 CdTe 等一系列Ⅱ~Ⅵ族化合物半导体，制备出了新型稀磁半导体材料，被称为第二代稀磁半导体。但是，此类稀磁半导体的磁学性质主要由反铁磁超交换作用决定。部分Ⅱ~Ⅵ族稀磁半导体呈现出铁磁特征，但居里温度过低，也同样限制了实际应用。直到 20 世纪 90 年代中期，随着科技水平的发展，Ohno 等人利用低温分子束外延技术（LT-MBE）制备出了具有较高居里温度的Ⅲ~Ⅴ族稀磁半导体 (Ga,Mn)As 和 (In,Mn)As[4-5]。之后，Dietl 小组在 2000 年预测 Mn 掺杂的 GaN 和 ZnO 具有室温铁磁性，如图 1-1 所示[6]。这不仅使得一度沉寂的稀磁半导体领域又重新活跃起来，而且开辟了一门新的学科——自旋电子学。

目前，基于稀磁半导体材料的相关器件，如自旋场发射晶体管、自旋光二极管、自旋隧穿器件等已经在实验室中初见雏形，但这些器件只能在低温下工作。因此，制备室温下的稀磁半导体、有效地把自旋注入半导体中，以及自旋在半导体中输运、寿命和自旋的操作已成为目前稀磁半导体领域中的研究热点。

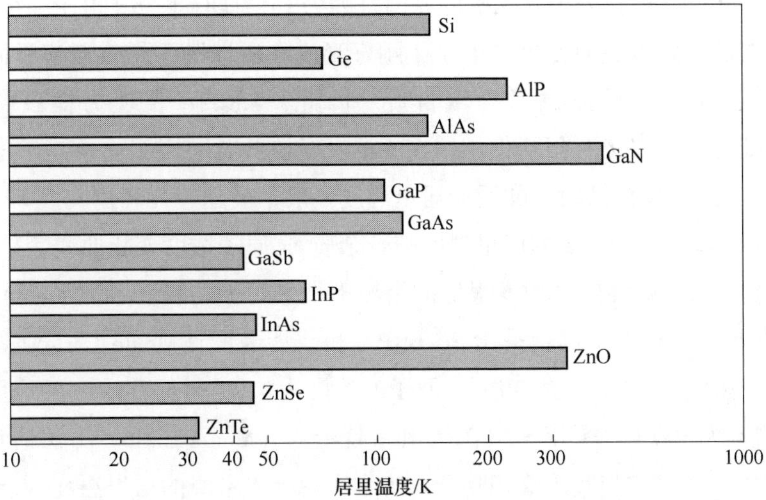

图 1-1 Mn 掺杂浓度为 5%时若干材料的居里温度[6]

1.2.2 Ⅱ~Ⅵ族稀磁半导体

最初的研究主要集中在具有宽带隙的Ⅱ~Ⅵ族化合物上，例如 ZnS、ZnSe、ZnTe、CdS 等。采用 Mn 等过渡金属替换Ⅱ族阳离子来制备稀磁半导体[7-9]。通过过渡金属 d 轨道与阴离子 p 轨道之间的相互杂化，在不同掺杂浓度以及温度下，这类稀磁半导体可以表现出顺磁、铁磁态、反铁磁态和自旋玻璃态（spin-glass-like）。在外加磁场的调控下，通过 sp-d 交换相互作用可以改变禁带宽度近而实现金属-绝缘体的转变。

Ⅱ~Ⅵ族稀磁半导体的晶体结构随着杂质浓度的不同会发生变化[10]。例如，在化合物 ZnMnSe 中，当杂质 Mn 原子的浓度为小于 0.3%时，材料表现为闪锌矿结构；当浓度在 0.3%~0.55%范围内时，则表现为纤锌矿结构。在 CdMnTe 中，当杂质 Mn 原子的浓度为小于 0.7%时，材料一直保持为闪锌矿结构。虽然在Ⅱ~Ⅵ族稀磁半导体的晶体结构表现出不同的对称性，但 Mn 离子由相同的四面体构型组成。Mn 原子替换Ⅱ族阳离子之后，一般以 Mn^{2+}的形式存在，d 电子为半满，既不提供载流子同时也不会束缚载流子，但是提供了局域自旋。虽然 Mn 作为杂质原子掺入Ⅱ~Ⅵ族化合物相对容易制备，但是很难得到 n 型或 p 型的掺杂类型，限制了实际应用。最近，人们利用 Cr 替代 Mn 作为掺杂剂，制备出了 ZnCrTe 稀磁半导体。不同于广泛研究的 ZnMnTe 和 CdMnTe，ZnCrTe 表现为铁磁态。其中，Cr-Cr 耦合表现为铁磁的原因是因为 Cr^{2+} 具有 4 个 d 电子，少于半满。Mn 替换之后，Mn^{2+} 具有 5 个 d 电子，刚好半满，所以既不提供载流子同时也不会束缚载流子，而是提供了局域自旋。因此，ZnCrTe 表现为铁磁特征，而 ZnMnTe 则是由于超交换相互作用，在 Mn 浓度较低时表现为自旋玻璃态。当存在空穴掺杂，如 N 掺杂时，体系的居里温度一般不会超过几开尔文。

图 1-2 呈现了 ZnCrTe 的居里温度随着杂质 Cr 原子浓度变化曲线[11]。从图中我们可以看出，除了在 Cr 浓度很低的情况下，采用平均场（mean-field）方法估测的居里温度都高于室温；采用 SC-LRPA 和蒙特卡罗（Monte Carlo）方法估测的居里温度大幅度降低。在杂质 Cr 原子的浓度为 0.2%时，ZnCrTe 的居里温度在实验上测得为 300 K，采用 SC-LRPA 和蒙特卡罗（Monte Carlo）方法估测的居里温度大约为 270 K，与实验值相吻合。为了实现高于室温的居里温度，杂质 Cr 原子的浓度必须大幅度增大。

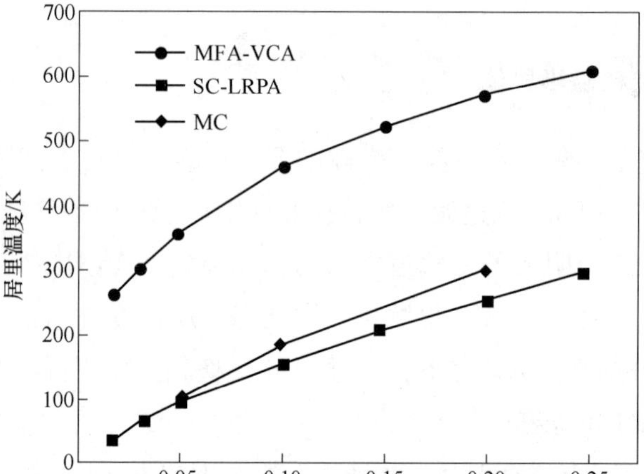

图 1-2　稀磁半导体 ZnCrTe 的居里温度随 Cr 原子浓度变化曲线[11]

1.2.3　Ⅲ～Ⅴ族稀磁半导体

Ⅲ～Ⅴ半导体广泛应用于现代器件中，例如微波晶体管、半导体激光器等。磁性的引入会给Ⅲ～Ⅴ半导体带来不同的光电特性，甚至会引发新的技术革命。目前，制备出的Ⅲ～Ⅴ族稀磁半导体展现了奇异的霍尔效应，有很大潜力应用到微波晶体管、半导体激光器等电子器件中。尽管如此，磁性元素不像在Ⅱ～Ⅳ族化合物中溶解度很高，在Ⅲ~Ⅴ半导体中溶解度普遍偏低，磁离子作用并不明显，很难观测到磁性原子之间的相互作用，使得这一研究领域一直裹足不前。随着材料外延技术的发展，Munekata 等人采用低温分子束外延（LT-MBE）的生长方法成功制备出了具有较高居里温度的 GaMnAs，使得该方面实验及理论的研究得以广泛开展[12]。随着实验技术的提高，人们制备出了一些新的结构材料，例如常见的 GaAs、MnAs 结合形成的磁性异质结[13]。图 1-3 为基于 GaAs：MnAs 制备的异质结构的扫描显示镜图片。

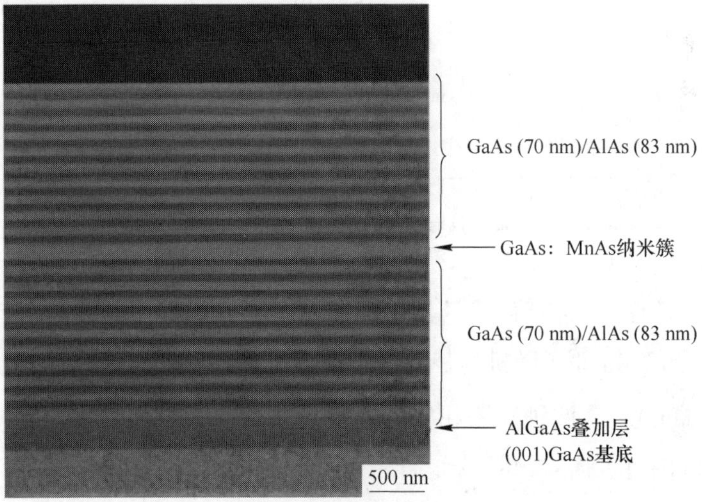

图 1-3 GaAs：MnAs 形成纳米标度的异质结构扫描显示镜图[13]

另外，在工业应用方面，人们已经成功制备出了基于Ⅲ~Ⅴ族稀磁半导体的自旋相关的电子器件，例如自旋发光二极管（Spin-LED）以及自旋场效应晶体管(Spin-FET)[14-15]。图 1-4 为铁磁半导体异质结中的电流式自旋注入示意图[14]。但是，其较低的居里温度限制了这些器件的实际应用。

如何提高 GaMnAs 的居里温度，是半导体自旋电子学领域研究的热点。最近，人们采用自上而下的微纳加工技术，结合重 Mn 掺杂和低温退火，将 GaMnAs 居里温度提高到 200 K，大大提高了这类材料的生存环境，有望实现室温工作的 GaMnAs 基自旋电子学器件[16]。另外，在Ⅲ~Ⅴ族宽带隙稀磁半导体 GaN 中掺入不同的稀土磁性元素可发出从可见光到红外的不同波长的光。例如，Er 掺杂可以获得绿光发射，而且其温度猝灭效应很弱，这些都可以作为光通信和光电集成的光源[17]。

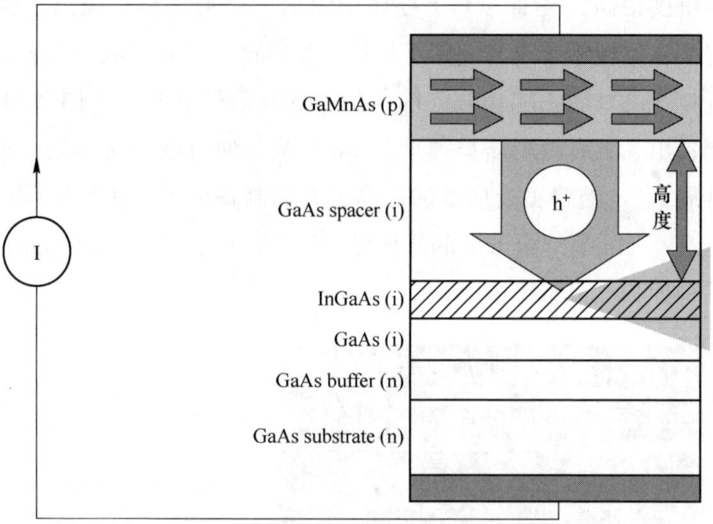

图 1-4　铁磁半导体异质结中的电流式自旋注入示意图[1]

GaMnAs 是Ⅲ~Ⅴ族稀磁半导体中研究最为广泛的材料之一。其晶体结构为闪锌矿，掺杂的 Mn 原子随机的替换位于格点位置的 Ga 原子（Mn_{Ga}），或者占据间隙位置（Mn_I），这两种缺陷在实验和理论中都可以观测到[18-19]。GaMnAs 的结构示意图如图 1-5 所示[20]。

GaMnAs 结构中，各个原子的电子组态分别为 Ga：$3d^{10}4s^2p^1$、Mn：$3d^54s^2$ 和 As：$3d^{10}4s^2p^3$。这表明当 Mn 占据 Ga 的格点位置时，结构最为稳定，其中 Mn 的两个 4s 电子可以参与成键。由于不存在 4p 价电子，相当于起到了受主作用。当体系呈电中性时，体系具有（d^5+hole）的特点，产生的自旋为 $S=5/2$。由于 Mn 和周围阴离子构成正四面体结构，因此五重简并的 d 轨道劈裂成能量较低的两重简并态 e_g 和能量较高的三重简并态 t_{2g}。5 个 d 电子全部被占据且自旋方向相同，因此产生的局域自旋为 $S=5/2$。对于 Mn 位于间隙位的情况时，有两个可选择的位置，一种是位于在四个 Ga 原子周围，另一种则是在四个 As 原子周围，这两种位置具有相似的局域磁矩和电负性。此时，Mn 会提供两个 s 电子，变成施主杂质，产生的自旋 S 将会小于 5/2。这是由于短程反铁磁的超交换作用会有效地减少 Mn 原子的磁矩造成的。此外，在低温外延生长过程中，Mn 杂质也有可能占据阴离子的位置，这一效应会进一步降低样品中的载流子浓度。因此，在仅仅知道 Mn 杂质的掺杂浓度这一条件下，是无法准确估测出空穴载流子浓度的。

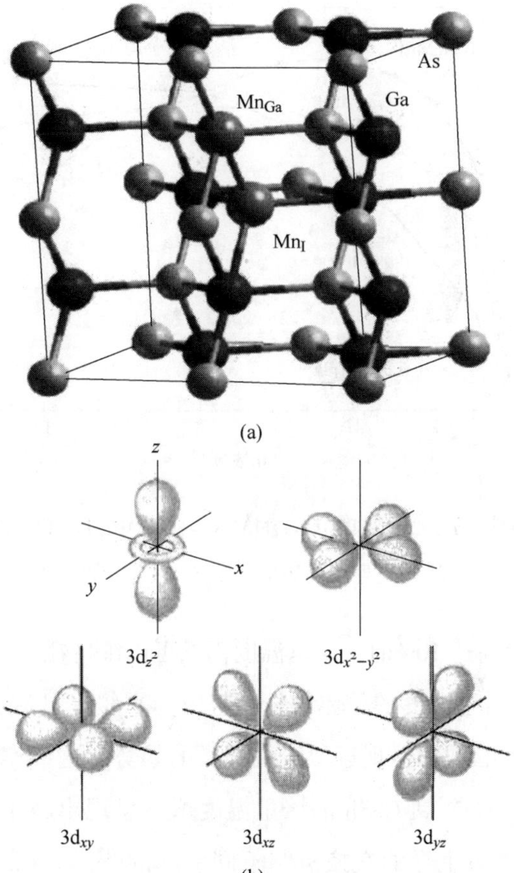

图 1-5 GaMnAs 的结构示意图

（a）Mn 原子在 GaAs 化合物中的两种占位情况：Mn_{Ga} 和 Mn_I；

（b）两个 e_g 轨道和三个 t_{2g} 轨道的示意图[20]

通过调节磁性元素的掺杂浓度可以有效地提高稀磁半导体的居里温度。图 1-6 为采用平均场（mean-field）方法计算的（Ga,Mn）N、（Ga,Mn）P、（Ga,Mn）As 和（Ga,Mn）Sb 稀磁半导体的居里温度[21]。从图中可以看出，这些 Mn 掺杂体系的居里温度随着 Mn 杂质浓度的不同而发生了巨大变化。

（Ga,Mn）N、（Ga,Mn）P 和（Ga,Mn）As 的居里温度随着 Mn 浓度的增加呈现抛物线增长的趋势。尤其是（Ga,Mn）N 在 Mn 浓度小于 2%时，居里温度急剧增加，直到 Mn 浓度增大到 5%时，居里温度达到最高。对于（Ga,Mn）P 来说，当居里温度达到最高之后，随着 Mn 浓度的继续增加，居里温度能够基本保持不

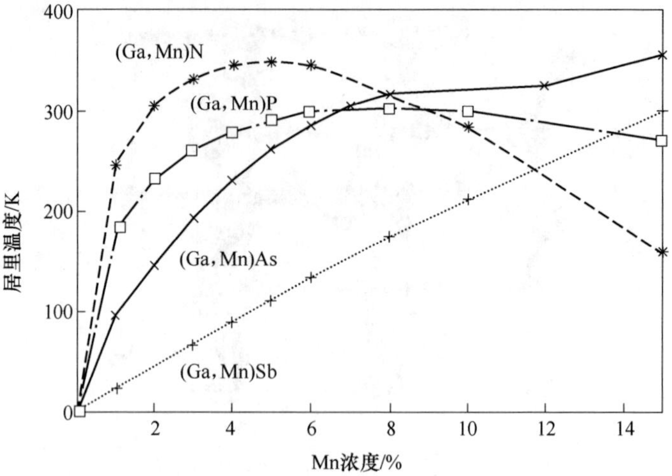

图 1-6　平均场方法计算的 (Ga,Mn)N、(Ga,Mn)P、(Ga,Mn)As 和 (Ga,Mn)Sb 稀磁半导体的居里温度随 Mn 浓度的变化关系[21]

变。例如当 Mn 浓度高达 10%时，居里温度仍然可以维持在 300 K。与 (Ga,Mn)P 不同，(Ga,Mn)As 居里温度的整体增长趋势较为平缓。最后，(Ga,Mn)Sb 的居里温度随着 Mn 浓度的增加呈现近似线性增长的趋势。这些实验结果表明，随着 Mn 浓度的增加，从 GaN 到 GaSb 的居里温度增长呈现出越来越平缓的趋势，这种变化主要是由于体系主导的交换机制不同引起的[21]。(Ga,Mn)N 主要是双交换机制起作用，(Ga,Mn)Sb 是 p-d 交换起主导作用，而 (Ga,Mn)As 则由两种机制共同影响。

另外，通过调节杂质带的带边位置可以调控稀磁半导体的磁性。尽管采用平均场 (mean-field) 方法不能精确给出居里温度，但我们可以定性地分析掺杂浓度对居里温度的影响。图 1-7 为 (Ga,Mn)N 和 (Ga,Mn)As 稀磁半导体的居里温度随着额外载流子浓度的变化曲线图[22]。其中，两种材料的额外空穴是通过引进 Mg 原子部分替换位于格点位置的 Ga 原子 (Mg_{Ga}) 来获得的。GaN 中，额外电子是通过 O 原子部分替换位于格点位置的 N 原子 (O_N) 来获得；GaAs 中的额外电子是通过反位替换 As 原子获得。从图中可以看到，两种材料引进的电子掺杂导致了居里温度的急剧下降。当电子掺杂浓度达到 3%时，铁磁性消失殆尽。当引入额外空穴时，(Ga,Mn)N 的居里温度急剧增加；当额外空穴浓度达到 4%

时，居里温度达到最高峰。然而，(Ga,Mn)As 的居里温度对空穴浓度却不太敏感。

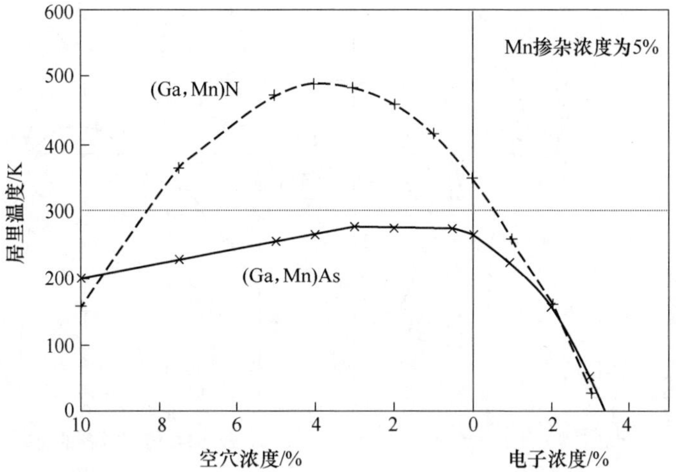

图 1-7 (Ga,Mn)N 和 (Ga,Mn)As 稀磁半导体的居里温度随着额外施主和受主载流子浓度的变化曲线[22]

(Ga,Mn)N 这种掺杂效应可以简单地通过态密度得以解释。图 1-8 为 (Ga,Mn)N 在不同载流子浓度下的态密度图[22]。其中，Mn 的掺杂浓度为 5%。在没有其他载流子引入的情况下，费米能级位于杂质带处，大约 2/3 的杂质带被占据。因此，费米能级位于杂质峰的高能量区域，如图 1-8（c）所示。当引入额外空穴时，费米能级向低能量区域移动，接近杂质带的中间区域。此时，双交换机制起主导作用，且居里温度在额外空穴浓度 4%时达到了最大值，如图 1-8（b）所示。当额外空穴浓度继续增大时，费米能级越过杂质带的主要组成部分，杂质带 t_a 变成空带，如图 1-8（a）所示。因此，由于减弱的双交换作用导致了居里温度的降低。当引入额外电子的浓度为 5%时，体系的空穴被额外引入的电子补偿掉，导致铁磁性消失，如图 1-8（d）所示。

1.2.4 其他类型稀磁半导体

自从 2000 年 T. Dietl 等人在理论上预测了 GaN 和 ZnO 掺杂过渡金属可获得室温铁磁性之后，从此开启了氧化物稀磁半导体（oxide diluted magnetic semiconductor，O-DMS）的研究热潮[6]。目前，关于 ZnO、SnO_2、TiO_2、CuO 等

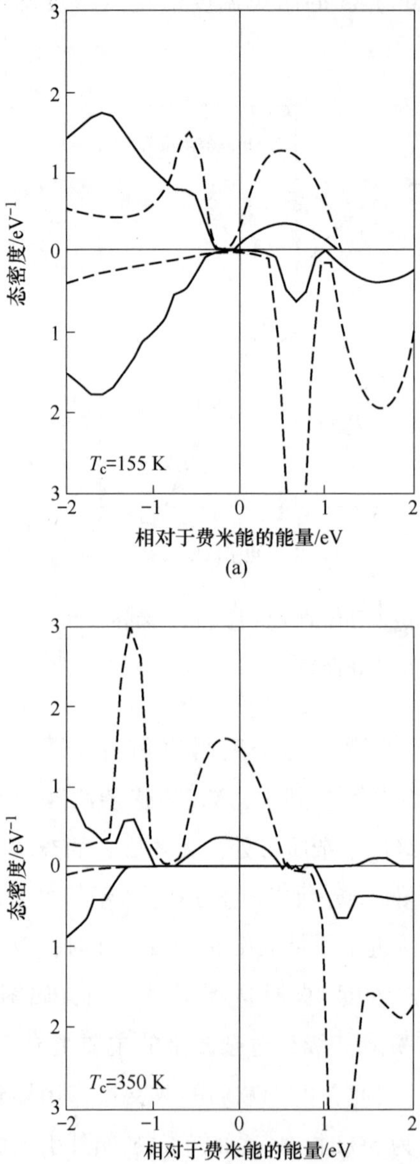

图 1-8 在不同载流子浓度下（Ga,Mn）N 的态密度图[22]

（实线为总态密度，虚线为 Mn 原子 d 轨道部分态密度）

（a）Mg 10%；（b）Mg 4%；（c）未掺杂；（d）O 5%

氧化物掺杂过渡金属的研究已相继报道。其中，部分氧化物稀磁半导体的居里温度可以超过室温[23]。以 ZnO 为例，ZnO 在常温常压下为纤锌矿结构、宽带隙的半导体化合物，实验表明过渡金属掺杂 ZnO 产生的铁磁性是由空穴诱发的[24-27]。但是，由于过渡金属掺杂往往会产生过渡金属团簇或者第二相析出物，因此基于 ZnO 稀磁半导体的铁磁性起源存在较大争议。2004 年，Coey 等人在纯的 HfO_2 薄膜中观察到室温铁磁态，说明了铁磁性的产生不是由于过渡金属团簇或第二相的原因[28]，自此掀起了人们对 d^0 铁磁半导体的研究热潮。另外，在氧化物稀磁半导体的研究中，人们发现输运性质和铁磁性有密切关系。通过测量霍尔效应可以得到样品的导电类型、载流子浓度、霍尔系数，并可观察样品中是否存在反常霍尔效应。在过渡金属掺杂 ZnO、In_2O_3 和 TiO_2 等样品中，许多实验小组都观测到了反常霍尔效应。

图 1-9 为 ZnCoO 和 ZnCoGaO 薄膜的反常霍尔电阻率和磁化强度随外加磁场

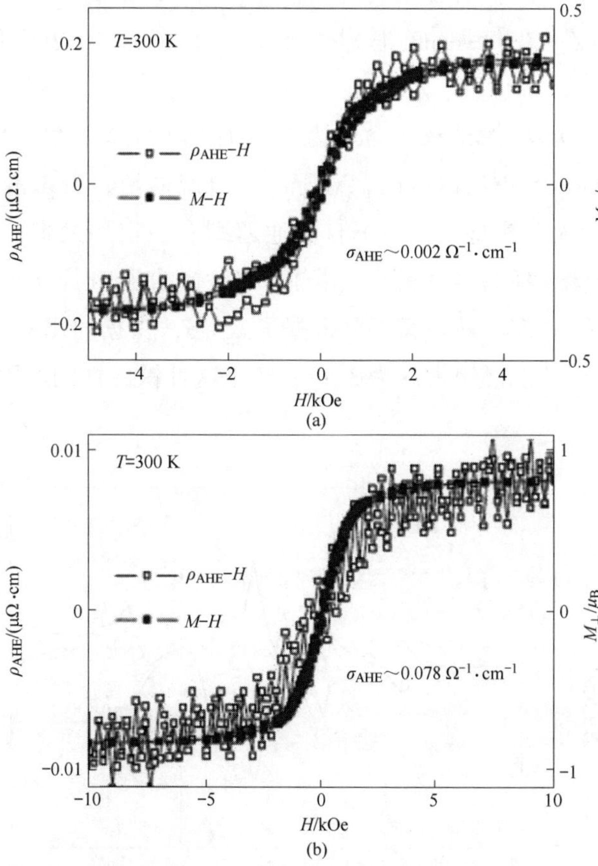

图 1-9　ZnCoO 和 ZnCoGaO 薄膜的反常霍尔电阻率（ρ_{AHE}）和磁化强度随外加磁场（$M_{\perp}$）的变化曲线[29]

（a）ZnCoO；（b）ZnCoGaO

的变化曲线图[29]。从图中可以看出，薄膜的反常霍尔电阻率和磁化强度是相吻合的，表明反常霍尔电阻率主要受到磁化响应的影响。同时发现，随着载流子浓度的增加，薄膜的铁磁性和反常霍尔效应明显增强。因此，人们可以利用样品中是否存在反常霍尔效应来判断铁磁性的本征性。

下面介绍的材料是基于 half-Heusler 合金的稀磁半导体。half-Heusler 合金比较特别的是其两种自旋能带分别具有金属和半导体的特性，因此，称其为“半金属”铁磁体。half-Heusler 合金的组成元素都是低成本的过渡族金属，原料较为低廉，尽管合金通常具有较大的脆性，但其工业应用前景依然非常看好。值得我们注意的是，这类合金的居里温度一般都可以达到室温，甚至高于室温，使其在凝聚态物理、材料等学科领域内得到了广泛研究。该类材料在自旋电子学、磁隧道结、磁记录等领域都具有很大的应用前景。half-Heusler 合金具有 $C1_b$ 结构，其化学式为 XYZ；在 Wyckoff 坐标中，X 位于（0，0，0）位置、Y 位于（0. 25，0. 25，0. 25）位置、Z 位于（0. 75，0. 75，0. 75）位置。图 1-10 为采用 KKR-CPA 计算方法，Mn 掺杂含量为 20%时 Co(Ti,Mn)Sb 和 Ni(Ti,Mn)Sn 的态密度图[11]。从图中可以看出，对于向上自旋通道，费米能级局域在杂质峰 t_{2g} 态上，表现为金属特征；向下自旋通道则有一定的禁带，表现为半导体特征，因此，整体表现为半金属性。由于 Mn 替换的是 Ti 原子位，多出的三个 d 电子首先占据了 e_g 态，然后又部分占据了 t_{2g} 态，占据的比例大约为 1/3。因此。两种材料产生的总磁矩大约为 3 μ_B，产生这种铁磁性的原因可以由双交换机制解释[30]。

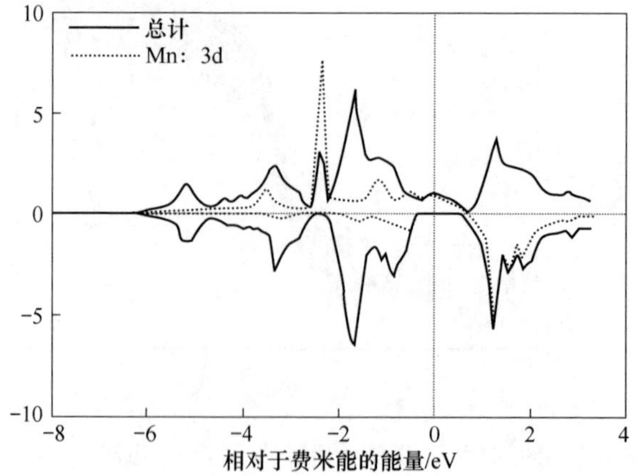

(a)

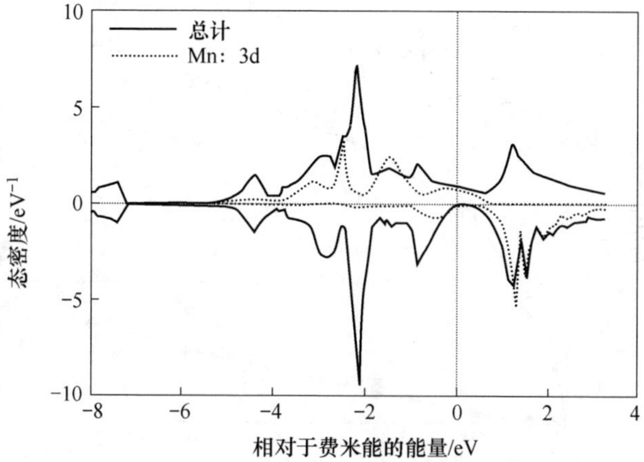

(b)

图 1-10 采用 KKR-CPA 方法计算 Mn 掺杂含量为 20%时 Co(Ti,Mn)Sb 和 Ni(Ti,Mn)Sn 的态密度图[11]
（实线为总态密度，虚线为 Mn 原子 d 轨道部分态密度）
(a) Co(Ti,Mn)Sb；(b) Ni(Ti,Mn)Sn

图 1-11 (a) 和 (b) 分别为计算的 Ni(Ti,Mn)Sn 的交换耦合常数随 Mn 原子距离的变化关系图和 Ni(Ti,Mn)Sn 的居里温度随 Mn 杂质浓度的变化关系[11]。从图中可以看出，交换耦合常数依赖于 Mn 原子的距离，进而会影响体系的电子结构。只有当 Mn 原子的距离较近时，交换耦合常数较大，随着 Mn 原子距离的增大，交换耦合常数随之衰退。

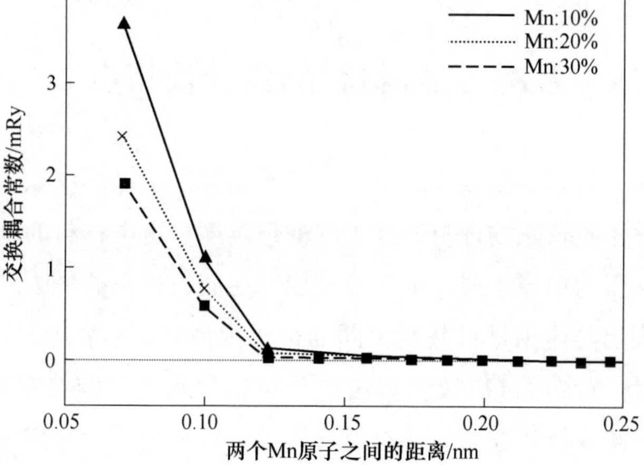

(a)

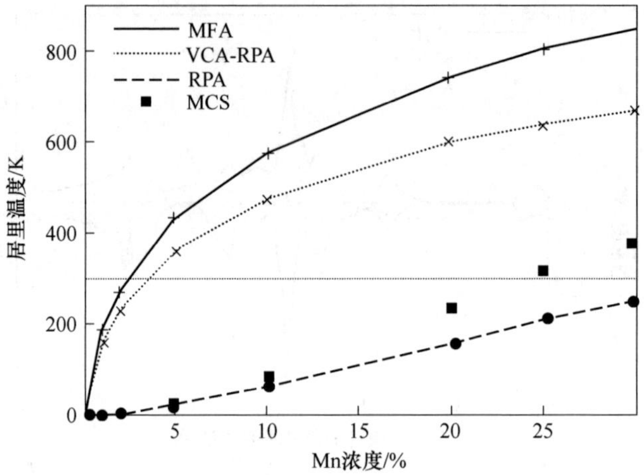

(b)

图 1-11　Ni(Ti,Mn)Sn 的交换耦合常数随 Mn 原子距离的变化曲线（a）和 Ni(Ti,Mn)Sn 的居里温度随 Mn 杂质浓度的变化曲线（b）[11]

与过渡金属掺杂Ⅲ~Ⅴ和Ⅱ~Ⅵ族化合物相比，Ni(Ti,Mn)Sn 比（In,Mn)As 和 (Ga,Mn)As 的铁磁更稳定[31]。由于 Ni(Ti,Mn)Sn 最近邻的相互作用比合金 (Zn,Cr)Te 的更大，因此其可以获得室温铁磁体。随着杂质浓度的增高，Ni(Ti,Mn)Sn 的居里温度也随之增高。因此，为了获取高于室温的居里温度，提高过渡金属杂质含量是一种可行办法。此外，在 Co(Ti,Mn)Sb 材料中也发现了类似结果，表明这类材料有潜力应用到未来的自旋电子等领域，也为寻找更适合的自旋电子器件材料提供了理论基础[32]。

1.3　二维材料的设计及特点

二维材料作为材料科学领域的革命性突破，其原子级厚度赋予了独特的物理化学性质，开辟了凝聚态物理与器件工程的新维度。这类材料的横向尺寸可达宏观量级，而纵向仅为单原子层或少数原子层，层间通过范德华力结合，这种独特的结构使其展现出与体相材料截然不同的量子限域效应、各向异性和表面效应。自 2004 年石墨烯首次通过机械剥离法成功制备以来，二维材料家族迅速扩展，涵盖了半导体、绝缘体、金属，甚至超导体等多种类型，为自旋电子学、光电器件和能源存储等领域提供了理想的材料平台。二维材料的分类基于其化学组成和晶体结构，主要包括碳基材料（如石墨烯、石墨炔）、过渡金属二硫属化物（TMDs，如 MoS_2、WS_2）、磷烯（包括黑磷、紫磷）、六方氮化硼（h-BN）、金属氧化物（如 MoO_3）以及新型杂化结构等。其中，石墨烯作为零带隙半导体，具有极高的载流子迁移率和机械强度，但其零带隙特性限制了其在半导体器件中的应用。过渡金属二硫属化物如 MoS_2 在单层状态下呈现直接带隙，兼具优异的光电性能和化学稳定性，成为光电器件的研究热点。磷烯作为新兴的二维半导体，其褶皱结构赋予了各向异性的电子和力学性能，黑磷单层在室温下具有约 1.5 eV 的直接带隙和高达 $10^3 \sim 10^7$ $cm^2/(V \cdot s)$ 的载流子迁移率，展现出在高频电子器件中的潜力。

制备技术的进步是推动二维材料发展的关键，目前主要方法包括机械剥离法、化学气相沉积（CVD）法、分子束外延（MBE）技术和液相剥离法。机械剥离法通过胶带从体相材料中剥离出单层或少层结构，是获取高质量二维材料的经典方法，但产量较低。CVD 法通过控制反应气体在衬底表面的沉积，可实现大面积、高质量二维材料的制备，例如在铜箔上生长石墨烯。MBE 技术则通过精确控制原子束流，在超高真空环境下生长原子级平整的二维材料，适用于异质结的构建。液相剥离法则利用溶剂与材料的相互作用，将体相材料剥离成单层纳米片，具有大规模生产的潜力。

理论设计在二维材料的开发中发挥着重要作用，特别是 DFT 为预测材料结构和性能提供了高效手段。通过计算材料的电子结构、形成能和磁学性质，研究人员可以筛选具有潜在应用价值的材料体系。例如，密度泛函理论预测了紫磷烯在单层状态下具有 2.5 eV 的直接带隙，远高于黑磷烯的 1.5 eV，这一预测为实验合成提供了理论依据。机器学习辅助材料设计的兴起进一步加速了二维材料的开发，通过构建原子间势的机器学习模型，可快速预测材料的稳定性和性能，显著提高计算效率。

二维材料的结构特征直接决定其物理化学性质。石墨烯的蜂窝状晶格赋予其独特的狄拉克锥电子结构，导致无质量狄拉克费米子的存在，使其在室温下具有量子霍尔效应。过渡金属二硫属化物的三棱柱结构中，金属原子被硫属原子层夹裹，层间弱范德华力使得材料易于剥离。磷烯的褶皱结构打破了平面对称性，形成各向异性的电子能带，导致载流子迁移率在扶手椅和锯齿方向上的显著差异。六方氮化硼作为绝缘体，具有与石墨烯相似的晶格结构，但带隙高达 6 eV，常被用作二维异质结的理想衬底以减少界面缺陷。

电子结构特性是二维材料应用的核心。石墨烯的零带隙限制了其在数字电路中的应用，而通过引入缺陷或施加应变可打开带隙。过渡金属二硫属化物在单层状态下从间接带隙转变为直接带隙，增强了光吸收效率，适用于光电探测器和太阳能电池。磷烯的能带结构对层数敏感，单层黑磷为直接带隙，而多层则转变为间接带隙，这种层数依赖的带隙特性为光电器件的设计提供了灵活性。自旋轨道耦合（SOC）在二维材料中表现出显著效应，例如在 Bi_2Te_3 中，强 SOC 导致其成为拓扑绝缘体，表面态具有无散射的自旋极化输运特性。调控二维材料性能的关键手段包括掺杂、缺陷工程、应变和异质结设计。掺杂通过引入杂质原子改变材料的电子结构，例如氮掺杂石墨烯可显著提高其导电性和催化活性。缺陷工程通过控制空位或 Stone-Wales 缺陷的浓度，调控材料的磁性和电子输运特性，如氧空位在 TiO_2 中诱导的铁磁性。应变工程通过施加单轴或双轴应变改变材料的晶格常数和能带结构，例如在 MoS_2 中施加 2%的应变可以改变其带隙的大小，同时保持高载流子迁移率。异质结设计通过堆叠不同二维材料形成范德华异质结，利用界面效应实现新功能，如石墨烯/h-BN 异质结可有效抑制电子散射，提高载流子迁移率。

在自旋电子学领域，二维材料的磁电调控展现出独特优势。过渡金属掺杂磷烯可诱导室温铁磁性，例如 V 掺杂紫磷烯在电场调控下可实现自旋极化方向的完全反转，这种特性为自旋场效应晶体管的设计提供了理想材料。磁隧道结利用二维材料的高自旋极化率实现高效磁电阻效应，例如 Fe/MoS_2/Fe 异质结的磁电阻比可达 180%。二维材料的自旋过滤效应也被广泛研究，通过设计特定结构的异质结，可实现 100%自旋极化电流的注入。

尽管二维材料展现出巨大的潜力，但其实际应用仍面临诸多挑战。室温铁磁体的稳定制备是自旋电子学的关键难题，目前多数二维材料的居里温度低于室温，需通过掺杂或异质结设计提高磁性稳定性。界面效应的精确调控也是一大挑战，二维材料与衬底间的相互作用常导致电子结构畸变，影响器件性能。此外，自旋极化的长程输运受限于材料中的缺陷和散射，需进一步优化材料质量和器件结构，未来发展方向包括多场耦合调控、异质结集成和量子器件开发。多场耦合（如电场、磁场和光场）可协同调控二维材料的性能，例如电场诱导的应变可同时改变材料的能带结构和磁序。异质结集成技术将不同二维材料的优势结合，例如石墨烯与黑磷的异质结可实现高速电子输运与高效光吸收的协同效应。量子器件方面，基于二维材料的量子点接触和量子霍尔器件已取得初步进展，未来有望实现量子计算和量子通信的实际应用。总之，二维材料以独特的结构和优异的性能，正在推动材料科学和器件工程的变革。通过不断创新设计策略和深入理解其物理机制，二维材料有望在下一代信息技术、能源存储和环境治理中发挥关键作用，成为支撑未来科技发展的核心材料体系。

2 理论方法

本章简要介绍了基于密度泛函理论的第一性原理计算方法。根据原子核和电子间的互相作用原理及其基本运动规律，利用量子力学原理，从特定要求出发，经过一些近似处理后直接求解薛定谔方程的算法，叫作第一性原理（first principles）[33]。一般来说，仅需要物理学中最基本的5个常数，即玻耳兹曼常量 k_B、普朗克常量 h、光速 c、电子的静止质量 m_0 以及电子基本电量 e，同时再加上在材料涉及的元素对应的电子结构，就可以预测主体材料的物理性质。目前第一性原理计算的结果不仅计算精度很高，能够较好地吻合实验结果，而且可以大大缩短研究时间，降低实验成本。密度泛函理论是从基态电子密度出发，研究多电子体系电子结构的量子力学方法。在 Hohenberg-Kohn-Sham 方程的基础上，将多体问题简化为一个没有相互作用的电子在有效势场中运动的问题。其中，外部势场和电子间库仑相互作用的影响构成了这个有效势场。为了使密度泛函的计算精度越来越高，寻找合适的交换相关能量泛函成为目前密度泛函理论的研究热点。

2.1 Born-Oppenheimer 绝热近似

利用 Schrödinger 方程确定固体电子能级是第一性原理的目的。一个不含有时间变量的稳定态的单粒子方程，可表示为求解一个本征值的问题：

$$H\varphi(\boldsymbol{r},\ \boldsymbol{R}) = E\varphi(\boldsymbol{r},\ \boldsymbol{R}) \tag{2-1}$$

式中，$\varphi(\boldsymbol{r},\ \boldsymbol{R})$ 为多电子的运动波函数，体系的总哈密顿量 H 可表示为：

$$H = T_e(r) + V_e(r) + T_n(R) + V_n(R) + V_{e-n}(r,\ R) \tag{2-2}$$

式中，等号右侧前两项表示为体系所有电子的能量，第三和第四项表示为体系原子核所对应的能量，最后一项则是体系内电子与原子核之间的相互作用能。鉴于该方程涉及复杂多粒子的体系，每立方米体系内部就含有 10^{29} 数量级的粒子数，我们不可能严格地去求解方程本身。因此，一个必须解决的问题就是适当地简化多粒子体系。由于原子内原子核所对应的速度相对于电子来说微乎其微，因此我们可以把原子核看作带有正电荷的外场存在于高速运动电子周围，这就是著名的波恩（M. Born)-奥本海默（J. E. Oppenheimer）近似。两者彼此之间的运动间是处于相互绝热状态的，所以也被称为绝热近似[34]。此时，多电子体系所对应的 H 便可以转换成：

$$H = -\sum_i \frac{\hbar^2}{2m_i}\nabla_{r_i}^2 + \frac{1}{2}\sum_{ii'} \frac{e^2}{|r_i - r_{i'}|} - \sum_{ij} V_{e-n}(r_i - R_j) \tag{2-3}$$

$$\left[-\sum_i \nabla_{r_i}^2 + \sum_i V(r_i) + \frac{1}{2}\sum_{ii'} \frac{1}{|r_i - r_{i'}|}\right]\phi = \left[\sum_i H_i + \sum_{ii'} H_{ii'}\right]\phi = E\phi \tag{2-4}$$

其中，式（2-4）采用了某些特定的原子单位来简化求解过程。

2.2 Hartree-Fock 近似

由上文可知，求解式（2-4）的难点在于电子彼此间的相互作用能。因此，如果将核外电子彼此间的瞬时作用平均化和球对称化，即体系内考虑到电子的运动当做是在原子核所对应的作用势以及其他电子所对应的平均作用势。这样，式（2-4）就被简单化为单电子方程，即著名的 Hartree 方程：

$$\left[-\nabla^2 + V(r) + \sum_{i'(\neq i)} \int dr' \frac{|\varphi_{i'}(r')|^2}{|r' - r|}\right]\varphi_i(r) = E_i\varphi_i(r) \tag{2-5}$$

但考虑到式（2-5）在运算过程中交换反对称性，Fock 等人通过将体系的波函数改写成交换反对称性斯莱特（Slater）行列式来解决问题，此时，式（2-5）可以改写成：

$$[-\nabla^2 + V(r)]\varphi_i(r) + \sum_{i'(\neq i)} \int dr' \frac{|\varphi_{i'}(r')|^2}{|r' - r|}\varphi_i(r) - \sum_{i'(\neq i)} \int dr' \frac{\varphi_{i'}^*(r')\varphi_i(r')}{|r' - r|}\varphi_{i'}(r) = E_i\varphi_i(r) \tag{2-6}$$

这样，一个多电子的 Schrödinger 方程就成功地转变成一个简单的单电子方程，这就是著名的 Hartree-Fock 方程[35]。在实际操作中，人们发现对于一些较大的固体材料仍然无法进行精确的模拟计算。因此，人们开辟了一条新的途径，也就是基于密度泛函理论处理大体系的材料，接下来我们将对密度泛函理论进行进一步的介绍。

2.3　密度泛函理论

密度泛函理论（density functional theory）的主要目标就是把体系的波函数用电子密度取代作为研究的对象。电子的波函数具有 $3N$ 个变量（N 为电子数，每个电子包含三个空间变量），而电子密度只有三个空间变量，这样替换之后，无论是理论上还是实际上都更方便处理，是理论模拟计算中应用最为普及的近似方法。密度泛函理论最早起源于 Thomas-Fermi 模型[36]，但真正理论依据是根据后来提出的著名的 Hohenberg-Kohn 定理[37]。该定理证明了以基态密度为变量，将体系能量最小化之后就得到了基态能量，从而将十分复杂的多粒子问题转变为简单的单电子问题。

2.3.1　Hohenberg-Kohn 定理

Hohenberg-Kohn 定理具体表述如下：

定理一：不考虑全同费米子系统的外部势场 $V(r)$，其是由基态电子密度 $\rho(r)$ 的唯一泛函（可相差一个常数）。

$$\langle \varphi[\rho] | H | \varphi[\rho] \rangle = F[\rho] \tag{2-7}$$

定理二：当体系的总粒子数保持不变时，基态能量泛函 $E(\rho)$ 对正的粒子数密度函数取极小值，该最小值等于基态能量 $E_0(\rho)$，即 $E_0 = \min E[\rho]$。此时，系统基态能量泛函描述为：

$$E[\rho(r)] = T[\rho(r)] + \int V(r)\rho(r)\mathrm{d}r + \frac{1}{2}\int \frac{\rho(r)\rho(r')}{|r - r'|}\mathrm{d}r\mathrm{d}r' + E_{\mathrm{XC}}[\rho(r)] \tag{2-8}$$

式中，$T[\rho(r)]$ 为无相互作用时的动能项；$E_{\mathrm{XC}}[\rho(r)]$ 为交换关联相互作用项。

只有在体系的基态时，Hohenberg-Kohn 定理的密度泛函理论才会成立。尽管如此，也足以预测如分子键长、振动频率、化学键的断裂和生成等诸多性质。

2.3.2　Kohn-Sham 方程

Hohenberg-Kohn 定理给出了以粒子密度函数为基本变量处理多电子体系的基态性质，如何确定粒子密度函数、动能泛函和交换关联能泛函是亟待解决的问题。其中，Kohn 和 Sham 成功解决了如何确定粒子密度函数和动能泛函的问题。

Kohn 和 Sham 设想了一个理想的不存在任何相互作用的多电子体系，用 N 个单电子各波函数 $\varphi_i(r)$ 构成体系的粒子数密度可描述为[38]：

$$\rho(r)=\sum_{i=1}^{N}|\varphi_i(r)|^2 \tag{2-9}$$

此时，动能泛函项 $T[\rho(r)]$ 可以通过不存在互相作用的电子动能泛函项 $T_0[\rho(r)]$ 来取代：

$$T_0[\rho(r)]=\sum_{i=1}^{N}\int\varphi_i^*(r)(-\nabla^2)\varphi_i(r)\mathrm{d}r \tag{2-10}$$

由 Hohenberg-Kohn 定理知道，基态能量泛函 $E(\rho)$ 对正的粒子数密度函数取极小值，将式（2-10）中的 $\rho(r)$ 变分则会得到：

$$\delta\left\{E[\rho(r)]-\sum_{i}^{N}E_i\left[\int\varphi_i^*(r)\varphi_i(r)\mathrm{d}r-1\right]\right\}\Big/\delta\varphi_i(r)=0 \tag{2-11}$$

$$\{-\nabla^2+V_{\mathrm{KS}}[\rho(r)]\}\varphi_i(r)=E_i\varphi_i(r) \tag{2-12}$$

$$\begin{aligned}V_{\mathrm{KS}}[\rho(r)]&=V(r)+V_{\mathrm{coul}}[\rho(r)]+V_{\mathrm{XC}}[\rho(r)]\\&=V(r)+\int\frac{\rho(r')}{|r-r'|}\mathrm{d}r'+\frac{\delta E_{\mathrm{XC}}[\rho(r)]}{\delta\rho(r)}\end{aligned} \tag{2-13}$$

其中，$V_{\mathrm{XC}}[\rho(r)]=\delta E_{\mathrm{XC}}[\rho]/\delta\rho(r)$ 代表交换-关联势。Kohn-Sham 方法的方程组一般是由式（2-9）、式（2-12）和式（2-13）共同构成的。

2.4 交换关联能泛函

由上文可知，Kohn 和 Sham 已经解决了确定粒子密度函数和动能泛函的问题，最大的难题在于如何精确地获得交换关联相互作用项 $E_{\mathrm{XC}}[\rho(r)]$。目前，应用最为广泛的包括局域密度近似（local density approximation，LDA）、广义梯度近似（generalized gradient approximation，GGA）、杂化泛函等近似方法。

2.4.1 局域密度近似

局域密度近似（LDA）的核心思想是把非均匀的电子系统分割成若干个极小的电荷密度近似均匀不变的单元，当体系不考虑磁相互作用时，对于电子密度在空间缓慢变化的体系会得到较准确的结果。局域密度近似的电子交换关联能描述为[39]：

$$E_{XC}^{LDA}[\rho(r)] = \int dr\rho(r)\varepsilon_{XC}[\rho(r)] \tag{2-14}$$

当考虑自旋时，式（2-14）可表达为：

$$E_{XC}^{LSDA}[\rho^{\uparrow}, \rho^{\downarrow}] = \int d^3r\rho(r)\varepsilon_{XC}[\rho^{\uparrow}, \rho^{\downarrow}] \tag{2-15}$$

式中，E_{XC}^{LSDA} 为无相互作用的均匀电子气的交换关联能密度；$\rho^{\uparrow}$ 为自旋向上的电子密度；$\rho^{\downarrow}$ 为自旋向下的电子密度[40]。

对于一些电子密度在空间变化较大的体系来说，局域密度近似方法往往会产生较大的误差。因此，在处理电子气分布极不均匀的体系，就需要对局域近似方法进行进一步的修正，其中最常见的修正方法即为广义梯度近似。

2.4.2　广义梯度近似

考虑到实际原子和分子体系中电子密度的非均匀性，科学工作者们提出了广义梯度近似（GGA）来弥补局域密度的缺陷。广义梯度近似的交换关联能是电子密度 $\rho(r)$ 以及其梯度 $\nabla\rho(r)$ 共同作用下的泛函：

$$E_{XC}^{GGA}[\rho] = \int dr\rho(r)\varepsilon_{XC}[\rho(r), |\nabla\rho(r)|] \tag{2-16}$$

广义梯度近似方法考虑到了不同的粒子数密度对交换关联能的贡献，因此使得电子气分布不均的体系进行了有效的理论模拟近似。与局域密度近似方法相比，广义梯度近似方法可以得到更接近实验值的半导体的本征带隙。在实际处理电子体系时，两种近似方法各有利弊，我们需要根据具体情况来选择合适的近似方程。目前，随着理论计算的发展，常用的 GGA 泛函有很多种，例如 Perdew-Burke-Ernzerhof（PBE）泛函[41]和 Perdew-Wang（PW91）泛函[42]。

2.4.3　修正密度泛函理论（DFT+U）

尽管局域密度近似和广义梯度近似方法得到了理论计算领域的广泛认可，但对于一些强关联体系，例如本身含有 d 或者 f 电子的体系，这两种交换关联泛函计算得到的禁带宽度往往有较大的误差，一般都会比实验值小很多。因此，在处理这些具有强关联效应的体系时，科学工作者们在局域密度近似和广义梯度近似方法的基础上加入了 Hubbard 模型中的原子占据位库仑排斥项 U 的对应项[43-45]，即我们熟知的 LDA+U 和 GGA+U 的方法，具体表达形式可以描述为：

$$E_{\mathrm{LDA(GGA)+U}}[\rho(r)] = E_{\mathrm{LDA(GGA)+U}}[\rho(r)] + \frac{U-J}{2}\sum_{\sigma} Tr[\rho^{\sigma} - \rho^{\sigma}\rho^{\sigma}] \tag{2-17}$$

加 U 修正之后，可以较准确地描述强关联效应来解决体系的电子结构计算问题。本书中涉及的含有 d 或者 f 电子的体系，其电子结构相关计算均是采用了 DFT+U 方法。

2.4.4 杂化泛函理论

为了寻求更精准的交换相关泛函，人们尝试在泛函中加入精确的交换项。近几年，在计算模拟领域又出现了一种计算方法，即杂化泛函。该方法被证实为切合实际并且合理有效的计算方法，将 Hartree-Fock 方法和密度泛函方法的交换能进行线性组合，这样构造的交换相关能量泛函常常比密度泛函方法的交换相关能量泛函更精确。其中，比较常用杂化泛函方法是 HSE03/06，在物理化学中得到广泛的应用[46]。

2.4.5 赝势方法

赝势方法是处理多电子体系复杂相互作用的核心技术，其通过构建有效势场替代原子核与内层电子的真实势场，显著降低了计算复杂度。该方法的核心思想在于保留价电子的关键物理信息，同时平滑掉内层电子波函数的高频振荡，使得平面波基组的高效展开成为可能。在密度泛函理论框架下，全电子计算需精确描述所有电子的波函数，包括内层电子的剧烈振荡行为，这导致计算量随体系尺寸急剧增加。赝势方法通过构造一个平滑的有效势场，消除了内层电子的强局域势场影响，从而将计算焦点集中于价电子的行为。

早期发展的模守恒赝势通过调整势场使得赝波函数在离子实区域外的积分与全电子波函数一致，在保持总电子数守恒的同时，将平面波截断能需求降低约 2/3。例如，硅原子的截断能从全电子计算的 1000 eV 降至约 300 eV。随后出现的超软赝势进一步优化了这一过程，通过引入投影算符和辅助函数，允许更平滑的赝波函数，使计算效率提升 3~5 倍，尤其在过渡金属体系中优势显著。投影缀加波方法则结合了全电子波函数与赝势波函数的优势，在离子实区域内使用全电子波函数，区域外采用平滑的赝波函数，并通过投影算符实现无缝连接，兼具高精度与计算效率。

由于大量的平面波函数展开增加了计算难度，所以为了解决这个问题，人们便提出了一种以利用相对较弱赝势代替原子核以及内层电子势场为核心的赝势方法。目前，可以选择的赝势类型较多，比较常见的如模守恒赝势（norm conserving pseudopotential，NCPP）[47]、超软赝势（ultrasoft pesudopotential，USPP）[48]以及缀加投影波赝势（projector augmented wave，PAW）[49]。其中，USPP 方法是在 NCPP 方法的基础上建立的，USPP 不仅大大提高了计算结果的精度，而且在很大程度上缩短了计算时间。随后，Blochl 又把赝势波函数和全电子波函数系统联系在一起，建立了缀加投影波赝势（PAW）方法，本书中涉及了 USPP 和 PAW 两种赝势方法。

未来发展方向包括机器学习辅助赝势的自动化优化、更精确的相对论修正方法开发，以及动态赝势在非平衡态行为模拟中的应用。通过机器学习构建原子间势的神经网络模型，可以提升复杂体系的计算精度。相对论赝势的发展将扩展其在重元素和强自旋轨道耦合体系中的应用。动态赝势结合分子动力学模拟，将实时调整参数以描述高温高压下的材料行为。赝势方法的持续进步将推动计算材料学向更复杂体系和更高精度迈进，成为支撑材料设计与器件开发的关键技术。

2.5　分子动力学与蒙特卡罗模拟

将分子动力学、蒙特卡罗模拟与第一性原理相结合，构成了现代计算材料科学的核心方法体系，三者在不同层次上协同解决复杂材料问题。分子动力学与第一性原理的深度融合体现在第一性原理分子动力学（AIMD）中。该方法将密度泛函理论计算嵌入到牛顿运动方程的求解过程中，实时计算原子间的相互作用力。具体而言，AIMD 通过周期性自洽求解 Kohn-Sham 方程获取体系的电子结构，进而计算原子受力并更新运动轨迹。这种方法突破了经验力场的局限性，能够准确描述化学键的断裂与形成，适用于研究材料在极端条件下的行为。例如，在高温高压下的半导体相变模拟中，AIMD 成功揭示了硅从金刚石结构向金属相转变的微观机制。然而，AIMD 的计算成本极高，受限于时间步长（通常为 1~2 fs）和体系规模（数百原子），需依赖超级计算机资源。

蒙特卡罗模拟与第一性原理相结合则主要体现在自由能计算与缺陷研究中。传统蒙特卡罗方法依赖经验势场描述原子间的相互作用，但在处理复杂电子效应时存在局限性。为克服这一问题，研究者发展了基于第一性原理的蒙特卡罗

(FPMD) 方法，通过将 DFT 计算的能量作为输入，构建精确的势能面。例如，在计算金属氧化物表面的氧空位形成能时，FPMD 通过 Metropolis 采样探索空位分布，结合 DFT 计算的能量差，准确预测缺陷浓度与温度的关系。此外，混合方法如“DFT+力场”策略也被广泛应用，即利用第一性原理优化力场参数，再通过经典蒙特卡罗模拟进行大规模模拟，平衡了计算精度与效率。

分子动力学、蒙特卡罗模拟与第一性原理的协同应用，显著拓展了材料模拟的范围。在催化反应研究中，AIMD 可实时追踪反应物分子在催化剂表面的吸附和解离过程，揭示反应路径的电子结构变化。蒙特卡罗模拟则可用于统计不同温度下催化剂活性位点的分布，结合第一性原理计算的吸附能，预测催化效率。在电池材料设计中，AIMD 模拟锂离子在电极材料中的扩散行为，蒙特卡罗模拟计算其在不同荷电状态下的热力学稳定性，共同指导高容量电极材料的开发。

机器学习技术的深度介入正在重塑这一领域的方法论体系。通过训练深度神经网络拟合第一性原理数据，研究人员已开发出兼具量子精度与经典效率的分子力场模型。例如，DeePMD 与 NequIP 等框架通过自动学习原子环境特征，显著降低了传统力场参数化的人工干预成本。这种数据驱动的方法在高熵合金设计中尤为有效，通过分析百万级 DFT 计算数据，模型可快速预测合金成分-结构-性能关系，将新材料筛选周期缩短 90% 以上。

未来，量子蒙特卡罗模拟与机器学习相结合将成为重要发展方向。量子蒙特卡罗模拟方法对强关联体系的精确描述能力，有望弥补 DFT 在处理电子关联效应时的不足，机器学习算法则可通过迁移学习加速复杂哈密顿量的求解过程。这种融合不仅将推动高温超导、拓扑材料等前沿领域的理论突破，更将为智能材料设计提供全新范式。随着计算资源的持续增长与算法创新，多尺度模拟技术正从理论验证工具向实际工程应用快速转化，为材料科学的“按需设计”愿景奠定坚实基础。这种多尺度、多方法的协同创新，将推动材料模拟从理论预测向实际应用的快速转化。

3　氢化物体系的磁电调控

20 世纪 90 年代中期，由于氢化物可以广泛地应用于储氢、智能窗和充电电池等领域而备受人们的关注[50-54]。这类应用需要氢化物的热力学及动力学性能活泼，才能使其在常温常压下进行快速的吸氢和释氢，同时也导致了这类氢化物不能应用到电子器件领域中。最近，人们发现一些具有较慢吸氢脱氢速度的氢化物，可以像一些氧化物一样在高温下保持稳定。这类相对稳定的氢化物材料可以作为新型的电子半导体材料，应用于半导体电子学、光电子学、太阳能电池等领域。为了更好地应用于电子学领域，这类氢化物还必须具备宽的带隙及良好的导电性等条件。文献中通过对氢化物电子结构和光学性质的计算与分析，发现立方结构和单斜结构 Mg_2NiH_4 的电子结构和光学性质与氢化的无定型状的 Si 类似[56]，SrAlSiH 的带隙大小与 Ge 的带隙接近[53]。人们把这种可以应用到电子学领域的氢化物进行归类，开辟了一门新的学科，称其“氢化物电子学”，同时也开辟了一条新的研究领域[55,57-60]。由于氢具有钝化缺陷态和提高导电性的能力，稀磁氢化物可以降低体系在界面处的自旋无序性和缺陷态，有效地提高自旋注入半导体中的效率，因此氢化物半导体具有很大的应用前景。

众所周知，α-MgH_2 在常温常压下是金红石结构，类似 Si 和 GaAs，它的价带顶和导带底有很大的色散，具备良好的电流承载能力[61-66]。另外，其热力学的稳定性和缓慢地吸氢脱氢速度进一步保证了在电子学领域应用的可能性。目前，Er 等人发现 $Mg_{0.75}V_{0.25}H_2$ 出现了磁性并且具有较弱的磁性耦合特征[67]。Sheripov 等人发现 Ti 掺杂 MgH_2 后仍然是绝缘体，并且在价带和导带中间出现了一条杂质带[68]。Zeng 等人发现 Ti、Fe 和 Zn 掺杂 MgH_2 没有引发磁性，而 Sc、V、Cr、Mn、Co、Ni 和 Cu 的掺杂产生了磁性[69]。Lakhal 等人计算过渡金属掺杂 MgH_2 的居里温度，结果表明掺杂体系的居里温度高于室温，有利于室温铁磁体的制备。Ti、Cr、Co 和 Ni 掺杂 MgH_2 可以产生半金属特性[70]。另外，高压下空位对 MgH_2 的电子结构和磁性的影响也进行了详细研究，结果发现 Mg 空位可以引发大量的磁矩[71]。这些文献报道说明了 MgH_2 可以作为半导体进行磁性掺杂，具有成为自旋电子学器件的潜力。尽管如此，这类氢化物在电子学及相关领域的研究还是很少。因此，设计和研究基于 MgH_2 的稀磁半导体可以有效地补充加强现阶段关于氢化物磁性的研究。本章将以 MgH_2 为研究对象，通过过渡金属 V、Cr、Mn、Fe、Co 和 Ni 掺杂系统地研究体系的稳定性、电子结构和磁性，希望可以应用到未来的氢化物电子学及自旋电子学中。

3.1 计算方法

本节的研究工作是基于 DFT 的第一性原理，选用以平面波为基础的投影缀加平面波方法和 GGA-PBE 泛函来展开计算的。在倒易的 K 空间中，掺杂体系的平面波截止能量选取为 450 eV。布里渊区积分选取 Monkhorst-Pack k 点网格摄取方式，对 MgH_2 掺杂体系使用了 6×6×6 个 k 网格点。进行全弛豫的结构优化中，原子间的相互作用力收敛标准设为 0.1 eV/nm，单原子能量收敛标准为 5×10^{-6} eV；计算中涉及的原子 H、Mg、V、Cr、Mn、Fe、Co 和 Ni 的价电子组态，我们分别选取了 $1s^1$、$3s^2$、$3d^3 4s^2$、$3d^4 4s^2$、$3d^5 4s^2$、$3d^6 4s^2$、$3d^7 4s^2$ 和 $3d^8 4s^2$。考虑到过渡金属 3d 轨道电子的强关联性，我们采用 GGA+U 的方法解决 3d 电子的强关联效应[72]。其中，V、Cr、Mn、Fe、Co 和 Ni 3d 电子的库仑相互作用常数 U 和交换作用常数 J 分别设为 6.7 eV 和 0.81 eV、6.8 eV 和 0.84 eV、6.9 eV 和 0.86 eV、6.8 eV 和 0.89 eV、7.8 eV 和 0.92 eV，以及 8.0 eV 和 0.95 eV[73-74]。

3.2 MgH_2 的本征电子结构

在研究掺杂体系之前，我们计算了纯 α-MgH_2 的基本结构参数及电子性质。如图 3-1 所示，α-MgH_2 单胞是金红石结构，结构空间群为 $P4_2/mnm$，Mg 和 H 原子分别在 $2a$ 和 $4f(x=0.304)$ 的位置上。

每个 Mg 原子与周围的六个 H 原子组成八面体结构，其中位于顶上的两个 H 原子标记为 A，位于赤道平面的四个 H 原子标记为 B。计算的 Mg—H(A) 和 Mg—H(B) 键长与实验值和理论值相吻合，结果列于表 3-1 中。另外，表 3-1 中里列出了 α-MgH_2 的形成能及带隙。

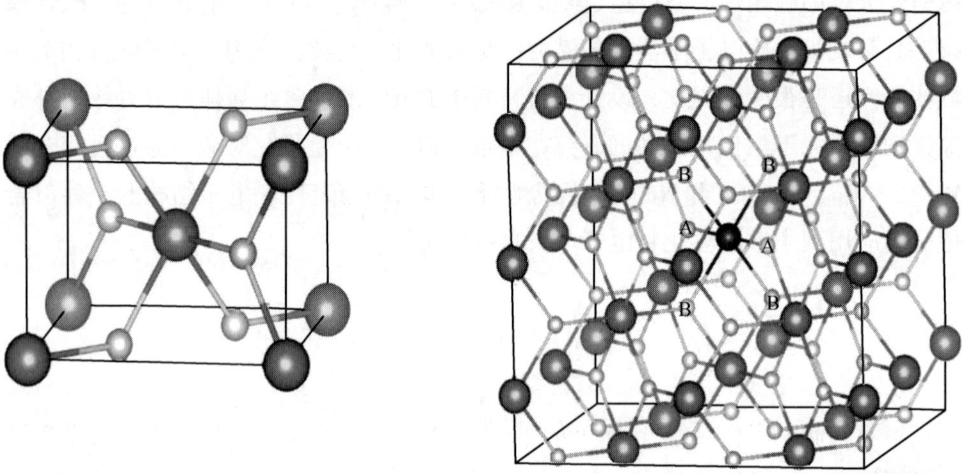

(a)　　(b)

图 3-1　α-MgH_2 的单胞几何结构（a）和过渡金属掺杂 2×2×3 α-MgH_2 超胞的几何结构（b）

（橘色的原子表示 Mg 原子，白色的原子表示 H 原子，蓝色的原子表示过渡金属）

图 3-1 彩图

表 3-1　α-MgH_2 的晶格常数（a，c）、键长（d_a，d_e）、形成能（E_f）和带隙（E_g）

参数	理论值	实验值	本研究工作
a/nm	0.4494[75]	0.4501[76]	0.4500
c/nm	0.3005[75]	0.3010[76]	0.3003
d_a/nm	0.194[75]	0.1935[76]	0.1937
d_e/nm	0.195[75]	0.1955[76]	0.1951
E_f/eV	−0.66[75]	−0.76[75]	−0.632
E_g/eV	3.8[77]	5.16[78]	3.781

从表 3-1 可以看出，我们计算的形成能与之前的实验值和理论值也相吻合，计算的带隙值也与之前的理论结果相符。但是，DFT-GGA 方法本身的缺陷使计算的结果比实验值偏小。

3.3　3d 过渡金属掺杂机制

3.3.1　缺陷形成能与结构稳定性

我们对含有 72 个原子的 2×2×3 α-MgH_2 超胞进行掺杂。掺杂方式是用 1 个过渡金属 TM(V、Cr、Mn、Fe、Co 和 Ni) 去替代位于 $Mg_{24}H_{48}$ 超胞中心位置(0.5, 0.5, 0.5) 的1个 Mg 原子，如图 3-1 (b) 所示。其中，整体掺杂浓度是 4.16%。构建的超胞尺寸及掺杂浓度足以避免计算模拟时邻近超胞之间过渡金属原子的相互作用，满足其周期性边界条件，同时该掺杂浓度在实验上较易制备。对于这六种掺杂体系 $Mg_{23}TMH_{48}$ 来说，优化之后，由过渡金属与周围 H 原子组成的八面体发生轻微的结构畸变。由于 TM 的原子半径小于 Mg 原子，优化之后的 TM—H 键长本应该略小于纯 α-MgH_2 中的 Mg—H 键。但是，Mn 掺杂时导致了 Mn—H(A) 和 Mn—H(B) 键长都反常的大于 Mg—H 键（见表 3-2），说明了 Mn 的掺杂减弱了 Mn—H 键之间的结合能，使 Mn 周围的 H 原子向远离杂质原子的方向移动，从而出现了八面体结构略微扩张的现象。

表 3-2 过渡金属掺杂 MgH_2 的键长（d）和磁矩（μ）

化合物	d_a/nm	d_e/nm	μ_{tot}/μ_B	μ_{TM}/μ_B	μ_{Mg}/μ_B	μ_H/μ_B	μ_{in}/μ_B
V@ AlH_3	0.1806	0.200	2.315	−0.005	−0.227	−0.082	1.50
Cr@ MgH_2	0.1858	0.1977	4.00	3.900	0.004	−0.076	0.172
Mn@ MgH_2	0.1942	0.1961	5.00	4.622	0.027	−0.012	0.363
Fe@ MgH_2	0.1881	0.1893	4.00	3.708	0.033	0.014	0.246
Co@ MgH_2	0.1843	0.1845	3.00	2.681	0.037	0.044	0.238
Ni@ MgH_2	0.1781	0.1790	2.00	1.578	0.049	0.09	0.284

注：μ_{tot}、μ_{TM}、μ_{Mg}、μ_H 和 μ_{in} 分别表示体系的总磁矩、过渡金属提供的磁矩、Mg 原子提供的磁矩、H 原子提供的磁矩和间隙位置提供的磁矩。

在掺杂体系中，缺陷浓度可以通过下面公式推导得出[79]：

$$c = N_{sites}\exp[-E_f/(kT)] \tag{3-1}$$

式中，E_f 为体系的缺陷形成能；N_{sites} 为产生缺陷的总位置数；k 为玻耳兹曼常量；T 为温度。

本节中，包含过渡金属杂质缺陷形成能的计算公式如下[37]：

$$E_{form} = E_{doped} - E_{pristine} + n(\mu_{Mg} - \mu_{TM}) \tag{3-2}$$

式中，E_{doped} 为掺杂体系的总能量；$E_{pristine}$ 为纯 MgH_2 超胞的总能量；n 为杂质原子替换 Mg 原子的个数；μ_{Mg} 和 μ_{TM} 分别为 Mg 原子和过渡金属的化学势。

另外，考虑到形成能与自身的生长环境有关，既可以在富 Mg 环境下生长，也可以在富 H 环境下生长。在富 Mg 环境下，μ_{Mg} 为 Mg 单质的能量，而 μ_{TM} 通过以下公式推导得出：

$$\mu_{Mg} + 2\mu_{H} = \mu_{MgH_2} \tag{3-3}$$

式中，μ_{MgH_2} 为 MgH_2 单质的能量。

在富 H 环境下，μ_{H_2} 为 H_2 分子中一个 H 原子的能量，而 μ_{Mg} 通过公式（3-3）推导得出。计算的缺陷形成能如图 3-2（a）所示。由于在富氢的条件下，杂质原子有更多的机会与 H 原子结合，因此，相对于富 Mg 条件，在富 H 环境下，六种掺杂体系的形成能更低。同时我们发现形成能的大小与杂质原子的半径有关，越接近宿主 Mg 原子的半径，形成能越低。例如，在六种过渡金属中，V 的原子半径最大，最接近被替换的 Mg 原子，掺杂之后引起的弹性应变相对较小，晶格畸变也较小，因此，V 掺杂 MgH_2 时体系具有最低的形成能，掺杂结果也相对最稳定。在富 H 条件下，V 掺杂 MgH_2 的形成能接近 0，表明在此条件下实验中更容易合成，也利于后续电子结构和磁性研究的展开。此外，图 3-2（b）示出了在 200~1000 K 温度下，V 掺杂 MgH_2 具有最高的浓度，而 Co 和 Ni 为掺杂剂时，浓度至少低于 V 掺杂时的一个数量级，此时太低的浓度不利于实验上的制备。

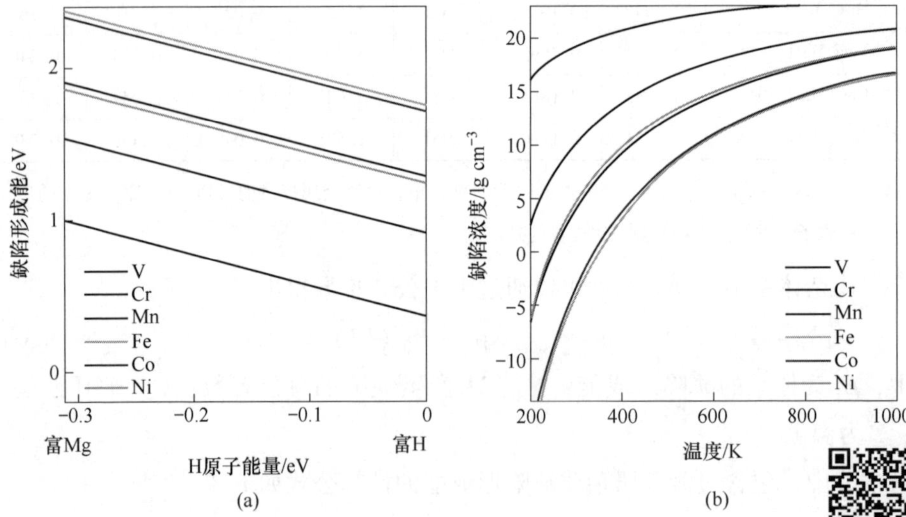

图 3-2　过渡金属掺杂 MgH_2 的缺陷形成能随生长环境（a）和缺陷浓度随温度（b）的变化曲线

图 3-2 彩图

3.3.2　自旋劈裂特性

图 3-3 列出了六种掺杂体系的自旋极化能带图。从图中可以看出，无论向上自旋态还是向下自旋态，过渡金属掺杂之后杂质带都没有穿过费米能级，同时向

上自旋与向下自旋的能带不对称，表明六种掺杂体系表现出磁性半导体的特性。

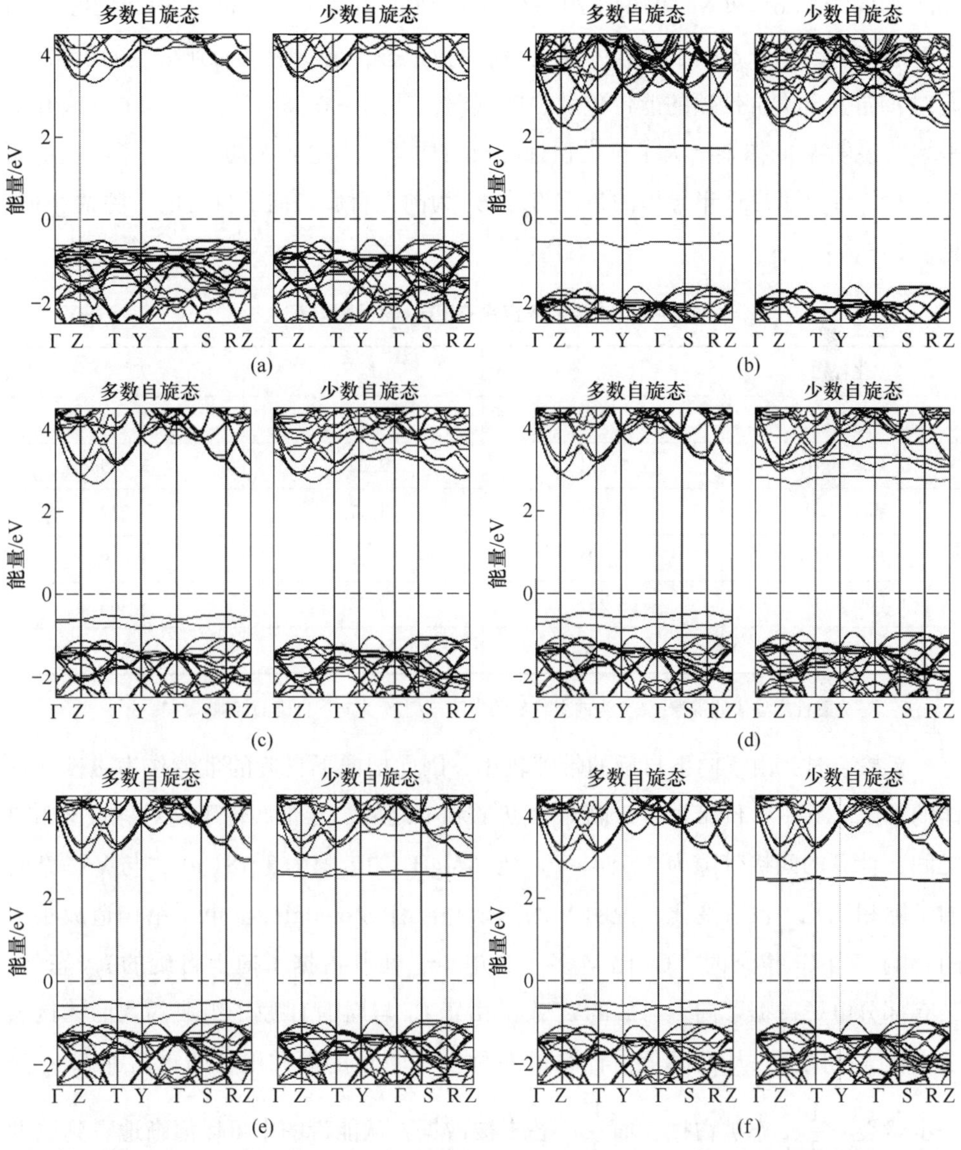

图 3-3 V(a)、Cr(b)、Mn(c)、Fe(d)、Co(e) 和 Ni(f) 掺杂 MgH_2 的电子能带结构图

一般来说，掺杂引起的磁性与电子局域性以及 3d 过渡金属元素有关。对于八面体晶体场，五重简并的过渡金属 d 电子将会劈裂成能量较低的三重简并态 t_{2g} 和能量较高的双重简并态 e_g。当一个杂质过渡金属替换一个 Mg 原子之后，过

渡金属将提供两个电子与 H 成键，从而使过渡金属显+2 价，即 V^{2+}、Cr^{2+}、Mn^{2+}、Fe^{2+}、Co^{2+}和 Ni^{2+}的电子组态分别为 $3d^3$、$3d^4$、$3d^5$、$3d^6$、$3d^7$ 和 $3d^8$。对于 V 掺杂时，3 个 d 电子占据了向上自旋的 t_{2g} 态，杂质带进入到宿主的价带中。此时，向上自旋价带顶的能带色散强度减弱，特别是在高对称点 Y 和 Γ 变得相对平坦，说明 V 的掺杂增大了价带顶处的有效质量。考虑到杂质带对电子结构的影响，我们计算了磁性半导体的带隙 E_g，E_g 为向上自旋与向下自旋的带隙最小值，见表 3-3。

表 3-3　过渡金属掺杂 MgH_2 的带隙（E_g）　　(eV)

化合物	E_g	E_g^{up}	E_g^{down}
V@ MgH_2	3. 784	3. 807	3. 784
Cr@ MgH_2	2. 221	2. 221	3. 773
Mn@ MgH_2	3. 173	3. 173	3. 737
Fe@ MgH_2	3. 205	3. 205	3. 619
Co@ MgH_2	3. 237	3. 237	3. 466
Ni@ MgH_2	3. 236	3. 236	3. 387

注：E_g 为磁性半导体的带隙，E_g^{up} 为向上自旋的带隙，E_g^{down} 为向下自旋的带隙。

V 掺杂时，由于向下自旋的带隙较小，因此把向下自旋的带隙作为磁性半导体的带隙。其中，价带顶位于高对称点 Y 和 Γ 之间，导带底位于高对称点 Z 和 T 之间，计算的间接带隙为 3. 784 eV。纯 α-MgH_2 的带隙为 3. 781 eV，与 V 掺杂时的带隙相比几乎没有变化，说明 V 的掺杂并没有对 α-MgH_2 的电子结构造成很大的影响。当 Cr 掺杂时，Cr 比 V 多一个电子，使其占据了向上自旋的 t_{2g} 态外，又有部分电子占据了向上自旋的 e_g 态。由于 Cr 与周围 H 原子组成的八面体构型发生较大的畸变，从而降低了体系的对称性和轨道的简并度，两重简并态 e_g 进一步劈裂。$\frac{1}{2}e_g$ 态被占据，而$\frac{1}{2}e_g$ 态未被占据，从能带图中可以清晰地看到这两条退化的 Cr e_g 能带分别位于价带顶上方（能量范围在−1~0 eV 之间）和导带底下方（能量范围在 1. 5~2 eV 之间）。两条 e_g 带都十分平坦，几乎无色散，表明杂质带具有很强的局域性，电子很难自由的移动。

当 Mn 掺杂时，向上自旋被全部占据，向下自旋表现为全空。之后，随着 d 电子的增多，少数自旋的 t_{2g} 态被逐步占据。对于 Fe、Co 和 Ni 掺杂，三重简并

的 t_{2g} 进一步劈裂，使部分 t_{2g} 态被占据，进入宿主的价带中，而剩余的部分 t_{2g} 态为全空，能量升高，推入导带边附近。Mn、Fe、Co 和 Ni 掺杂时磁性半导体的带隙是由向上自旋的带隙提供的，其中价带顶都位于高对称点 R，导带底位于高对称点 Z 和 T 之间。表 3-3 中，除了 V 掺杂，其余掺杂体系的带隙都小于纯 α-MgH_2 的带隙，同时也意味着加强了低能区域的光吸收能力。

图 3-4 列出了六种掺杂体系的电子态密度。从图中发现，随着过渡金属价电子数目的增加，占据的过渡金属 t_{2g} 和 e_g 态逐渐向低能量区域移动。

由于交换劈裂能（ε_d，向上自旋与向下自旋的 3d 态能量差）大于对应的晶体场劈裂能（Δ_f，同一个自旋通道 3d 的 t_{2g} 与 e_g 态的能量差），导致 Cr、Mn、Fe 和 Co 掺杂的 3d 电子呈现高自旋排列而不是低自旋排列。V、Cr、Mn、Fe、Co 和 Ni 掺杂计算得到的总磁矩依次为 3.00 μ_B、4.00 μ_B、5.00 μ_B、4.00 μ_B、

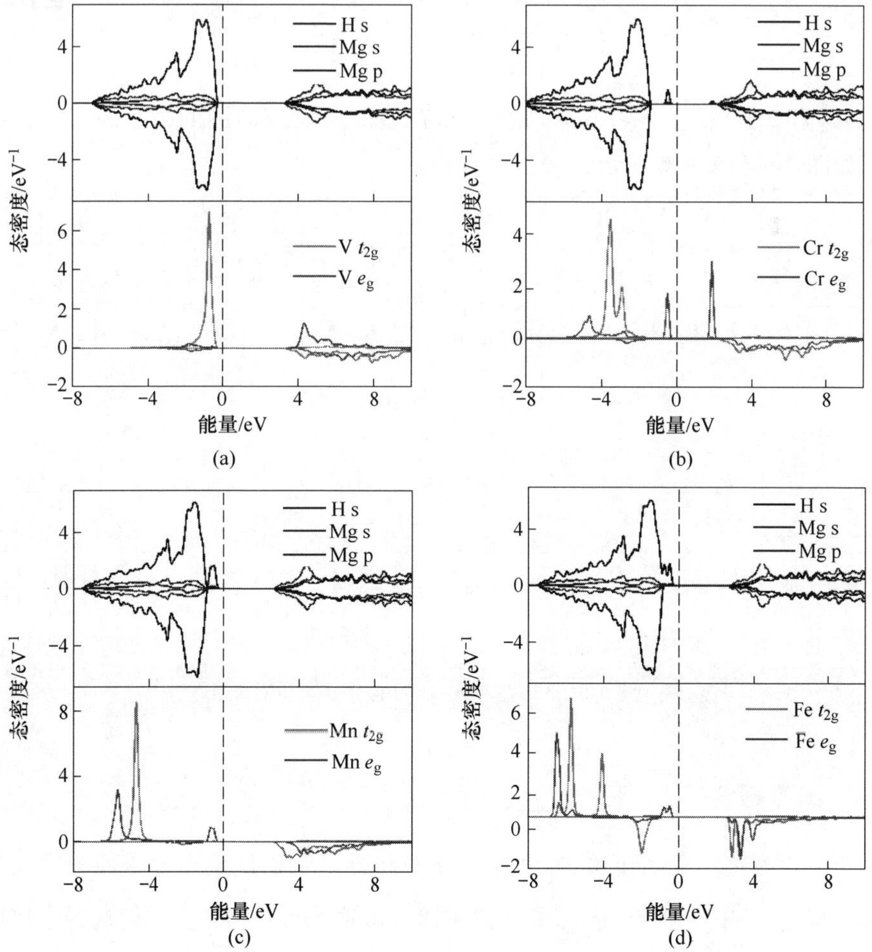

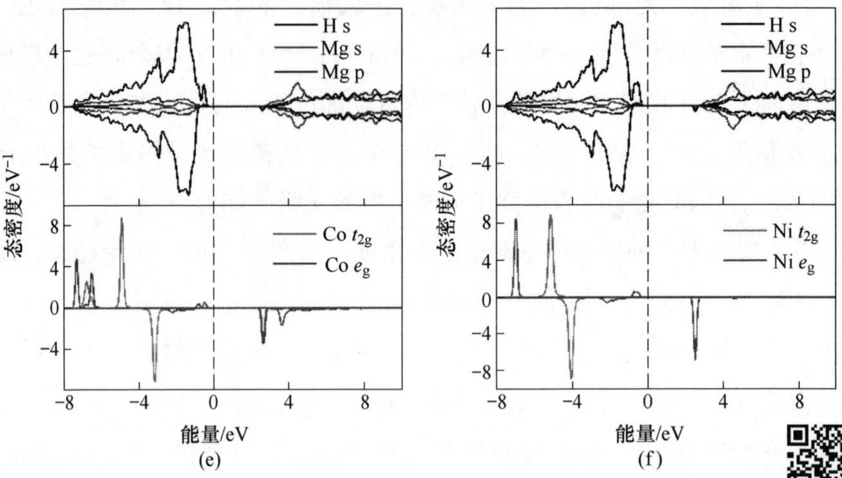

图 3-4　V(a)、Cr(b)、Mn(c)、Fe(d)、Co(e) 和 Ni(f) 掺杂 MgH_2 的电子态密度图

图 3-4 彩图

3.00 μ_B 和 2.00 μ_B，其中磁矩主要分布在过渡金属及周围的宿主原子上，相关数据如图 3-5 和表 3-4 所示。

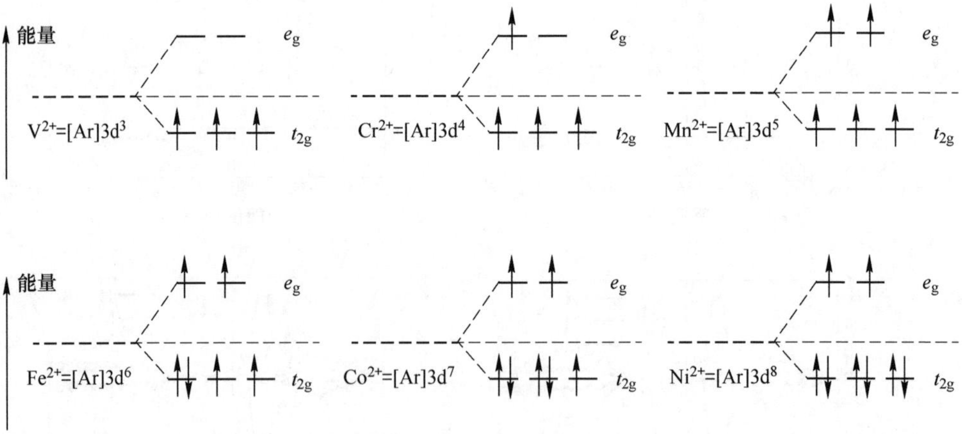

图 3-5　3d t_{2g} 和 e_g 态的电子分布示意图

3.3.3　磁性耦合

为了检测过渡金属在 MgH_2 中的磁耦合特性，我们用两个杂质原子替换超胞（$Mg_{22}TMH_{48}$）中的两个 Mg 原子，整体掺杂浓度为 8.333%。我们选择杂质原子

表 3-4 两种杂质元素掺杂 MgH_2 时杂质原子的距离（d）、铁磁态与反铁磁态的能量差（ΔE）和体系对外呈现的总磁矩（M_{tot}）

化合物	最近位置			最远位置		
	d/nm	ΔE/meV	M_{tot}/μ_B	d/nm	ΔE/meV	M_{tot}/μ_B
V@ MgH_2	0.3501	24.32	0	0.7018	−1.61	6
Cr@ MgH_2	0.3475	70.77	0	0.6700	−0.32	4
Mn@ MgH_2	0.3522	15.94	0	0.6962	1.63	0
Fe@ MgH_2	0.3492	32.7	0	0.6996	5.27	0
Co@ MgH_2	0.3474	40.73	0	0.6983	143.07	0
Ni@ MgH_2	0.3447	77.49	0	0.6951	5.91	0

的两种典型位置，即“最远”和“最近”。当一个掺杂原子固定在超胞的中心（0.5，0.5，0.5）位置时，另一个原子选择与其对应最近距离的位置为“最近”，另一个原子在超胞内选择与其对应最远距离的位置为“最远”。根据下面公式计算铁磁 E_{FM} 和反铁磁性 E_{AFM} 的能量差来确定基态：

$$\Delta E = E_{FM} - E_{AFM} \tag{3-4}$$

计算结果见表 3-4，在“最近”位置上，六种掺杂体系均表现为反铁磁耦合。在“最远”位置上，除 V 和 Cr 掺杂表现为弱铁磁相或顺磁相，其余四种掺杂体系也均表现为反铁磁耦合。

值得我们注意的是，这种反铁磁的特性可以做成反铁磁/铁磁双层膜结构，从而产生偏置场，能够广泛应用于隧穿磁电阻效应（TMR）和巨磁阻效应（GMR）等器件中。

为了进一步分析掺杂体系产生反铁磁的原因，我们利用带耦合（band coupling）模型来试图加以解释[80]。在此模型中，只有彼此平行的自旋态才能耦合。图 3-6 画出了过渡金属 t_{2g} 和 e_g 态的铁磁和反铁磁耦合的原理图。

$e_{g,1}(t_{2g,1})$ 和 $e_{g,2}(t_{2g,2})$ 分别代表自旋向下和自旋向上的 $e_g(t_{2g})$ 态；Δ_{xy}^{e} 和 Δ_{xy}^{t}（x，$y=1$，2）分别表示由 e_g 和 t_{2g} 态耦合导致的能量劈裂。对于 V、Cr 和 Mn 掺杂，在铁磁耦合时，向上自旋的 e_g 态彼此相互作用，使能量降低了 $2m_{he}\Delta_{22}^{e}$，m_{he} 表示掺杂原子 e_g 轨道提供的空穴数目；而向上自旋的 t_{2g} 态全部被占据，所以能量没有发生变化。当反铁磁耦合时，向上自旋的 e_g 态和向下自旋的 e_g 态相互耦合导致能量降低了 $(2-m_{he})\Delta_{12}^{e}$。同样地，另一自旋通道的能量也

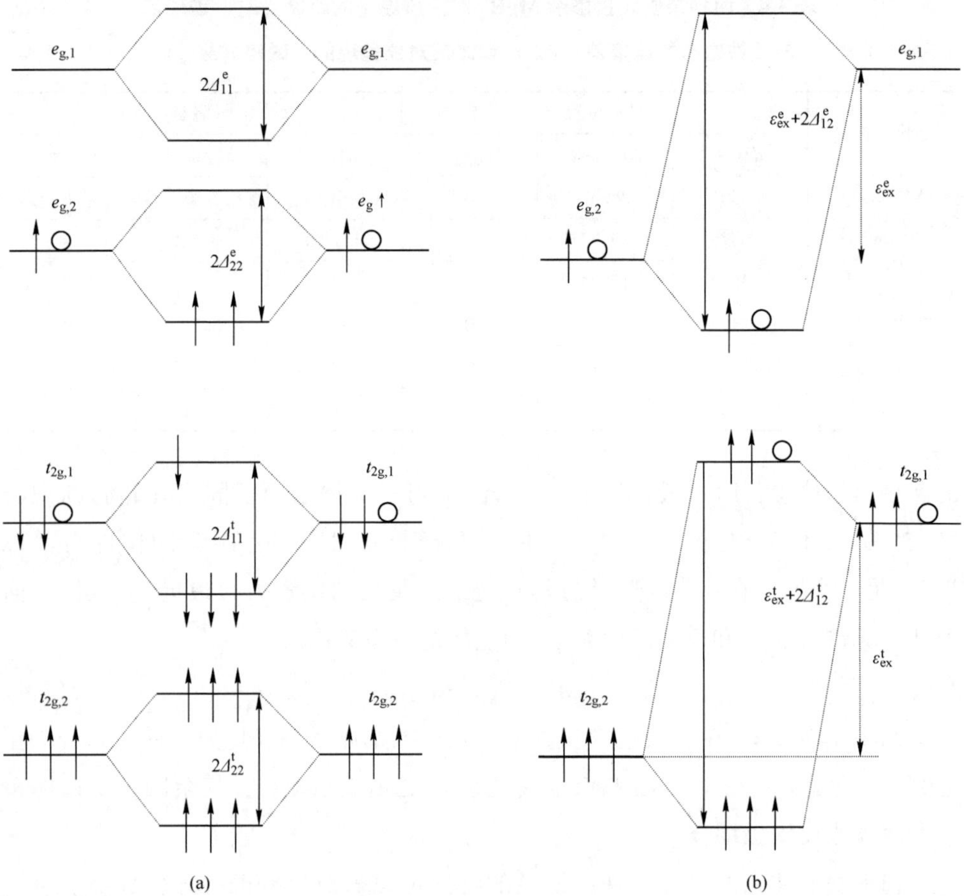

图 3-6　3d t_{2g} 和 e_g 态铁磁耦合（a）和反铁磁耦合（b）示意图

降低了 $(2-m_{he})\Delta^{e}_{12}$，$t_{2g}$ 态的能量总共降低了 $6\Delta^{t}_{12}$。因此，我们可以得出：

$$\Delta E_{FM\text{-}AFM} = -2m_{he}\Delta^{e}_{22} + (4-2m_{he})\Delta^{e}_{12} + 6\Delta^{t}_{12} \qquad m_{he} < 2 \tag{3-5}$$

$$\Delta E_{FM\text{-}AFM} = -(4-2m_{he})\Delta^{e}_{22} + (4-2m_{he})\Delta^{e}_{12} + 6\Delta^{t}_{12} \qquad m_{he} \geqslant 2 \tag{3-6}$$

从式（3-5）和式（3-6）中可以看出，磁性耦合主要由 m_{he}、Δ^{e}_{22}、Δ^{e}_{12} 和 Δ^{t}_{12} 决定。Δ^{e}_{22}、Δ^{e}_{12} 和 Δ^{t}_{12} 分别为 e_g 态间双交换作用、$e_{g,1}$ 和 $e_{g,2}$ 态间的超交换左右和 $t_{2g,1}$ 和 $t_{2g,2}$ 态间的超交换作用。V 掺杂时，$\Delta E_{FM\text{-}AFM}=6\Delta^{t}_{12}>0$（$m_{he}=2$），表明反铁磁态稳定。Cr 掺杂时，$\Delta E_{FM\text{-}AFM}=-2\Delta^{e}_{22}+2\Delta^{e}_{12}+6\Delta^{t}_{12}$（$m_{he}=1$）。当 ε_{ex} 减小，$e_{g,1}$和 $e_{g,2}$ 之间的相互作用加强，Δ^{e}_{12} 变得更大。从图 3-4 可以看出，Cr 掺杂时 ε_{ex} 较小，因此体系表现为反铁磁态。Mn 掺杂时，$\Delta E_{FM\text{-}AFM}=4\Delta^{e}_{12}+6\Delta^{t}_{12}>0$

($m_{he}=0$)，因此基态为反铁磁态。类似的，对于 Fe、Co 和 Ni 掺杂 MgH_2，在铁磁耦合时，能量下降了 $2m_{ht}\Delta_{11}^{t}$，m_{ht} 表示掺杂原子 t_{2g} 轨道提供的空穴数目。在反铁磁耦合时，能量总共下降了 $2m_{ht}\Delta_{12}^{t}+4\Delta_{12}^{e}$。因此，我们得到：

$$\Delta E_{FM\text{-}AFM}=-2m_{ht}\Delta_{11}^{t}+2m_{ht}\Delta_{12}^{t}+4\Delta_{12}^{e}\qquad m_{ht}<2 \tag{3-7}$$

$$\Delta E_{FM\text{-}AFM}=-(6-2m_{ht})\Delta_{11}^{t}+2m_{ht}\Delta_{12}^{t}+4\Delta_{12}^{e}\qquad m_{ht}\geqslant 2 \tag{3-8}$$

从式（3-7）和式（3-8）中可以看出，在 Fe 和 Co 原子掺杂时，$\Delta E_{FM\text{-}AFM}=-2\Delta_{11}^{t}+4\Delta_{12}^{t}+4\Delta_{12}^{e}$（$m_{ht}=2$）和 $\Delta E_{FM\text{-}AFM}=-2\Delta_{11}^{t}+2\Delta_{12}^{t}+4\Delta_{12}^{e}$（$m_{ht}=1$）。Co 与 Fe 相比，由于向下自旋的 t_{2g} 态逐渐向低能级移动，导致 Co 具有较小的 ε_{ex}，因此 Co 原子相对 Fe 原子掺杂具有更稳定的反铁磁态。当 Ni 掺杂时，$\Delta E_{FM\text{-}AFM}=4\Delta_{12}^{e}>0$（$m_{ht}=0$），此时体系表现为反铁磁性。

此外，在“最远”位置上，Co 掺杂时 ΔE 具有相当大的正值，说明体系表现出了稳定的长程耦合的反铁磁特性。我们分析了此时的态密度图和自旋密度图来进一步了解其稳定的反铁磁性，计算结果如图 3-7 所示。

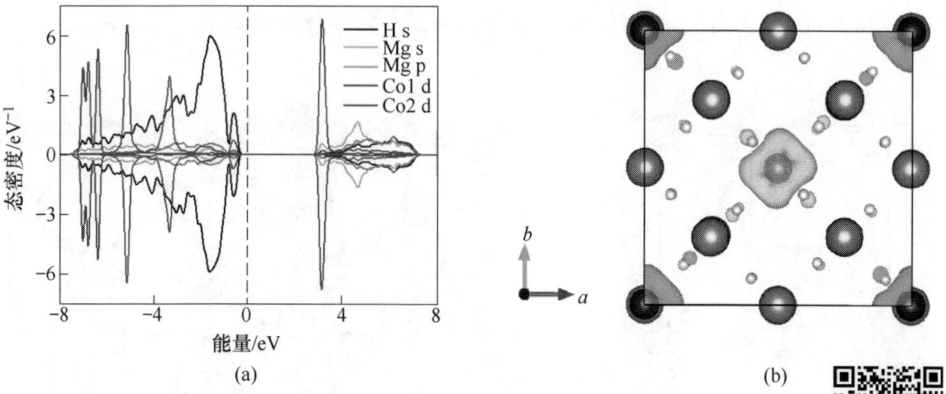

图 3-7　两个 Co 原子掺杂 MgH_2 的电子态密度图（a）和自旋密度图（b）

（黄色和绿色分别表示自旋向上和自旋向下的自旋密度）

从图 3-7（a）看出，在费米能级附近，Co d 轨道和 H s 轨道相互作用，导致了强烈的 s-d 杂化作用。图 3-7（b）显示了两个 Co 原子距离最远时的自旋密度图。从图中可以看出，两个 Co 原子成反铁磁耦合，距离 Co 原子最近的 H 原子作为媒介，间接地参与了两个 Co 原子之间的长程耦合的反铁磁相互作用。

3.4　掺杂体系 MgH_2 与 AlH_3 的比较

氢化铝（AlH_3）是一种典型的储氢材料，由于较高的氢密度以及简单的脱氢过程$\left(AlH_3 \rightarrow Al+\frac{3}{2}H_2\right)$而备受人们的关注[81-88]。但它的较慢的吸氢吸氢速度，导致不能高效率的产氢，限制了 AlH_3 在储氢领域的发展。事实上，AlH_3 作为半导体，具有较宽的带隙及良好的导电性，同 MgH_2 性质类似，也可以作为半导体材料应用于电子学、光电子学等领域[89-92]。因此，本节计算了过渡金属 V、Cr、Mn、Fe、Co 和 Ni 掺杂 AlH_3 的电子结构和磁学性质。对比 AlH_3 和 MgH_2 两种氢化物的电子结构磁性，预测这类新型氢化物稀磁半导体是否具有共通性质。

如图 3-8 所示，我们首先选取了 α 相的 AlH_3 为研究对象[93-94]，对于六种掺杂体系，我们构建了一个包含 96 个原子 2×2×1 α-AlH_3 超胞。掺杂方式是 1 个过渡金属（V、Cr、Mn、Fe、Co 和 Ni）去替代 $Al_{24}H_{72}$ 超胞中心位置（0.5，0.5，0.5）的 1 个 Al 原子，掺杂体系（$Al_{23}TMH_{72}$）的整体掺杂浓度是 4.16%。

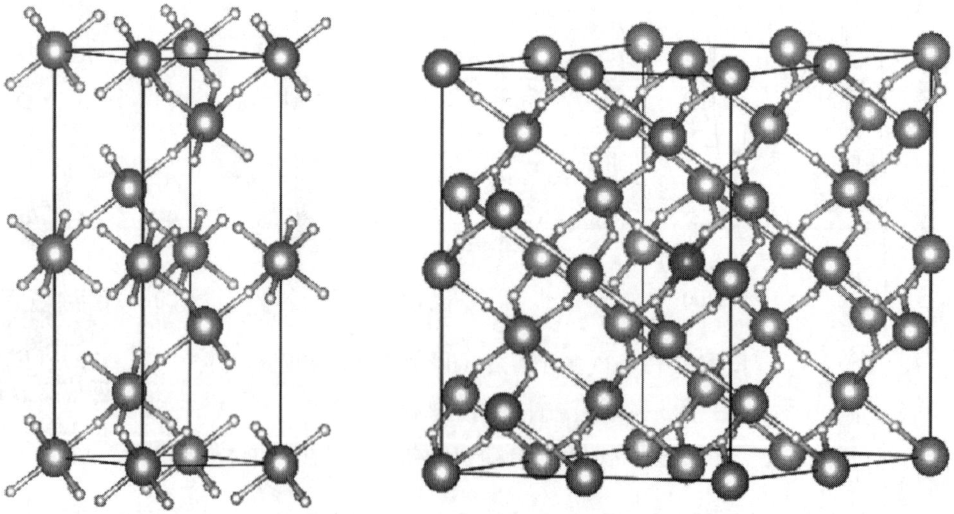

(a)　　(b)

图 3-8　α 相的 AlH_3 的单胞结构（a）和超胞掺杂结构（b）

（蓝色球、粉色球和红色球分别表示 Al 原子、H 原子和 O 原子）

图 3-8 彩图

从表 3-5 中发现，掺杂之后体系产生了磁性，其中磁矩大部分来源于过渡金属，还有微量的磁矩由宿主原子提供。对于未半满或半满的 d 电子，也就是对于 V^{3+}、Cr^{3+}、Mn^{3+}、Fe^{3+}来说，这四种掺杂体系的 d 电子排列满足高自旋态的排列方式。然而，对于 Co 和 Ni 掺杂 AlH_3，与掺杂 MgH_2 情况不同，Co^{3+}和 Ni^{3+}的 d 电子首先占据了向上自旋的 t_{2g}，接着占据向下自旋的 t_{2g}，当然还有剩余电子将接着占据向上自旋的 e_g。d 电子出现了这种首先排列 t_{2g} 态，最后排 e_g 态的这种排列顺序，说明此时 d 电子排列是呈低自旋态排列方式，如图 3-9 所示。

表 3-5　过渡金属掺杂 AlH_3 的键长（d）、磁矩（μ）和形成能（E_f）

化合物	d/nm	μ_{tot}/μ_B	μ_{TM}/μ_B	μ_{Al}/μ_B	μ_H/μ_B	μ_{in}/μ_B	E_f/eV
V@ AlH_3	0.1806	2.00	2.315	−0.005	−0.227	−0.082	1.50
Cr@ AlH_3	0.1757	3.00	3.333	−0.036	−0.204	−0.094	0.83
Mn@ AlH_3	0.1795	4.00	4.329	0.029	−0.314	−0.044	1.65
Fe@ AlH_3	0.1751	5.00	4.031	0.091	0.286	0.594	2.09
Co@ AlH_3	0.1696	0.00	0.616	−0.024	−0.260	−0.332	1.35
Ni@ AlH_3	0.1607	1.00	0.994	0.065	−0.116	0.059	1.64

注：μ_{tot}、μ_{TM}、μ_{Al}、μ_H 和 μ_{in} 分别表示体系的总磁矩、过渡金属提供的磁矩、Al 原子提供的磁矩、H 原子提供的磁矩和间隙位置提供的磁矩。

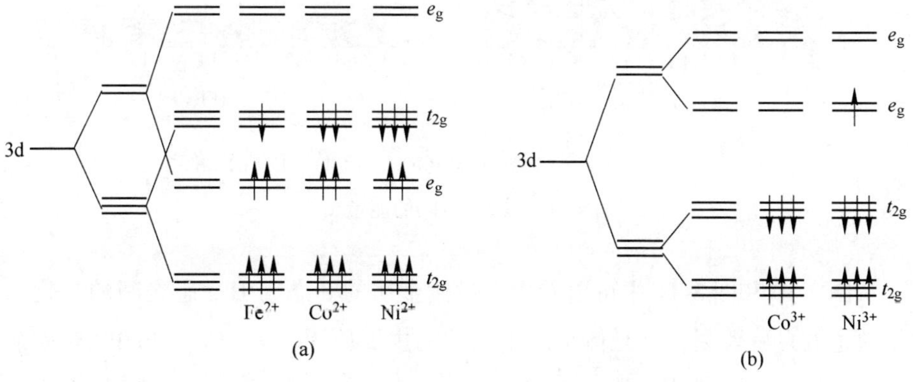

图 3-9　3d t_{2g} 和 e_g 态的电子分布示意图

（a）高自旋；（b）低自旋

为了进一步分析掺杂体系的磁性和电子结构，我们计算了自旋极化的电子能带和态密度，如图 3-10 和图 3-11 所示。

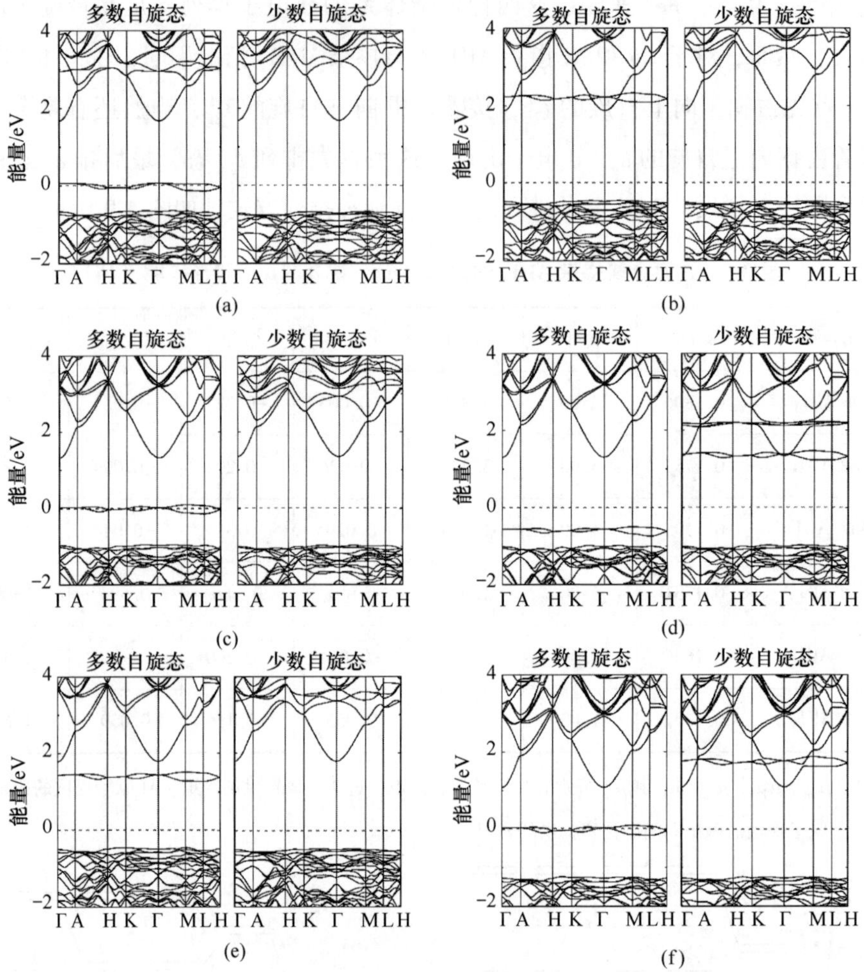

图 3-10　V(a)、Cr(b)、Mn(c)、Fe(d)、Co(e) 和 Ni(f) 掺杂 AlH_3 的能带图

从图 3-10 和图 3-11 中可以看出，过渡金属的 d 态与 H s 态之间的杂化，导致了轨道的自旋劈裂，这是体系产生磁性的主要原因。V、Cr、Mn 和 Fe 掺杂时具有较大的交换劈裂能，从而与掺杂 MgH_2 时一样，都呈高自旋排列；而 Co 和 Ni 掺杂时，向下自旋的 t_{2g} 态移到了价带中，使得交换劈裂能大大地降低，小于其对应的晶体场劈裂能，因此导致了 3d 电子的低自旋排列而不是高自旋排列。

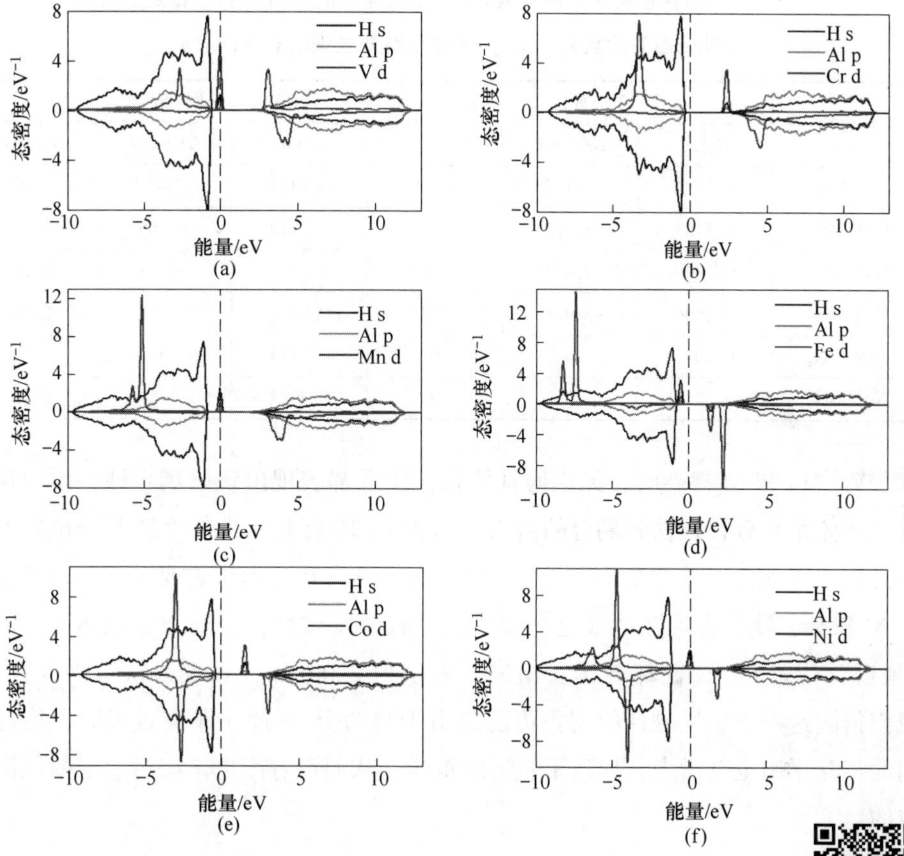

图 3-11 V(a)、Cr(b)、Mn(c)、Fe(d)、Co(e) 和 Ni(f) 掺杂 AlH_3 的态密度图

图 3-11 彩图

此外，我们发现当 d 电子的组态为 $3d^2$、$3d^4$ 和 $3d^7$，即 V、Mn 和 Ni 作为掺杂剂时，体系表现为半金属性质。当 d 电子的组态为 $3d^3$、$3d^5$ 和 $3d^6$，即 Cr、Fe 和 Co 作为掺杂剂时，则为磁性半导体。因此得出结论：与掺杂 MgH_2 不同，我们可以通过控制或调节 AlH_3 中过渡金属的价电子数，来获得相应的半金属或磁性半导体的性质。

最后，为了检测过渡金属 AlH_3 中的磁耦合特性，我们用两个杂质原子替换超胞（$Al_{22}TMH_{72}$）中的两个 Al 原子，整体掺杂浓度为 8.333%。我们同样选择杂质原子的两种典型位置，即“最远”和“最近”。根据式（3-4）计算铁磁和反铁磁性的能量差来确定基态，计算结果见表 3-6。

表 3-6　两种杂质元素掺杂 AlH_3 时杂质原子的距离（d）、铁磁态与反铁磁态的能量差（ΔE）和体系对外呈现的总磁矩（μ_{tot}）

化合物	最近位置			最远位置		
	d/nm	ΔE/emV	μ_{tot}/μ_B	d/nm	ΔE/emV	μ_{tot}/μ_B
V@ AlH_3	0. 2652	−591. 56	4. 00	0. 7423	−7. 174	3. 98
Cr@ AlH_3	0. 3183	56. 12	0	0. 7412	−1. 65	6. 00
Mn@ AlH_3	0. 2909	−456. 35	4. 00	0. 7383	−3. 57	4. 00
Fe@ AlH_3	0. 2636	−314. 63	2. 00	0. 7342	−4. 53	2. 00
Co@ AlH_3	0. 3035	0	0	0. 7334	0	0
Ni@ AlH_3	0. 3255	0	0	0. 7382	−1. 34	2. 00

V、Mn 和 Ni 掺杂时，无论何种位置，体系都表现出铁磁耦合性，说明这三种掺杂体系具有长程铁磁耦合的潜力。对于 Cr 掺杂来说，在“最近”位置上表现为反铁磁耦合，随着杂质原子距离的增大，具有转变为铁磁或顺磁的趋势。对于 Ni 掺杂，我们发现在“最近”位置上没有诱发磁性，表现为非磁体系。但在“最远”位置上，磁性却被诱发出来，大小为 2. 00 μ_B，表现为铁磁耦合特征。我们猜测这种未引发磁性的现象可能是由于当两个 Ni 原子距离过近时，彼此之间的相互作用也会增大，导致了轨道的重建，从而没有产生未配对电子的原因造成的。

4 硫化物体系的自旋轨道耦合

硫属化合物 PbX(X=S, Se 和 Te) 是一类具有特殊物性的材料，在半导体的研究领域中吸引了人们的广泛关注。这类材料不同于一般的Ⅱ~Ⅵ族和Ⅲ~Ⅴ族化合物，它们是一类窄带隙半导体。同时，还具有特殊的电子结构，即在价带顶处不但有阴离子 X p 态还出现了阳离子 Pb 6s 态，使得两种态在价带顶处能够发生强烈的能级排斥[96]。鉴于这些性质，硫属化合物主要应用在发光二极管，红外探测和能量转换装置等领域[97-104]。另外，硫属化合物在诸多领域都具有潜在的技术应用前景，如热电、光电和自旋电子学等[105-111]。

近日，人们发现这类窄带隙的电子结构对外部的环境极其敏感，通过适当的外部调节方式就可以改变其电子性质。Barone 等人发现随着压强的增加，硫属化合物的带隙逐渐较小[112]。在 2~6 GPa 范围内，在高对称点 L 处发生了能带翻转，发生了拓扑转变[112]。Geilhufe 等人发现合金化的 $Pb_{1-x}Sn_xTe$ 在施加压强或单轴应变时，同样能带会发生翻转，转变为拓扑半导体[113]。此外，一些研究表明这类硫属化合物有可能像那些本身具有量子自旋霍尔效应（Quantum Spin Hall）的半导体一样，通过自旋调控可以产生反常霍尔效应[114-117]。理论上，已经证明了通过磁性掺杂可能使这类窄带隙半导体诱发反常霍尔效应，并且强调了自旋轨道耦合的作用，在理论计算模拟时不可忽略[118]。实验上，在 Mn 掺杂 GeTe 中观测到了反常霍尔效应，并且指出反常霍尔效应与温度有关，随着温度的升高而逐渐减弱[119]。从以上研究发现，拓扑结构与磁性之间的相互作用，可以给材料本身带来奇异的量子物性，这也激励了我们进一步研究这类窄带隙的硫属化合物，探究如何同时将拓扑性质和磁性同时融入其中，作为一种崭新的材料应用到未来的自旋电子学中。

目前，利用 3d 过渡金属、4f 碱土金属或 sp 型非磁元素掺杂半导体来获得磁性是最常见也是最有效的方法之一[11,120-124]。尽管关于掺杂产生磁性的文献有很多，但关于Ⅳ~Ⅵ族硫属化合物磁性方面的报道很少。据我们所知，大多数关于Ⅳ~Ⅵ族硫属化合物掺杂方面的研究还只局限在热电、光电等方面。在此，我们汇总了掺杂族硫属化合物 PbS 中有关磁性探究的文献。其中，通过实验，在 Fe 掺杂 PbS 纳米结构和纳米薄膜中观测到铁磁态[125-126]。在 Mn 掺杂 PbS 纳米结构中发现，一些实验和理论计算表明 Mn 掺杂可以产生反铁磁态[106,127]，而一些文献表明 Mn 掺杂 PbS 纳米结构也能够产生铁磁态[128]。在 Eu 掺杂 PbS 中，实验和理论计算中都表明掺杂可以引发磁性[129]，并且具有反铁磁特征[120,130]。利用 Ce 掺杂 PbX(X=S、Se 和 Te）实验上也观测到了磁性[131]。另外，人们通过第一性原理方法计算了非磁元素 B、C 和 N 掺杂 PbX(X=S 和 Se）的电子结构和磁性，并且讨论了压强对掺杂体系的影响[132]；结果发现 C 和 N 掺杂 PbX(X=S 和 Se）可以产生铁磁性，B 掺杂时却没有诱发磁性，并且随着压强增加，C 和 N 掺杂体系的磁性逐渐减弱[132]。尽管以上文献报道一些关于掺杂 PbS 引起磁性，但问题在于实验上没有解释磁性的起源。在第一性原理计算模拟中没有考虑硫属化合物的自旋轨道耦合效应，影响了计算准确性，而且掺杂的浓度较高，也不利于实验上的制备。因此，综合以上问题，选择合适研究方法以及掺杂元素来探究 PbS 产生磁性的原因十分必要。

在本章中，我们选取硫化物 PbS 作为研究的母体材料，通过过渡金属（V、Cr、Mn、Fe、Co 和 Ni）掺杂的方式来研究其稳定性、电子结构和磁性。此外，通过应力的进一步调节，我们希望可以改变掺杂体系的电子结构，使其具有类似拓扑结构的奇异量子物性，能够应用到未来的拓扑自旋电子学领域中。考虑到计算数据较多，本章分为三部分，分别为本征 PbS 的研究，V、Cr 和 Mn 掺杂 PbS 的研究和 Fe、Co 和 Ni 掺杂 PbS 的研究。

4.1　计算方法和模型

本节研究工作是基于 DFT 的第一性原理，选用以平面波为基础的投影缀加平面波方法和 GGA-PBE 泛函来展开计算的。在倒易的 K 空间中，单胞 PbS 的平面波截止能量选取为 500 eV，布里渊区积分选取 Monkhorst-Pack k 点网格摄取方式，对单胞 PbS 使用了 14×14×14 个 k 网格点；掺杂体系的平面波截止能量选取为 500 eV。布里渊区积分选取 Monkhorst-Pack k 点网格摄取方式，对掺杂体系使用了 4×4×4 个 k 网格点。进行全弛豫的结构优化中原子间的相互作用力收敛标准设为 0.1 eV/nm，单原子能量收敛标准为 5×10^{-6} eV。对于六种掺杂体系，我们构建了一个包含 64 个原子 2×2×2 $Pb_{32}S_{32}$ 超胞。掺杂方式是 1 个过渡金属

（V、Cr、Mn、Fe、Co 和 Ni）去替代 $Pb_{32}S_{32}$ 超胞中心位置（0.5，0.5，0.5）的 1 个 Pb 原子，掺杂体系（$Pb_{31}TMS_{32}$）的整体掺杂浓度是 3.125%。构建的超胞尺寸及掺杂浓度足以避免计算模拟时邻近超胞之间过渡金属原子的相互作用，满足其周期性边界条件，同时较低的掺杂浓度在实验上也易于制备。计算中涉及的原子 Pb、S、V、Cr、Mn、Fe、Co 和 Ni 的价电子组态分别为 $6s^26p^2$、$3s^23p^4$、$3d^34s^2$、$3d^44s^2$、$3d^54s^2$、$3d^64s^2$、$3d^74s^2$ 和 $3d^84s^2$。考虑到过渡金属 3d 轨道电子的强关联性，我们采用 GGA+U 的方法来解决 3d 电子的强关联效应[61]。其中，V、Cr、Mn、Fe、Co 和 Ni 3d 电子的库仑相互作用常数 U 和交换作用常数 J 分别设为 6.7 eV 和 0.81 eV、6.8 eV 和 0.84 eV、6.9 eV 和 0.86 eV、6.8 eV 和 0.89 eV、7.8 eV 和 0.92 eV，以及 8.0 eV 和 0.95 eV[62,63]。

4.2　PbS 的本征电子结构

PbS 具有简单的岩盐结构，结构空间群为 $Fm\bar{3}m(O_h)$。我们对单胞 PbS 进行了结构优化，优化得到的晶格常数为 0.6026 nm，Pb—S 键长为 0.3013 nm，计算的结果与其他文献报道的结果相吻合[133-135]。图 4-1 显示了纯 PbS 沿着高对称点的能带图。

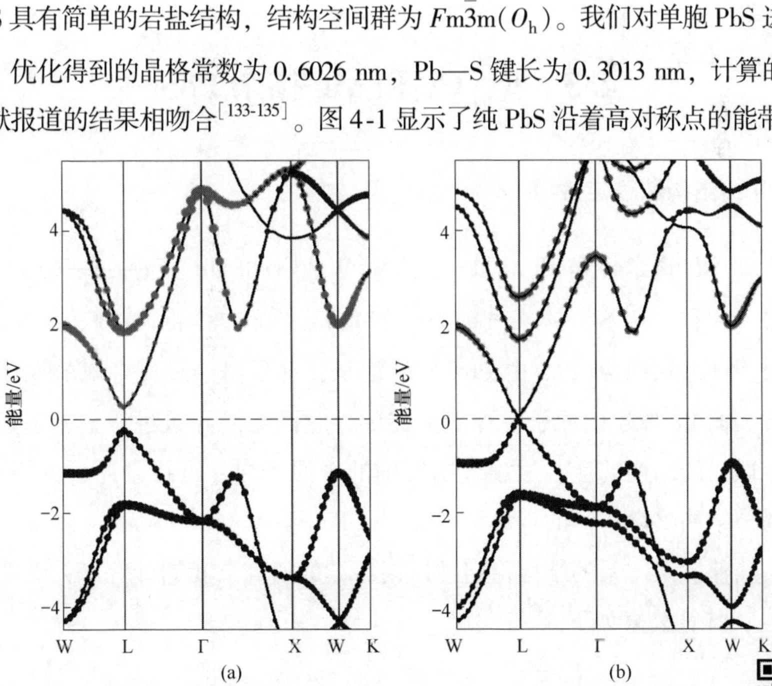

图 4-1　不考虑（a）和考虑（b）的自旋轨道耦合计算 PbS 能带图

（红色、蓝色和绿色圆圈大小分别表示 Pb s、S p 和 Pb p 态的权重）

图 4-1 彩图

从图 4-1 中可以看出，不同于一般的Ⅱ～Ⅵ和Ⅲ～Ⅴ族化合物，阳离子 Pb 6s 态被占据，并位于价带顶处。因此，价带顶处除了阴离子 S p 态外，还有少量的 Pb s 态。这两种态在价带顶（L）处发生了强烈的能级排斥，导致 S p 态向上移动。这种特殊的电子性质，一方面解释了这类材料窄带隙的原因；另一方面，从图中可以看到，价带顶和导带底都位于高对称点 L，说明 PbS 为直接带隙半导体。未加入自旋轨道耦合时，计算的带隙为 0. 498 eV；加入考虑自旋轨道效应之后，我们发现价带顶上移，同时导带底下移，导致带隙明显减小，计算得到此时的带隙为 0. 083 eV。计算结果与先前的计算结果相吻合[134,136]，证明了本研究工作采用的计算方法和参数的合理性和可靠性。另外，考虑自旋轨道效应之后，我们可以明显地看到沿着高对称点的方向，能带出现了的自旋轨道劈裂。其中，在高对称点 W、L 和 Γ 上的自旋轨道劈裂的能量依次可以高达 0. 31 eV、0. 89 eV 和 2. 35 eV。这种强烈的自旋轨道劈裂也表明了自旋轨道耦合对 PbS 的电子结构有很大的影响，在理论计算模拟时不可忽略。

4.3　V、Cr 和 Mn 掺杂 PbS

4.3.1　几何结构和稳定性

对于这三种掺杂体系 $Pb_{31}TMS_{32}$（TM = V、Cr 和 Mn），几何结构优化之后，V—S、Cr—S 和 Mn—S 的键长分别为 0. 2792 nm、0. 2783 nm 和 0. 2792 nm。优化的 TM—S 键长都小于纯 PbS 中 Pb—S 的键长，这是由于过渡金属的原子半径都小于被替换的 Pb 原子的原子半径而造成的。它的结果导致过渡金属附近的几何结构发生微弱的结构畸变，过渡金属周围的 S 原子向靠近掺杂原子的方向移动，出现了局部结构略微压缩的现象。

为了确保掺杂体系的结构稳定性以便后续的研究，我们计算了掺杂时的缺陷形成能 E_f，计算公式如下[95]：

$$E_f = E_{doped} - E_{pristine} + \mu_{Pb} - \mu_{TM} \tag{4-1}$$

式中，E_{doped} 为掺杂体系的总能量；$E_{pristine}$ 为纯 PbS 超胞的总能量；μ_{Pb} 和 μ_{TM} 分别为单质 Pb 原子和过渡金属元素的化学势。

另外，形成能与自身的生长环境有关，在富 Pb 环境下，μ_{Pb} 为 Pb 单质的能量，而 μ_S 通过下面公式推导得出：

$$\mu_{Pb} + \mu_S = \mu_{PbS} \tag{4-2}$$

式中，μ_{PbS} 为 PbS 单质的能量。

在富 S 环境下，μ_S 为 α-S_8 分子的能量，而 μ_{Pb} 通过公式（4-2）推导得出，计算的结果如图 4-2 所示。

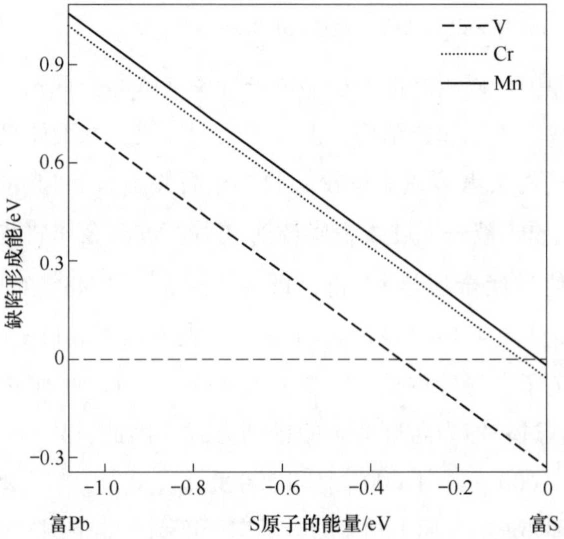

图 4-2 V、Cr 和 Mn 掺杂 PbS 的缺陷形成能随生长环境的变化

从图 4-2 中可以看出，所有掺杂体系的形成能在富 S 环境下最低，比在富 Pb 环境下低了大概 1.08 eV；在富 S 环境下，三种掺杂体系的形成能都为负值，说明此三种元素的掺杂可以自发地在富 S 环境下进行，其稳定的结构有利于后续电子结构和磁性相关工作的展开。此外，我们发现形成能的大小与过渡金属的价电子数目有关，价电子数越少，即价电子数越接近被替换 Pb 原子的价电子数目，则形成能越低。计算的形成能大小排序为：$E_f(V) < E_f(Cr) < E_f(Mn)$。在 V 掺杂时，体系最稳定，形成能最低可达到 -0.33 eV，更利于实验上的合成。

4.3.2 高自旋态调控

从表 4-1 可以看出，过渡金属的引入使 PbS 产生了磁性。

表 4-1　V、Cr 和 Mn 掺杂 PbS 的磁矩分布　　(μ_B)

替换元素	自旋磁矩				轨道磁矩				
	X	Pb	S	M_S	X	Pb	S	M_L	M_{tot}
V	2.795	0.004	−0.042	2.757	−0.015	−0.007	−0.001	−0.023	3.000
Cr	4.014	0.031	−0.290	3.755	−0.007	−0.019	0.006	−0.019	4.000
Mn	4.703	0.030	0.006	4.739	0.002	−0.007	0.002	−0.003	5.000

注：M_S、M_L 和 M_{tot} 分别表示自旋磁矩、轨道磁矩和总磁矩。

产生磁性的原因可以粗略地通过晶体场理论来解释：首先，TM(Pb) 与周围的六个 S 原子组成了正八面体结构。上一章我们知道，八面体晶体场中五重简并的过渡金属 d 电子将会劈裂成能量较低的三重简并态 t_{2g} 和能量较高的双重简并态 e_g。当一个 Pb 原子被一个过渡金属替换之后，过渡金属将提供两个电子与 S 原子成键，从而使过渡金属显+3 价，即 V^{2+}、Cr^{2+} 和 Mn^{2+} 的 d 电子组态分别 $3d^3$、$3d^4$ 和 $3d^5$。从图 4-3 可以看出，d 电子首先占据多数自旋的 t_{2g} 轨道，若还剩余电子，则 d 电子紧接着占据了多数自旋的 e_g 轨道。此种 d 电子的排列顺序在上一章中也出现过，即为高自旋态的排列方式。因此，V、Cr 和 Mn 掺杂时体系总磁矩分别为 3.000 μ_B、4.000 μ_B 和 5.000 μ_B。

图 4-4 为 Cr 和邻近的 S 原子相关的电子态密度图和能带图。从图中我们发现对于 Cr 掺杂时，Cr e_g 态在能量−0.2~0.2 eV 范围之内出现了两个杂质峰，同时 S p 态在相同的能量范围内也出现两个峰，说明在费米能级附近发生了强烈 p-d（e_g）杂化。杂质带横跨费米能级，Cr e_g 带和 S p 带交叠在一起，发生了强烈的杂化作用。

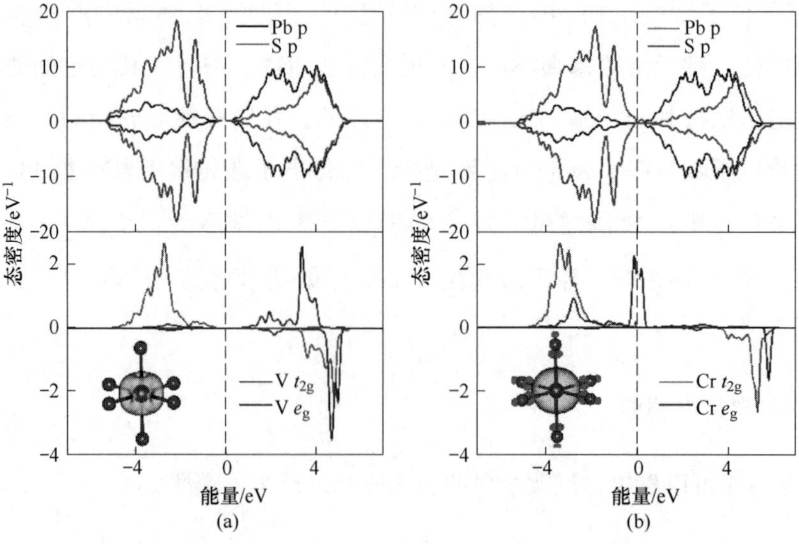

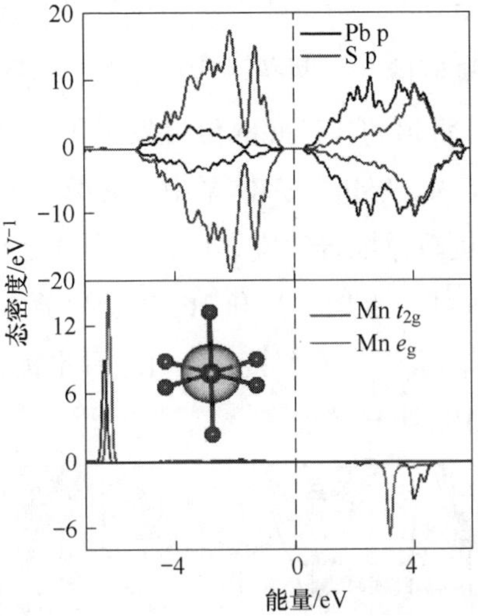

(c)

图4-3 彩图

图4-3 V(a)、Cr(b) 和 Mn(c) 掺杂PbS的态密度图

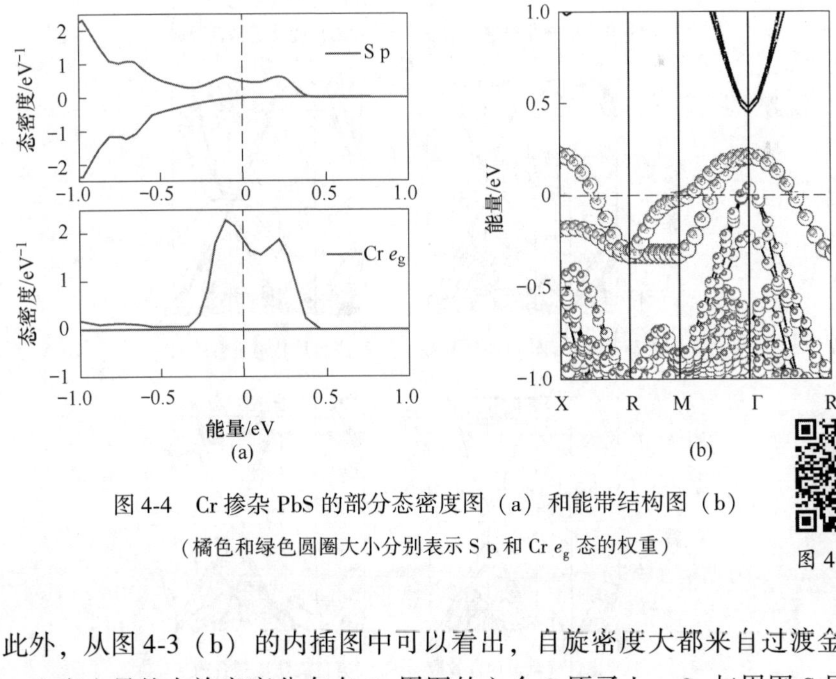

(a) (b)

图4-4 Cr掺杂PbS的部分态密度图（a）和能带结构图（b）

（橘色和绿色圆圈大小分别表示S p和Cr e_g 态的权重）

图4-4 彩图

此外，从图4-3（b）的内插图中可以看出，自旋密度大都来自过渡金属Cr周围，也有少量的自旋密度分布在Cr周围的六个S原子上。Cr与周围S原子的自旋方向相反，表明它们呈局部的反铁磁性耦合特征。然而，对于V和Mn掺杂体系，杂质与S原子的自旋方向相同，表明V和Mn与最邻近的六个S原子都呈现局部的铁磁性耦合特征。

图 4-5 为 V、Cr 和 Mn 掺杂 PbS 的自旋极化能带。从图中可以看到，Cr 掺杂时，无论是否考虑自旋轨道耦合，两条平坦的杂质带都穿过了费米能级。对于 V 和 Mn 掺杂，我们发现价带顶和导带底的位置发生了改变，即价带顶和导带底由最初的 L 转变到了 Γ 点。V 和 Mn 掺杂体系中，计算的直接带隙分别为 0.399 eV 和 0.428 eV。考虑了自旋轨道耦合效应之后，价带顶上移而导带底下移，使在 Γ 点的直接带隙大幅度地减小。此时，V 和 Mn 掺杂体系中的直接带隙分别减少到了 0.015 eV 和 0.017 eV。由于带隙值接近于 0，因此我们认为加入自旋轨道耦合之后，体系转变成了零带隙半导体。

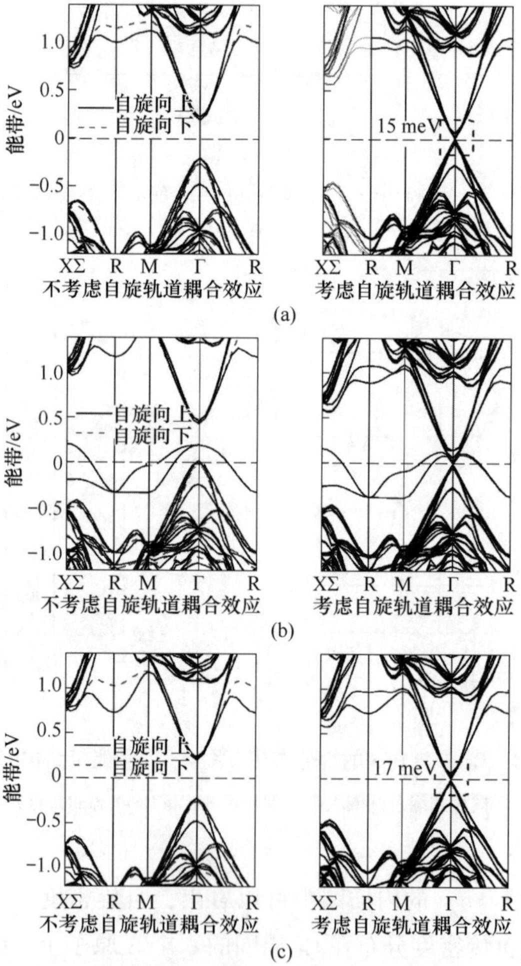

图 4-5　V(a)、Cr(b) 和 Mn(c) 掺杂 PbS 的能带结构图

零带隙半导体在电子、光电等诸多领域都有很大的应用潜力。V 和 Mn 掺杂

体系中，在Σ方向上的带隙分别减少了 0.377 eV 和 0.376 eV，在高对称点 Γ 和 Σ之间的能量差也略微增大。此外，在导带中，高对称点 R 上的自旋劈裂明显变小。其中，V 和 Mn 掺杂中，减小的数量分别为 0.036 eV 和 0.061 eV。掺杂体系中能带结构的显著变化，再一次说明了自旋轨道耦合效应对电子结构有重大影响。

为了进一步分析 V 和 Mn 掺杂产生这种零带隙的原因，我们画出了提供轨道信息的能带图，如图 4-6 所示。

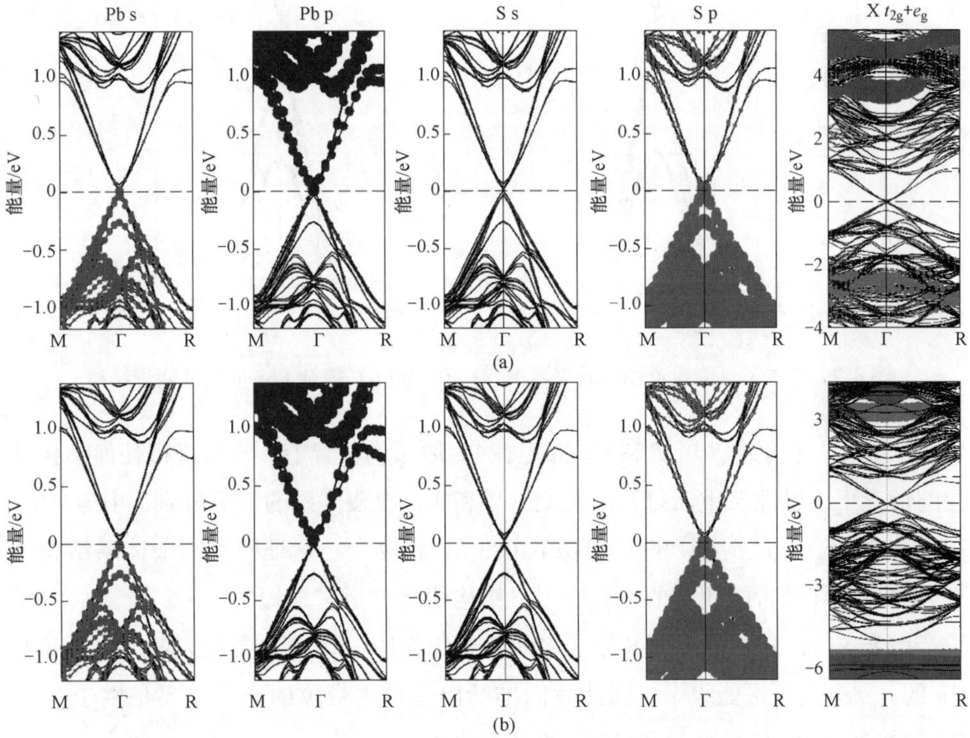

图 4-6 考虑了自旋轨道耦合效应后 V(a) 和 Mn(b) 掺杂 PbS 的能带结构图

（红色、深蓝色、粉色、绿色、橘色和浅蓝色圆圈大小分别表示 Pb s、Pb p、S s、S p、Cr t_{2g} 和 Cr e_g 态的权重）

图 4-6 彩图

从图 4-6 中我们发现，价带顶主要由阴离子 S p 提供，还有少量的阳离子 Pb s 态贡献，而杂质部分并未出现在价带顶附近。这说明虽然引入了杂质元素，但 PbS 特殊的电子结构特征保留了下来。也就是说，在价带顶处，杂质并不会干扰 Pb s 与 S p 态，它们依然会保持相同的对称性从而发生能级排斥。

尽管如此，V 和 Mn 掺杂之后的带隙比纯 PbS 的带隙要小得多，为了解释这种原因，我们猜测这有可能是掺杂体系结构优化之后引起局部结构畸变造成的。为了验证这种猜测，我们计算了掺杂体系在非弛豫情况下的能带，如图 4-7 所示。

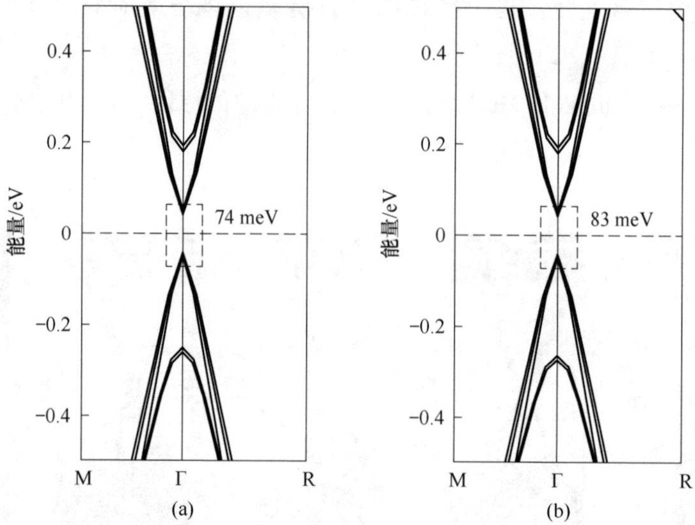

图 4-7　考虑了自旋轨道耦合效应后 V(a) 和 Mn(b) 掺杂 PbS 的局部能带结构

从图 4-7 中发现，当 V 和 Mn 固定在 Pb 原子的位置上，没有进行任何结构弛豫的情况下，带隙又重新打开。此刻，V 和 Mn 掺杂体系的带隙分别为 0. 074 eV 和 0. 083 eV，与最初纯 PbS 的带隙 0. 083 eV 相吻合。这证明了掺杂体系结构的充分弛豫是导致带隙闭合的主要原因。结构优化之后，缩短的 V—S 和 Mn—S 键长会增强 V(Mn) 与最近邻 S 原子之间的杂化作用，导致杂质带变宽。由于 V 和 Mn 的 t_{2g}/e_g 位于深能级中，因此我们推断出这种零带隙的原因主要是由于 V 和 Mn 间接通过 Pb 与 S 原子之间相互作用导致的。

对于 V 和 Mn 掺杂体系，我们进一步研究了这两种零带隙半导体的磁性耦合特征。首先把超胞的尺寸扩大了一倍，然后用两个杂质原子替换超胞（$Pb_{64}S_{64}$）中的两个 Pb 原子，此时体系（$Pb_{62}TM_2S_{64}$）的整体掺杂浓度为 3. 125%。本节中，我们采用了海森堡模型计算掺杂体系的总能量，近而检测磁性机制。海森堡模型计算公式如下[137-138]：

$$H = -\sum_{\langle ij\rangle} J_{ij} S_i \cdot S_j \tag{4-3}$$

式中，H 为体系的总能量；J 为交换系数；S 为单个杂质原子提供的自旋。

本次计算中，我们只考虑了最近邻原子之间的相互作用。在铁磁态时，计算的总能量为 $E_{FM} = -6J_0S^2$。在反铁磁态时，计算的总能量为 $E_{AFM} = -(4J_0 - 2J_0)S^2 = -2J_0S^2$。因此，反铁磁和铁磁性的能量差为 $\Delta E = E_{AFM} - E_{FM} = 4J_0S^2$。在 V 掺杂的体系中，计算得到的反铁磁和铁磁性的能量差 ΔE 和杂质原子的自旋 S 分别为 459.44 meV 和 2.56 μ_B。在 Mn 掺杂体系中，计算得到的 ΔE 和 S 分别为−8.28 meV 和 4.33 μ_B。此时，可以通过海森堡模型推导出交换系数 J。V 和 Mn 掺杂体系的交换系数 J 分别为 70.10 meV 和−0.44 meV。

从计算的结果可以看出，V 掺杂时的交换系数 J 为正值，说明体系的基态为铁磁态；与此同时，交换系数 J 的数值很大，说明 V 杂质之间可以表现出稳定的长程耦合的铁磁特性。相反，Mn 杂质之间的磁相互作用较弱，表现为弱的反铁磁耦合特性。

4.3.3 应变诱导的能带翻转

由于 PbS 特殊的窄带隙电子结构，人们通过对 PbS 施加应变或加压，其电子性质会带来奇异的特性，例如转变为拓扑相。在本节 V 和 Mn 掺杂 PbS 的体系中发现，过渡金属原子处于深能级，对费米能级附近的电子结构未造成干扰，使其依然保持了 PbS 特殊的电子特性。因此，我们猜测通过对 V 和 Mn 掺杂体系施加应变，同样会出现类似的电子结构转变。具体的操作方法是：对 V 和 Mn 掺杂体系三个方向施加各向同性压缩应变，在−1%～−6%的应变范围内计算了这两种结构的电子性质。

图 4-8 为加入自旋轨道耦合后，随着应变变化的能带图。从图 4-8 中可以看到，能带结构对施加的应变极其敏感，随着压缩应变的增大，在价带顶和导带底处发生了能带翻转。当压缩应变仅为−1%时，在高对称点 Γ 处，价带顶的能量和导带底的能量就发生置换，此时的价带顶大部分是由 Pb p 贡献，导带底则主要是由 S p 和 Pb s 贡献。随着压缩应变的增大，Pb p 和 S p、Pb s 态之间发生置换的强度也随之增大。值得注意的是，随着压缩应变的增大，置换到导带底的 S p 和 Pb s 态上移到了导带的子带部分，而导带底开始下移；当压缩应变达到−4%时，导带底穿过了费米能级与价带顶发生重合，体系由半导体转变成金属。与此同时，价带顶随着压缩应变的增大而下降，而位于高对称点 Γ 处能量最高的 S p 和 Pb s 态向更高能量区域移动；当压缩应变达到−4%时，由 S p 和 Pb s 构成的价带部分转变为新的价带顶，同时与由 Pb p 组成的导带底重叠在一起。当压缩

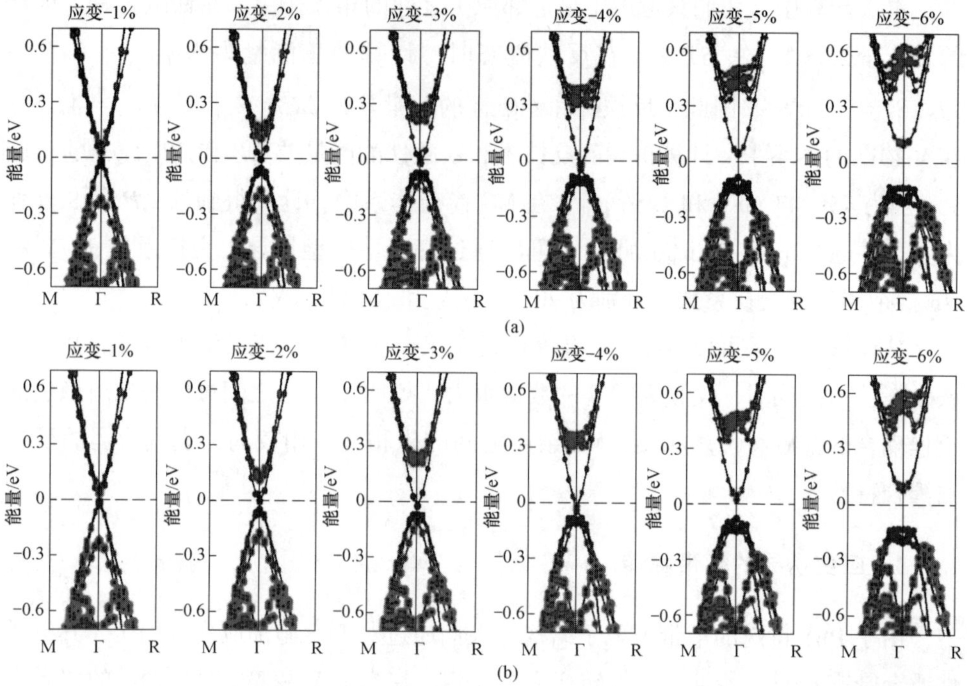

图 4-8　加入自旋轨道耦合之后 V(a) 和 Mn(b) 掺杂 PbS 的能带结构随应变的变化

（能带图中提供轨道信息，圆圈的大小代表轨道的权重，红色、蓝色和绿色圆圈分别代表 Pb s、Pb p 和 S p 态）

图 4-8 彩图

应变继续增大到−5%，我们发现价带顶的能量和导带底的能量再次发生置换，同时闭合的带隙又重新打开。价带顶又转变为 Pb p，导带底则重新变为 S p 和 Pb s。能带的翻转和带隙的重新打开，说明体系转变成了拓扑绝缘体。此后，随着应变的继续增大，带隙也越大，拓扑现象也越明显。这种稳定的拓扑性质对未来电子技术、自旋电子学等诸多领域的发展都有着重要作用。

本研究工作通过施加应变，证明了过渡金属掺杂 PbS 体系同样可以获得拓扑性质。另外，我们知道 V 掺杂时，可以得到长程耦合铁磁态。因此，施加压缩应变后，V 掺杂 PbS 将同时具有拓扑性和铁磁性，使其可能具有反常霍尔效应的潜力。这些结果表明除了本身具有量子自旋霍尔效应的半导体可以产生反常霍尔效应外，不具有量子特征的半导体同样有可能获得反常霍尔效应。本研究工作为以后的实验制备提供了理论基础及努力方向，即同时利用过渡金属掺杂和施加应变两种调控手段，可以使 PbS 获得奇异的量子特征，有潜力应用到未来的拓扑自旋电子学领域。

4.4 Fe、Co 和 Ni 掺杂 PbS

4.4.1 几何结构和稳定性

对于这三种掺杂体系 $Pb_{31}TMS_{32}$（TM = Fe、Co 和 Ni），几何结构优化之后，TM—S 的键长都小于纯 PbS 中 Pb—S 的键长，这是由 Fe、Co 和 Ni 的原子半径小于 Pb 的原子半径造成的，近而导致过渡金属附近的几何结构发生微弱的结构畸变，出现了局部结构略微被镇压的现象。

为了研究掺杂体系的结构稳定性，我们计算了掺杂时的缺陷形成能。考虑到形成能与自身的生长环境有关，通过式（4-1）和式（4-2）计算表明，Fe、Co 和 Ni 掺杂时，在富 Pb 时的形成能分别为 2.00 eV、3.01 eV 和 2.32 eV，富 S 时的形成能分别为 0.92 eV、1.97 eV 和 1.24 eV。掺杂体系的形成能在富 S 环境下最低，比在富 Pb 环境下低了大概 1.08 eV。但是，同时我们发现 Fe、Co 和 Ni 掺杂的形成能较高，最低的形成能也达到了 0.92 eV，远大于 V、Cr 和 Mn 掺杂的情况。这也论证了上一节提出的观点，即形成能的大小与过渡金属的价电子数目有关，杂质的价电子数越多，与 Pb 的价电子数目差异越大，则形成能越高。相对于 Co 和 Ni，Fe 掺杂 PbS 的形成能最低、体系最稳定，较利于实验上制备。

4.4.2 磁性与零带隙能带结构

图 4-9 为三种掺杂体系的自旋密度。

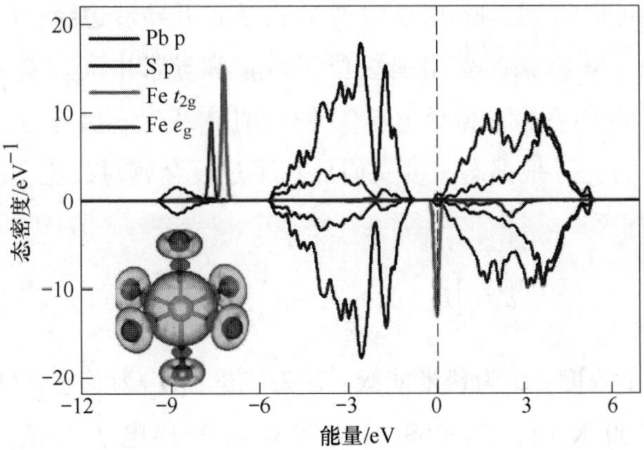

(a)

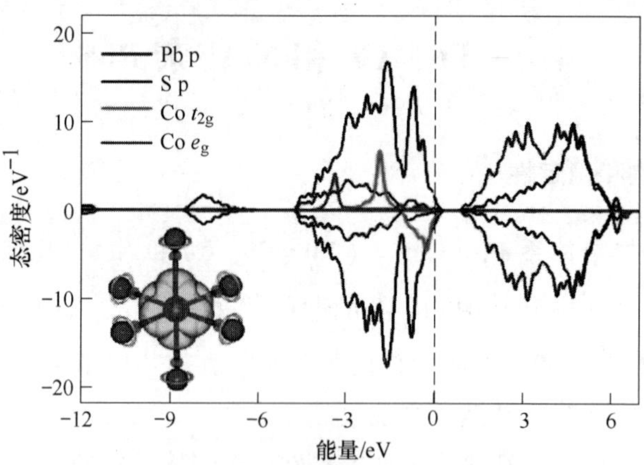

(b)

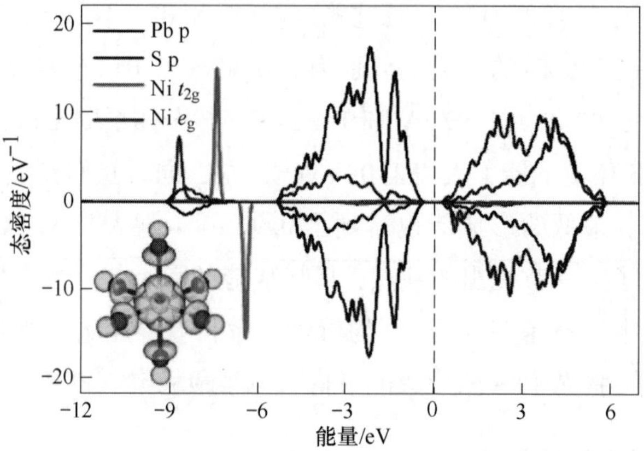

(c)

图 4-9 彩图

图 4-9　Fe(a)、Co(b) 和 Ni(c) 掺杂 PbS 的态密度图

从图 4-9 中可以看到，Fe 掺杂时费米能级靠近导带边缘，Co 掺杂时费米能级靠近价带边缘，Ni 掺杂时费米能级位于价带和导带中间。费米能级坐落的位置表明，Fe 掺杂时体系为 n 型导电，Co 掺杂时体系为 p 型导电，Ni 掺杂时体系为 n/p 型导电。首先，根据态密度我们计算了过渡金属对载流子浓度的影响，计算公式如下：

$$n = \int D_e(\varepsilon)\frac{1}{e^{(\mu-\varepsilon)/(k_B T)}+1}\mathrm{d}\varepsilon \tag{4-4}$$

式中，n 为载流子浓度；μ 为费米能级；ε 为能量；D_e 为总态密度积分。

当温度为 300 K 时，纯 PbS 的空穴载流子和电子载流子分别为 8.3×10^{18} cm^{-3} 和 4.9×10^{18} cm^{-3}。Fe 掺杂时，电子载流子浓度为 1.2×10^{20} cm^{-3}；Co

掺杂时，空穴载流子浓度为 3.1×10^{20} cm^{-3}；Ni 掺杂时，空穴载流子和电子载流子浓度分别为 6.9×10^{19} cm^{-3}和 3.8×10^{19} cm^{-3}。计算结果表明，过渡金属掺杂有效地提高了体系的载流子浓度。特别是在 Fe 和 Co 掺杂时，载流子浓度上升了两个数量级，PbS 的导电性得到了很大改善。

另外，Fe、Co 和 Ni 的掺杂同样使 PbS 产生了磁性。从表 4-2 可以看出，Fe、Co 和 Ni 原子的磁矩分别为 3.82 μ_B、2.04 μ_B 和 1.76 μ_B，体系总磁矩分别为 4.07 μ_B、2.26 μ_B 和 2.00 μ_B。

表 4-2 Fe、Co 和 Ni 掺杂 PbS 的键长（d）、磁矩（M）、带隙（E_g）、形成能（E_{from}）、铁磁态与反铁磁态的能量差 ΔE

化合物	d/nm	M/μ_B				E_g/eV			ΔE/eV	
		总计	TM	Pb	S	non-SOC	$SOC_{relaxed}$	SOC_{fixed}	最近	最远
PbS	0.3013	—	—	—	—	0.497	0.083	—	—	—
Fe@ PbS	0.2727	4.07	3.82	0.05	0.13	0.453	0.045	0.093	−575.42	−0.22
Co@ PbS	0.2839	2.26	2.04	0.05	0.07	0.347	0.003	0.036	19.72	3.10
Ni@ PbS	0.2692	2.00	1.76	0.02	0.11	0.434	0.024	0.085	−22.18	−1.79

产生磁性的原因，同样可以通过晶体场理论来进行简单解释。当一个 Pb 原子被替换之后，Fe、Co 和 Ni 将提供两个电子与 S 原子成键，从而使杂质显+2 价，即 Fe^{2+}、Co^{2+}和 Ni^{2+}的 d 电子组态分别 $3d^6$、$3d^7$ 和 $3d^8$。从图 4-9 可以看出，Fe 掺杂时，多数自旋的 5 个 d 电子被全部占据，剩余的 1 个 d 电子部分占据少数自旋的 t_{2g} 态，大约占据了 1/3 t_{2g} 态。Co 比 Fe 多了 1 个 d 电子，因此在 Fe 掺杂时的 d 电子排序基础上，多出的 1 个 d 电子部分占据少数自旋的 t_{2g} 态，大约占据了 2/3 t_{2g} 态。从图 4-9 中发现，Fe 掺杂时杂质态 t_{2g} 靠近导带底而 Co 掺杂时杂质态 t_{2g} 靠近价带顶。Ni 掺杂时，8 个 d 电子依次占据了多数自旋的 5 个 d 电子以及少数自旋的 t_{2g} 态，因此在费米能级附近没有产生杂质带，杂质带分布在深能级处，与 V 和 Mn 掺杂时的情况类似。Fe、Co 和 Ni 的 d 电子排列与 V、Cr 和 Mn 掺杂时相同，都呈高自旋态的排列方式。另外我们发现，Co d 态与 S p 态之间出现了强烈的杂化作用，导致杂质峰变宽，更加非定域性。从图 4-9（b）的内插图中可以看出，由于 p-d 杂化，使自旋不仅分布在过渡金属上，也有少量自旋密度出现在了过渡金属周围的六个 S 原子上。为了检测过渡金属的掺杂浓度是否会影响体系的磁性，我们构建了不同尺寸的超胞模型进行模拟。我们分别构

建了包含 8 个、16 个和 54 个原子的超胞，用一个杂质原子替换其中的一个 Pb 原子，体系整体的掺杂浓度分别为 25%、12.5%和 3.704%。从计算结果可知，浓度在 25%、12.5%和 3.704%时，电子结构和磁矩没有发生明显的变化，同时也表明体系诱发的磁性与掺杂浓度无关，与掺杂元素有关。

为了检测 Fe、Co 和 Ni 在 PbS 中的磁耦合特性，我们用两个杂质原子替换超胞（$Pb_{30}TMS_{32}$）中的两个 Pb 原子，整体掺杂浓度为 6.25%。我们同样选择两种杂质原子的典型位置，即“最远”和“最近”，利用之前计算铁磁和反铁磁性的公式（3-4）确定体系基态，计算结果见表 4-2。在两种典型的位置上，Co 掺杂时表现为反铁磁性，说明其具有长程反铁磁耦合的潜力；Fe 和 Ni 掺杂时都表现为铁磁性，说明这两种掺杂体系具有长程铁磁耦合的特性。其中，Fe 掺杂 PbS 得到的铁磁耦合的结论与文献[125-126]报道的结果相吻合。

图 4-10 为 Fe、Co 和 Ni 掺杂 PbS 的自旋极化能带。当不考虑自旋轨道耦合效应时，我们发现 Fe 和 Co 掺杂时的导带底和价带顶分别穿过了费米能级，表现为金属特征。其中，杂质带并入到了导带或价带中，而没有出现在禁带中。

与上一节中 Cr 掺杂情况不同，虽然在费米能级附近都出现了部分占据的杂质态，但 Cr 的杂质态与导带价带分离，定域在费米能级处。两者不同的就是 Fe 和 Co 掺杂时部分占据的是少数自旋的 t_{2g} 态，而 Cr 掺杂时是多数自旋的 e_g 态。此时，Fe 和 Co 掺杂时的导带底和价带顶之间的带隙分别为 0.453 eV 和 0.347 eV。对于 Ni 掺杂 PbS 体系，杂质带 t_{2g} 态向低能级处移动，使体系依然保持了半导体的特征，计算的带隙值为 0.434 eV。加入了自旋轨道耦合之后，沿着高对称点 X、R 和 Γ 的方向，能带同样出现了明显的自旋轨道劈裂。同时，价带顶和导带底向费米能级靠近，导致在 Γ 点的带隙大幅度地减小。此时，Fe、Co 和 Ni 掺杂的导带底和价带顶之间的带隙分别为 0.045 eV、0.003 eV 和 0.024 eV。其中，Ni 掺杂与 V 和 Mn 掺杂情况类似，体系都由窄带隙半导体转变成了零带隙半导体。从能带结构图中可以看到，Ni 掺杂时价带顶和导带底附近的能带色散情况与石墨烯相似，几乎成线性色散。我们通过拟合价带顶和导带底的抛物线函数，计算了 Ni 掺杂 PbS 时价带顶和导带底的有效质量，计算公式如下：

$$m^* = \hbar^2\left(\frac{\partial^2 E_k}{\partial k^2}\right)^{-1} \tag{4-5}$$

式中，k 为波矢；E_k 为对应的能量。

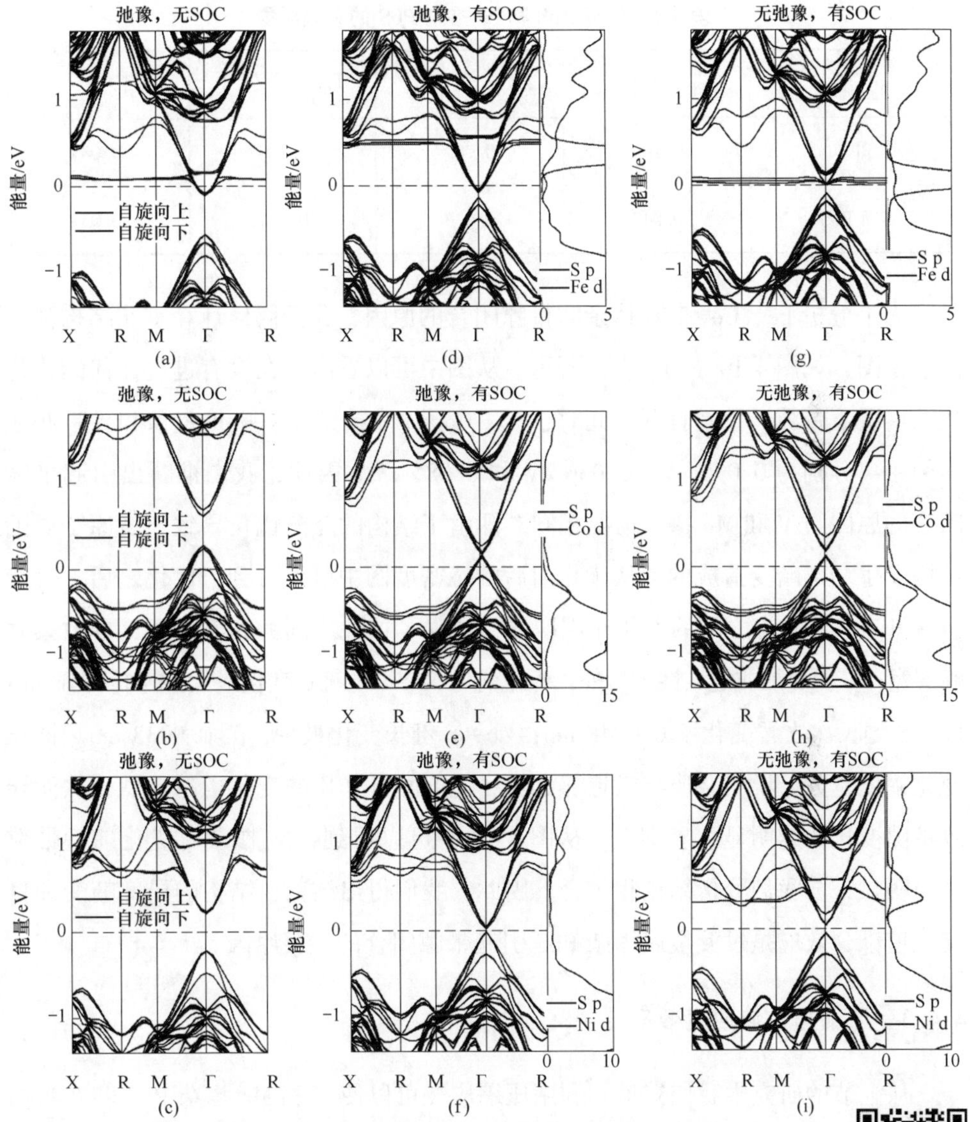

图4-10　Fe(a)、Co(b)和Ni(c)掺杂PbS考虑结构弛豫、不考虑自旋轨道耦合的能带图，Fe(d)、Co(e)和Ni(f)掺杂PbS考虑结构弛豫、考虑自旋轨道耦合的能带和态密度图，Fe(g)、Co(h)和Ni(i)掺杂PbS不考虑结构弛豫、考虑自旋轨道耦合的能带和态密度图

图4-10彩图

PbS和Ni掺杂PbS的有效质量计算结果见表4-3，Ni掺杂时，价带顶和导带底的空穴和电子有效质量很小，并且都小于未掺杂体系，表明Ni的掺杂可以提高载流子的导电性，有潜力应用于高速的光电器件中。

表 4-3　计算 PbS 和 Ni 掺杂 PbS 的有效质量

化合物	$\lvert m_{\parallel}^{*,\mathrm{VBM}}/m_e \rvert$	$\lvert m_{\perp}^{*,\mathrm{VBM}}/m_e \rvert$	$\lvert m_{\parallel}^{*,\mathrm{CBM}}/m_e \rvert$	$\lvert m_{\perp}^{*,\mathrm{CBM}}/m_e \rvert$
PbS	0.109	0.084	0.104	0.083
Ni@ PbS	0.047	0.036	0.041	0.030

为了分析 Fe、Co 和 Ni 掺杂时带隙闭合的原因，我们同样计算了非结构弛豫的能带图，如图 4-10（g）~（i）所示。从图中可以看出，在没有进行任何结构优化的情况下带隙又重新打开。此时，Fe、Co 和 Ni 掺杂体系中价带顶和导带底之间的距离分别为 0.093 eV、0.036 eV 和 0.085 eV。因此，我们推断出引起带隙闭合的原因与 V 和 Mn 掺杂情况相同，即由于结构的充分优化导致杂质原子周围结构发生局部畸变造成的。从优化前后的态密度图中可以看到，优化之后，过渡金属 d 态与 S p 态之间的杂化作用增强，增强了彼此之间的相互作用，导致杂质峰变宽，变得更加非定域性。另外，优化前后 Ni—S 的键长变化最大，为 0.0061 nm；Fe—S 键长次之，变化了 0.0048 nm；Co—S 键长变化最少，为 0.0033 nm。键长变化幅度越大，说明杂质与最近邻 S 原子之间相互作用的变化也越强烈，从而导致带隙变化的越明显。事实上，从图 4-10 中可以看到，Ni 掺杂时优化前后带隙最为明显，与我们分析结论相吻合。因此，我们得出结论，结构的局部畸变和自旋轨道耦合效应是过渡金属掺杂 PbS 引起带隙闭合的主要原因。

4.4.3　压缩与拉伸应变效应

从上节的研究中我们知道，利用压缩应变可以使 V 和 Mn 掺杂 PbS 转变为拓扑绝缘体。作为零带隙半导体，Ni 掺杂体系在施加压缩应变时，应该也会出现拓扑结构的转变。除此之外，我们还考虑了拉伸应变对 Ni 掺杂体系电子结构的影响，希望能够像压缩应变一样，产生奇异的量子物性。因此，为了验证我们的猜想，在本节中，我们利用拉伸和压缩两种应变对 Ni 掺杂体系的电子结构进行调控。具体的操作方法是：对 Ni 掺杂体系三个方向施加各向同性应变，在 8%~-8%的应变范围之间计算了它的电子性质。图 4-11 为加入自旋轨道耦合之后，Ni 掺杂体系的应变与能带变化关系图。

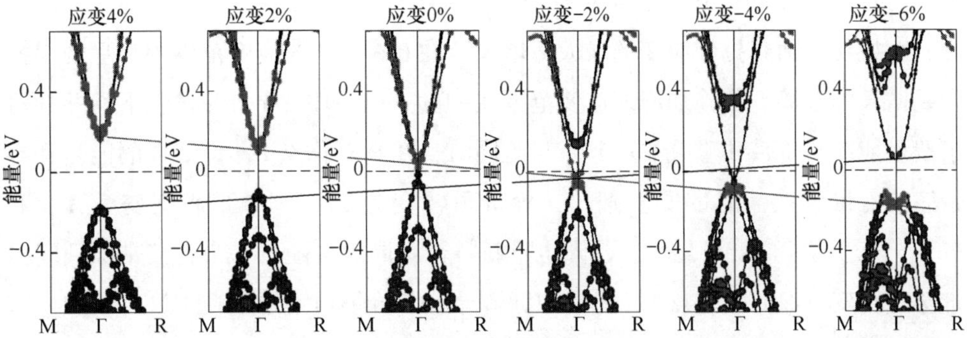

图 4-11 加入自旋轨道耦合之后 Ni 掺杂 PbS 的能带结构随应变变化图
(红色、蓝色和绿色分别表示 Pb s、S p 和 Pb p 态的权重)

图 4-11 彩图

图 4-12 为 Ni 掺杂体系的带隙值和在高对称点 Γ 的带隙值随应变变化的关系。

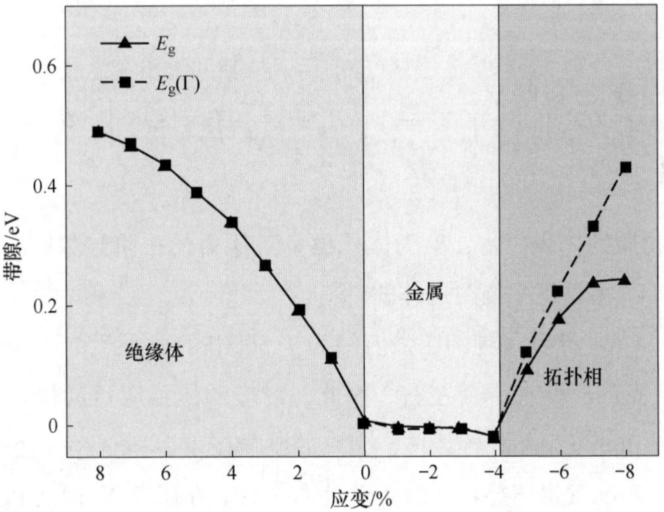

图 4-12 加入自旋轨道耦合之后 Ni 掺杂 PbS 的带隙值随应变的变化

从图 4-12 中可以看到，在应变 8%～-8%的范围内，价带顶和导带底主要是由 S p、Pb s 和 Pb p 提供的，杂质带 Ni d 并没有出现在图中，说明与 V 和 Mn 掺杂体系类似，虽然引入了杂质元素，但 PbS 特殊的电子结构特征依然保留了下来。同时，能带结构对施加的应变极其敏感，随着应变的增大，体系经历了三种结构转变，分别为绝缘体转变、金属转变和拓扑绝缘体转变。随着拉伸应变的增大，价带顶和导带底都位于高对称点Γ，说明体系保持了直接带隙的特征。但是，直接带隙随着拉伸应变的增大而增大，在0%~8%的应变范围内，呈现出抛物线增长的趋势。当施加压缩应变范围在-1%~-3%时，导带底发生下移并穿过了费米能级与价带顶重叠在一起。与此同时，在高对称点Γ，价带顶的能量和导带底的能量置换，能带发生翻转，价带顶转变为 Pb p，导带底则变为 S p 和 Pb s。随着压缩应变的增大，带隙也重新打开，同时伴随着一个直接带隙到间接带隙的转变。在高对称点Γ，能带的翻转导致了价带顶附近呈现“M”状和导带的子带部分呈现“W”状，这种强烈的能带翻转现象说明体系完成了零带隙半导体到金属再到拓扑绝缘体的转变。其中，变拓扑绝缘体大致发生在压缩应变为-4%的情况下。为了确定此时对应的压强值，我们通过 Birch-Murnaghan 等温状态方程求得结果，其中方程为：

$$P(V) = \frac{3}{2}B_0\left[\left(\frac{V}{V_0}\right)^{-7/3} - \left(\frac{V}{V_0}\right)^{-5/3}\right] \times \left\{1 + \frac{3}{4}(B'_0 - 4)\left[\left(\frac{V}{V_0}\right)^{-2/3} - 1\right]\right\} \tag{4-6}$$

$$E(V) = E_0 + \frac{9}{16}V_0B_0\left\{\left[\left(\frac{V}{V_0}\right)^{-2/3} - 1\right]^3 B'_0 + \left[\left(\frac{V}{V_0}\right)^{-2/3} - 1\right]^2\left[6 - 4\left(\frac{V}{V_0}\right)^{-2/3}\right]\right\} \tag{4-7}$$

式中，B_0 为物质的体积模量；B'_0为体积模量对压力的一阶导数；E_0 为系统平衡时的总能量；V_0 为系统平衡时的体积。

由公式（4-6）计算得到的压强值约为 4.56 GPa。由于 V 和 Mn 掺杂发生拓扑绝缘体转变点的应变在-4%左右，因此，对应的压强应该同样在 4.56 GPa 左右。此外，纯 PbS 发生拓扑绝缘体转变点的压强在 4.2~6.3 GPa 之间[112]，说明掺杂体系与纯 PbS 发生拓扑转变的条件基本一致。在研究 Ni 掺杂 PbS 的磁性中，我们知道 Ni 掺杂时，可以得到长程耦合铁磁态。因此，施加压缩应变后，Ni 掺杂 PbS 时，与 V 掺杂 PbS 情况类似，都会诱发拓扑性和铁磁性，使其可能具有反常霍尔效应的潜力。

本章通过过渡金属 V、Cr、Mn、Fe、Co 和 Ni 掺杂 PbS，同时利用应变调控掺杂体系的电子结构；研究结果表明，V 和 Ni 掺杂可以使体系产生长程耦合的铁磁性且兼具拓扑结构，有潜力成为具有反常霍尔效应的候选者，具有广泛的应用前景。

4.5 拓扑自旋电子学

拓扑自旋电子学是凝聚态物理与材料科学领域的一个新兴交叉方向，其核心目标是通过结合拓扑量子材料的独特电子特性与自旋电子学的技术需求，开发新一代低能耗、高稳定性的自旋电子器件。这一领域的理论基础建立在拓扑绝缘体、拓扑半金属等拓扑量子材料的发现之上，尤其是这些材料中受拓扑保护的表态或边缘态所展现出的特殊自旋-动量锁定现象。在拓扑绝缘体中，体态为绝缘态，但表面存在受时间反演对称性保护的金属态，这些表面态的电子自旋方向与其动量方向严格垂直，形成自旋极化的螺旋性输运通道。这种自旋-动量锁定特性使得拓扑材料成为无需外磁场即可产生和操控自旋流的理想平台，为传统自旋电子学中依赖铁磁材料或强自旋轨道耦合的机制提供了替代方案。

在理论框架上，拓扑自旋电子学的关键突破在于揭示拓扑材料中贝里相位（Berry phase）对自旋输运的支配作用。例如，在Weyl半金属中，动量空间中的Weyl点（能带交叉点）作为磁单极子源，其周围的贝里曲率会在外加电场下诱导出巨大的本征自旋霍尔效应，导致自旋流的非耗散输运。这种效应在TaAs等材料中已被实验证实，其自旋霍尔电导率可达10^4 S/cm，远超传统重金属（如Pt的约10^2量级）。此外，磁性拓扑材料（如$MnBi_2Te_4$）通过打破时间反演对称性，可实现量子反常霍尔效应，其手性边缘态在零磁场下呈现量子化的纵向电导，同时体态保持绝缘性，这种“无耗散边缘输运”特性为构建高能效自旋电路提供了理想载体。

拓扑自旋电子学的核心物理现象包括量子自旋霍尔效应和量子反常霍尔效应。前者在HgTe量子阱等二维拓扑绝缘体中首次实现，表现为自旋相反的边缘态在材料边界形成单向导电通道，且这些通道对非磁性杂质散射具有鲁棒性；后者则通过引入磁性掺杂［如Cr掺杂的$(Bi,Sb)_2Te_3$薄膜］打破时间反演对称性，实现无外加磁场条件下的手性边缘态，其量子化电导平台在极低温度下已被实验证实。这类效应为无耗散自旋输运提供了可能，对开发低功耗自旋逻辑器件至关重要。

在材料体系方面，除了三维拓扑绝缘体（如Bi_2Se_3家族）和二维体系外，Weyl半金属（如TaAs）和狄拉克半金属（如Cd_3As_2）因体态中存在拓扑保护的Weyl/Dirac点而备受关注。这些材料中动量空间中的贝里曲率会诱导巨大的本征自旋霍尔效应，例如在TaAs中观测到的自旋霍尔电导率可比传统重金属（如Pt）

高两个数量级。此外，磁性拓扑材料（如 $MnBi_2Te_4$）中拓扑序与磁序的耦合为电场调控磁化强度提供了新途径，其界面处可能涌现轴子绝缘态等新奇量子态。

在器件应用层面，拓扑自旋电子学的突破性潜力体现在多个方向。首先，基于自旋-动量锁定的表面态，拓扑材料可通过简单的电流注入直接产生全自旋极化的自旋流，而无需传统自旋泵浦或自旋霍尔效应所需的复杂多层结构。其次，磁性拓扑绝缘体中的量子反常霍尔态可实现无磁场操作的自旋极化电流，结合超导近邻效应后可能成为马约拉纳费米子的实验载体，这对拓扑量子计算具有重要意义。此外，磁性斯格明子（Skyrmion）作为一种拓扑保护的纳米尺度磁涡旋结构，在拓扑材料中的稳定性显著提高，其电流驱动阈值比传统材料低三个量级，为高密度磁存储器件提供了新思路。

实验进展方面，近年来在室温下观测到 α-Sn 薄膜表面的自旋极化表面态，以及 Fe_3Sn_2 等 Kagome 晶格磁性材料中发现的巨大反常霍尔效应，为拓扑自旋器件向实用化迈进奠定了基础。同时，利用角分辨光电子能谱（ARPES）和扫描隧道显微镜（STM）对拓扑表面态自旋织构的直接成像，深化了人们对自旋输运动力学的理解。理论计算与机器学习相结合的高通量材料筛选方法，则加速了具有高居里温度、强自旋轨道耦合的新型拓扑磁性材料的发现。

然而，该领域仍面临多重挑战，如材料的本征载流子浓度控制、磁性掺杂的均匀性、界面态与体态的竞争关系等问题制约着量子效应的室温实现。器件制备中拓扑表面态易受环境氧化和界面散射影响，如何通过原子层沉积技术实现表面钝化是工程化难点。此外，拓扑自旋器件的理论模型仍需完善，特别是在非平衡态下拓扑保护性与耗散机制的相互作用机制尚未完全阐明。未来发展趋势将聚焦于探索强关联拓扑体系（如拓扑莫特绝缘体）中的自旋关联效应，开发基于拓扑超导体的自旋三重态配对机制，以及利用二维范德瓦尔斯拓扑材料（如 $MnBi_2Te_4$）的层间耦合设计多功能异质结。随着拓扑量子材料制备技术的突破和自旋探测手段（如氮空位色心磁强计）的空间分辨率提升，拓扑自旋电子学有望在非易失性存储器、自旋逻辑门和拓扑量子比特等领域实现从基础研究到产业应用的跨越。

总之，拓扑自旋电子学通过将拓扑量子态的鲁棒性与自旋自由度的高效操控相结合，正在重塑自旋信息器件的设计范式。随着材料生长、表征技术和量子调控手段的持续突破，其在非易失存储、低功耗逻辑运算乃至拓扑量子计算等领域将逐步从实验室走向实际应用，成为后摩尔时代信息技术的核心驱动力之一。

5 卤族化合物的 d^0 铁磁性

近年来，稀磁半导体（DMS）材料因其在自旋电子学中的潜在应用价值引发了广泛关注。当前研究主要聚焦于Ⅱ～Ⅵ族（如 ZnO、CdS）和Ⅲ～Ⅴ族（如 GaN、InP）化合物体系，这些材料凭借可调的宽带隙特性（3.0～3.4 eV）、优异的载流子迁移率 [>200 $cm^2/(V \cdot s)$] 以及良好的晶格匹配性，成为实现室温铁磁有序和自旋极化输运的理想载体。然而，这种研究偏好导致其他化合物体系的探索相对匮乏，特别是具有独特离子键特征的卤族化合物长期被忽视。近期在氧化处理的 CuCl 中观测到铁磁相[139]，这一发现颠覆了传统认知，即通常认为高离子性材料（离子键占比>70%）难以通过载流子介导磁耦合。这暗示卤化物可能通过缺陷工程或载流子注入突破斯托纳判据限制，开辟稀磁半导体研究的新维度。

本章研究创新性地选取具有典型岩盐结构的卤化银（AgCl）和卤化钠（NaCl）作为基质材料，二者展现出区别于传统 DMS 母体的独特优势：首先，AgCl 具有超宽带隙，其介电常数显著高于Ⅲ～Ⅴ族化合物，有利于自旋极化载流子的长程输运；其次，NaCl 作为离子晶体的典型代表，其极高的离子性指数（Phillips 标度）和<100>晶向的立方对称性，为研究强电子关联效应与磁有序的耦合机制提供纯净平台。更重要的是，二者均具备优异的结构可修饰性，即 AgCl 的软化学特性允许通过离子交换实现晶格应力调控，而 NaCl 的开放型晶体结构可容纳高达 15%的过渡金属掺杂而不引发相变。本章系统研究非磁元素掺杂对 AgCl/NaCl 体系磁电性能的调控机制，希望通过元素掺杂调控能够得到一些奇异的性质，并探索在自旋电子学领域应用的可能性。

5.1 计算方法和模型

本章的研究工作是基于 DFT 的第一性原理，选用以平面波为基础的超软赝势和 GGA-PBE 泛函来展开计算的。在倒易的 K 空间中，B/C 掺杂体系和 N/O 掺杂体系的平面波截止能量分别选取为 370 eV 和 410 eV。布里渊区积分选取 Monkhorst-Pack k 点网格摄取方式，对块体和表面掺杂体系分别使用了 2×2×2 和 2×2×1 个 k 网格点。进行全弛豫的结构优化中，原子间的相互作用力收敛标准设为 0.1 eV/nm，晶体内应力的收敛标准设为 0.02 GPa。超软赝势下各原子的电子组态分别为 Ag：$4d^{10}5s^1$、Na：$3s^1$、Cl：$3s^23p^5$、B：$2s^22p^1$、C：$2s^22p^2$、N：$2s^22p^3$ 和 O：$2s^22p^4$。我们对含有 64 个原子的 2×2×2 $M_{32}Cl_{32}$（M＝Ag 和 Na）超胞进行掺杂，掺杂方式是用 1 个杂质原子（B、C、N 和 O）去替代位于 $M_{32}Cl_{32}$ 超胞中心位置（0.5，0.5，0.5）的 1 个 Cl 原子，整体掺杂浓度是 3.125%。

考虑到 Ag 4d 电子强关联相互作用，将 $U_{eff}=1$ eV 作用到 Ag 的 4d 轨道进行能级修正[140]。计算结果表明，库仑间的相互作用对 AgCl 的电子结构并没有明显的影响。因此，本章的计算都是基于一般的 GGA 方法下进行的。另外，为了测试计算方法的准确性，我们首先计算了纯 AgCl 和 NaCl 的晶格参数和带隙值，纯 AgCl 的键长和带隙值分别为 0.5598 nm 和 1.121 eV，计算得到纯 NaCl 的晶格常数为 0.5696 nm 和 5.23 eV。该计算结果与文献报道的结果相吻合[141-144]，表明本研究工作采用的方法和参数的合理性和可靠性。

5.2 AgCl 的 p-d 杂化与自旋极化

氯化银（AgCl）是一种宽带隙离子性半导体。不同于Ⅱ～Ⅵ族和Ⅲ～Ⅴ族半导体，其电子结构在价带顶处具有阴离子 p 轨道外还同时存在阳离子 d 轨道，致使 Ag 4d 和 Cl 3p 轨道在价带顶处呈现出很强的杂化作用[145]，这种强烈的杂化作用对本身内在的共价键及间接带隙都起到了一定的影响。目前，氯化银主要应用于电化学中银-氯化银-参比电极和照片软片、胶版和胶纸上。最近，Vlaic 等人研究了 Fe/AgCl/Fe（001）异质结的结构和电子性质，预言了这种异质结在磁电子学领域具有很大的应用潜力[146]。尽管如此，氯化银及相关材料在磁学方面的研究仍然很少。但是，我们发现类似于 4d 卤化银、3d 卤化铜及相关材料在电子结构和磁性的研究有一定的文献报道[147-153]。实验上，人们在部分氧化的 CuCl 中观测到铁磁性；理论计算上，人们用非磁元素 B、C、N 和 O 掺杂 CuCl 同样得到了磁性并产生了半金属的特征[154-156]。因此，我们推测在具有类似性质 AgCl 中进行非磁元素掺杂可能也会产生铁磁性和一些特殊的物理特性。因此，以下讨论非磁元素 B、C、N 和 O 掺杂对 AgCl 的结构稳定性、电子结构和磁性的影响。

5.2.1　掺杂体系的稳定性

对于掺杂体系 $Ag_{32}XCl_{31}$（X=B，C，N 和 O），优化之后的 B—Ag、C—Ag、N—Ag 和 O—Ag 键长分别为 0.2208 nm、0.2234 nm、0.2280 nm 和 0.2390 nm。其中，B、C、N、O 和 Cl 的共价半径分别为 82 pm、77 pm、75 pm、73 pm 和 99 pm。由于杂质原子的共价半径都小于 Cl 原子的共价半径，因此优化得到的 X—Ag 键长都小于 Cl—Ag 的键长 0.2799 nm。杂质原子和周围的 Ag 原子发生轻微的局部结构畸变，引起了杂质原子周围最近邻的 Ag 原子向杂质原子靠近的现象。此外，掺杂体系的稳定性可以通过计算缺陷形成能加以分析[95]，公式如下：

$$E_{\mathrm{form}} = E_{\mathrm{doped}} - E_{\mathrm{pristine}} + n(\mu_{\mathrm{Cl}} - \mu_{\mathrm{X}}) \tag{5-1}$$

式中，E_{doped} 为掺杂体系的总能量；E_{pristine} 为纯 AgCl 超胞的总能量；n 为杂质原子替换 Cl 原子的个数；μ_{Cl} 和 μ_{X} 分别为 Cl 原子和杂质元素的化学势，其化学势分别从块体 α-B_{12}、石墨、N_2、O_2 和 Cl_2 分子中计算得出。

另外，形成能与自身的生长环境有关，既可以在富 Ag 环境下生长，也可以在富 Cl 环境下生长。在富 Ag 环境下，μ_{Ag} 为 Ag 单质的能量，而 μ_{Cl} 通过下面公式推导得出：

$$\mu_{\mathrm{Ag}} + \mu_{\mathrm{Cl}} = \mu_{\mathrm{AgCl}} \tag{5-2}$$

式中，μ_{AgCl} 为 AgCl 单质的能量。

在富 Cl 环境下，μ_{Cl} 为 Cl_2 分子中一个 Cl 原子的能量，而 μ_{Ag} 通过公式（5-2）推导得出。从图 5-1（a）可以看出，掺杂体系的形成能在富 Ag 环境下最低。

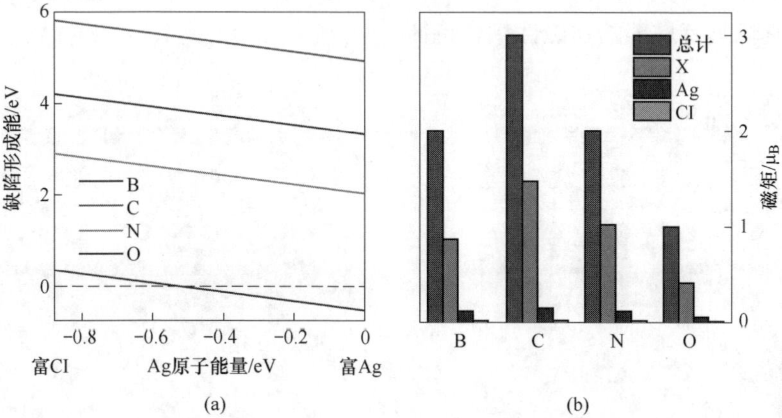

图 5-1　B、C、N 和 O 掺杂 AgCl 的缺陷形成能随生长环境变化（a）和磁矩（b）

图 5-1 彩图

同时我们发现，当杂质的价电子数越接近 Cl 原子的价电子数目时，则体系的形成能越低。例如，O 杂质的价电子数目最接近 Cl 原子，因此 O 掺杂的体系形成能最近。在富 Cl 环境下，其值接近于零；在富 Ag 环境下，其值最低，O 掺杂体系的形成能为负值。实验表明，O 作为掺杂剂，在实验中更容易实现并且 AgCl 的氧化可以在富 Ag 环境中自发进行，其稳定的掺杂体系有利于后续电子结构和磁性研究的展开。

5.2.2　B、C、N 和 O 掺杂的磁性起源

图 5-1（b）描述了掺杂体系中各个原子的磁矩分布情况。从图中我们可以看到总磁矩和杂质原子的价电子数目有直接关系。对掺杂元素 B 和 C 来说，它们分别有 1 个和 2 个 2p 电子，邻近的 Ag 原子提供 1 个 5s 态的价电子占据杂质原子的 2p 轨道上。因此使 2p 态的向上自旋全部占据或部分占据，自旋向下为全空，进而引起了 B 和 C 掺杂体系形成的净磁矩分别为 2.00 μ_B 和 3.00 μ_B。对掺杂元素 N 和 O 来说，它们分别有 3 个和 4 个 2p 电子，当 Ag 原子提供的 1 个价电子后，2p 态的向上自旋全部占据并且向下自旋被部分占据，导致净磁矩减少，因此 N 和 O 掺杂体系形成的总磁矩分别为 2.00 μ_B 和 0.98 μ_B。显然，总磁矩与价电子的组态有关并且近似等于杂质引起的空穴数目[157]。

从图 5-2 中可以看到，自旋密度不仅分布在杂质原子周围，而且周围的 Ag 原子也存在微量的自旋极化密度。其中，杂质原子和周围 Ag 原子的自旋方向一致，表明它们具有局部的铁磁性耦合特征。

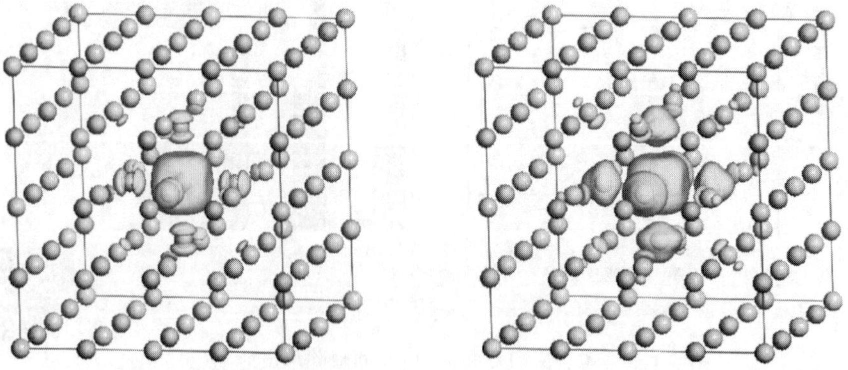

(a)　　(b)

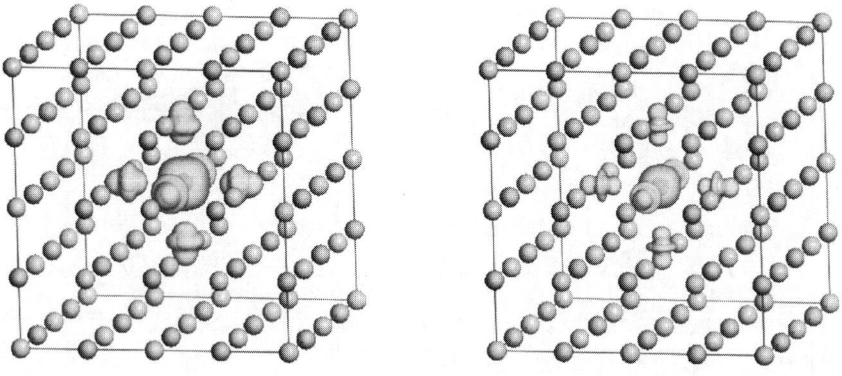

图 5-2 B(a)、C(b)、N(c) 和 O(d) 掺杂 AgCl 的自旋密度图

另外，为了检查杂质原子之间的磁耦合特性，我们在原有超胞的基础上替换两个杂质原子，通过计算它们的铁磁耦合和反铁磁耦合的能量差来确定体系基态。能量差通过公式（3-4）得出，计算的结果见表 5-1，B、N 和 O 掺杂 AgCl 的基态是铁磁性耦合，而 C 掺杂体系为反铁磁耦合更为稳定。其中，C、N 和 O 掺杂 AgCl 体系的 ΔE 随着杂质原子距离的增大而迅速减小，呈现出从铁磁态（反铁磁态）向顺磁态转变的趋势。然而，对于 B 掺杂体系来说，在“最远”位置 ΔE 的值最大并且磁矩增大到 4.00 μ_B，表明其具有长程铁磁耦合的潜力。

表 5-1 两种杂质元素掺杂 AgCl 时杂质原子之间的距离（d）、铁磁与反铁磁态的能量差（ΔE）和体系对外呈现的总磁矩（M_{tot}）

化合物	最近位置			最远位置		
	d/nm	ΔE/meV	M_{tot}/μ_B	d/nm	ΔE/meV	M_{tot}/μ_B
B-AgCl	0.3953	−21	1.86	0.9765	−49	4.00
C-AgCl	0.3933	112	0	0.9670	9	0
N-AgCl	0.3939	−651	4.00	0.9665	−19	4.00

为了探究掺杂原子对体系电子结构的影响，我们计算了四种掺杂体系的电子态密度和能带结构。如图 5-3 所示，在费米能级处，杂质峰主要来源于杂质原子的 2p 态以及少量的 Ag 4d 和 Cl 3p 电子态。其彼此间强烈的杂化作用导致了 Stoner 型的自旋劈裂，也是体系产生磁性的主要来源。

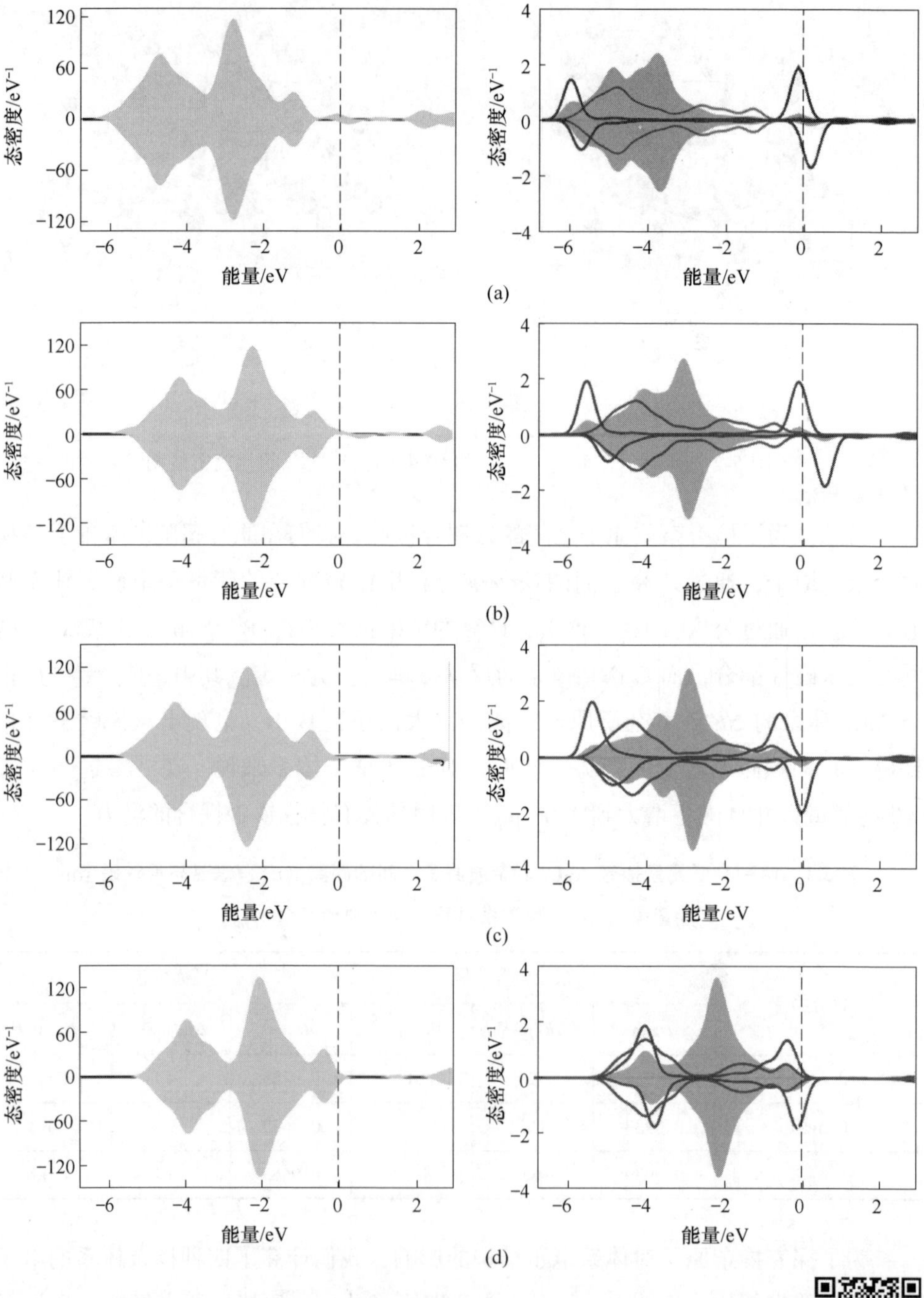

图 5-3　B(a)、C(b)、N(c) 和 O(d) 掺杂 AgCl 的电子态密度图
(总态密度由紫色填充区域表示。掺杂原子、Ag 原子和 Cl 原子的分波态密度
分别由蓝色实线、绿色填充区域和红色实线表示)

图 5-3 彩图

此外，我们注意到从 B 到 O 的掺杂过程中，体系在费米能级处的杂质峰逐渐向低能量区移动并最终靠近价带。这种现象可以通过杂质原子与母体原子之间相互作用的强弱来解释。由于从 B 元素到 O 元素的电负性排序为 B(2.04) < C(2.55) < N(3.04) < Cl(3.16) < O(3.44)，杂质原子具有的电负性越强则与母体原子相互作用也越强。因此，鉴于 B、C 和 N 的电负性小于 Cl，所以这三种杂质原子与母体的作用较弱，形成的成键态与反键态也相对比较局域；O 的电负性大于 Cl，因此与母体原子的相互作用较强，致使成键态与反键态的峰相对较宽且最靠近价带，此结果与 O 掺杂 CuCl 略有不同[155]。O 掺杂 CuCl 的杂质峰最终并入到价带中且没有磁性，这是因为 Cu 3d 和 O 2p 相互作用强于 Ag 4d 和 O 2p 电子态相互作用。另外，由于 AgCl 是岩盐结构而 CuCl 是闪锌矿结构，不同的晶体结构会产生不同的键长以及晶体场类型，这也是它们引起不同的轨道杂化和自旋极化的原因之一。

图 5-4 给出了掺杂体系的自旋极化能带结构。

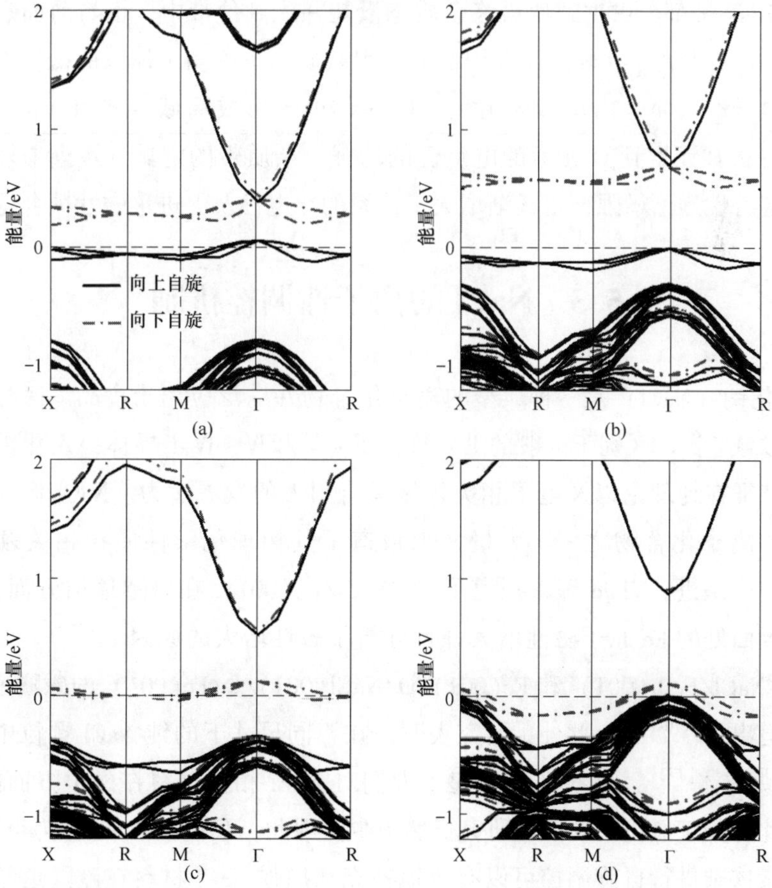

图 5-4 B(a)、C(b)、N(c) 和 O(d) 掺杂 AgCl 的电子能带结构

对 B 掺杂 AgCl 来说，向上自旋的杂质带穿过费米能级表现为金属特性，而向下自旋具有明显的带隙表现为半导体特性，因此整体表现出半金属特性。由于向上自旋的杂质带十分局域并被固定在费米能级处，意味着该位置的局域性很高，电子不能自由移动，也表明 B 掺杂 AgCl 的导电性弱并且不利于磁性的耦合作用。对 C 掺杂 AgCl 来说，费米能级的位置处于向上自旋与向下自旋态的禁带中，因此整体表现为磁性半导体特性，其中向上自旋的杂质峰被全部占据而向下自旋为全空。对 N 掺杂 AgCl 来说，向上自旋表现为半导体特征而向下自旋表现为金属特征，因此整体表现为半金属特征。这种特性可以实现 100% 的自旋极化率，有利于自旋电子器件的研究。对 O 掺杂 AgCl 来说，在高对称点 Γ，向下自旋的杂质带擦过费米能级，表现出近似半金属的特征。在 N 和 O 的掺杂体系中，向上自旋的杂质原子 2p 态全部被占据致使杂质带移到了价带中；向下自旋的杂质原子 2p 态被部分占据致使最终杂质态没能并入到价带中，也与前面态密度的结果相同。这些由 p-d 轨道杂化引起的平坦杂质态也说明了体系的磁性并非来源于巡游电子态，而是由局域轨道上未配对的电子形成局域空穴引起的[158]。另外，随着从 B 元素到 O 元素的电负性的增强，杂质带的定域性逐渐减弱，使载流子的巡游性逐渐增强，也逐渐增大了体系的导电性及促进了磁性耦合特性。

5.3　NaCl 的离子性调控机制

氯化钠（NaCl）是一种典型的离子化合物并广泛应用于食品、医疗以及工农业等领域[159]。区别于一般的Ⅱ～Ⅵ、Ⅲ～Ⅴ和Ⅳ～Ⅳ半导体，氯化钠强烈的离子键特征在纯理论以及电子相关领域具有很大的发展潜力。NaCl 作为生活中最常见的离子化合物之一，大量文献报道了其物理化学性质在相关领域的应用[160-167]。最近，Vlaic 等人报道了 Fe/NaCl/Fe(001) 在磁隧道结方面的应用，发现了界面处的 Fe 原子磁性增大并且分析了磁性增大的原因[168-169]。之后，关于 FePt/NaCl/FePt(001) 和 Fe(001)/O/NaCl(001)/O/Fe(001) 的磁隧道结也相继被报道出来[170-171]。此外，研究表明，在不同尺寸下的纯 NaCl 颗粒中可以出现室温铁磁体[172]，这些现象激起了人们对 NaCl 相关材料在磁学方面的研究。尽管如此，关于氯化钠的磁性研究仍然很少。因此，我们以 NaCl 作为母体材料，通过元素掺杂进行自旋调控可以有效地补充和加强 NaCl 材料在磁隧道结等领域的研究。因此，我们系统地研究了非磁元素 B、C、N 和 O 掺杂 NaCl 及 NaCl

(001) 表面的稳定性、电子结构和磁性，我们希望这类新型磁性氯化物可以应用到未来的自旋电子学中。

5.3.1 块体掺杂体系的半金属行为

对于掺杂体系 $Na_{32}XCl_{31}$(X=B、C、N 和 O)，优化之后的结构参数列于表 5-2。其中，计算得到的 C—Na、N—Na 和 O—Na 键长小于 Cl—Na 的键长 0.2848 nm，引起了杂质原子周围的 Na 原子向杂质原子靠近的现象。然而，对于 B 掺杂 NaCl 体系来说，尽管 B 原子的共价半径（82 pm）小于 Cl 原子的共价半径（99 pm），但优化得到的 B—Na 键长大于 Cl—Na 的键长。这是由于 B 原子的电负性（2.04）小于 Cl 原子的电负性（3.16），导致 Na 与 B 原子之间的相互作用弱于 Na 与 Cl 原子之间的相互作用，B 掺杂之后减弱了离子键强度，从而引起了 B 杂质周围的 Na 原子向远离杂质原子的方向移动，出现了局部结构略微扩张的现象。

表 5-2 B、C、N 和 O 掺杂 NaCl 及 NaCl (001) 表面的键长 (*d*) 和磁矩 (*M*)

替换元素	$d_{X—Na}$/nm	M_{tot}/μ_B	M_X/μ_B	M_{Na}/μ_B	M_{Cl}/μ_B
B 块体/表面	0.2903/0.2881	2.00/2.00	1.78/1.78	0.12/0.06	0.00/0.00
C 块体/表面	0.2819/0.2803	3.00/1.00	2.78/0.90	0.12/0.04	0.00/0.00
N 块体/表面	0.2746/0.2710	2.00/2.00	1.98/2.00	0.00/-0.02	0.00/0.00
O 块体/表面	0.2669/0.2590	1.00/1.00	1.00/1.02	0.00/-0.02	0.00/0.00

注：M_{tot}、M_X、M_{Na} 和 M_{Cl} 分别表示体系的总磁矩、掺杂元素提供的磁矩、杂质原子周围最近邻 Na 原子提供的磁矩和最近邻的 Cl 原子提供的磁矩。

此外，掺杂体系的稳定性及可行性可以通过计算缺陷形成能加以分析[173-174]，公式如下：

$$E_{form} = E_{doped} - E_{pure} + (\mu_{Cl} - \mu_X) + q(E_F + \varepsilon_{VBM} + \Delta\nu) \tag{5-3}$$

式中，E_{doped} 为掺杂体系的总能量；E_{pure} 为纯 NaCl 超胞的总能量；μ_{Cl} 和 μ_X 分别为 Cl 原子和杂质元素的化学势；E_F 为费米能级；ε_{VDM} 为价带顶的能量位置；$\Delta\nu$ 为包含电荷缺陷体系下原子的静电势与完美晶胞中对应位置原子的静电势之差，其化学势分别从块体 α-B_{12}、石墨、N_2、O_2 和 Cl_2 分子中计算得出。

另外，形成能与自身的生长环境有关，既可以在富 Na 环境下生长，也可以在富 Cl 环境下生长。在富 Na 环境下，μ_{Na} 为 Na 单质的能量，而 μ_{Cl} 通过下面公式推导得出：

$$\mu_{Na} + \mu_{Cl} = \mu_{NaCl} \tag{5-4}$$

式中，μ_{NaCl} 为 NaCl 单质的能量。

在富 Cl 环境下，μ_{Cl} 为 Cl_2 分子中一个 Cl 原子的能量，而 μ_{Na} 通过公式（5-4）推导得出。B、C、N 和 O 掺杂 NaCl 体系的缺陷形成能在富 Na 环境下分别为 5.62 eV、5.24 eV、2.68 eV 和−1.36 eV，在富 Cl 环境下分别为 9.31 eV、8.92 eV、6.36 eV 和 2.32 eV。从计算结果可以看出，掺杂体系的形成能在富 Na 环境下最低。同时，我们发现形成能的大小与杂质原子的电负性有关，电负性越大，则形成能越低，即 $E_{form}(B) > E_{form}(C) > E_{form}(N) > E_{form}(O)$。鉴于 O 的电负性最强，O 掺杂 NaCl 体系的形成能最小（为负值），表明 O 作为掺杂剂，在实验中更容易实现并且 NaCl 的氧化可以在富 Na 环境中自发进行，其稳定的掺杂体系有利于后续电子结构和磁性研究的展开。此外，图 5-5 描述了形成能随着费米能级变化曲线。从图中可以看出，B、C、N 和 O 掺杂体系的转变能级（2−/3−，2−/3−，1−/2−，0/1−）分别发生在 5.97 eV、5.34 eV、3.85 eV 和 1.76 eV，表明 O 杂质原子是处在浅能级处的受主杂质。

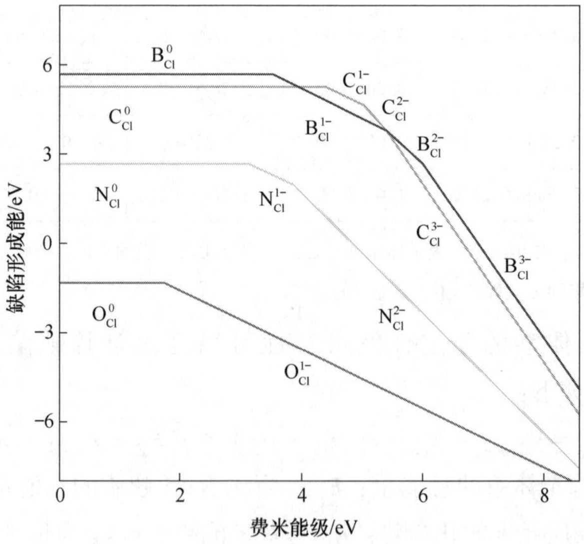

图 5-5　B、C、N 和 O 掺杂 NaCl 块体的缺陷形成能随费米能级的变化

为了探究掺杂体系的电子结构和磁性，我们计算了它们的自旋极化的电子能带结构和态密度，如图 5-6 和图 5-7 所示。

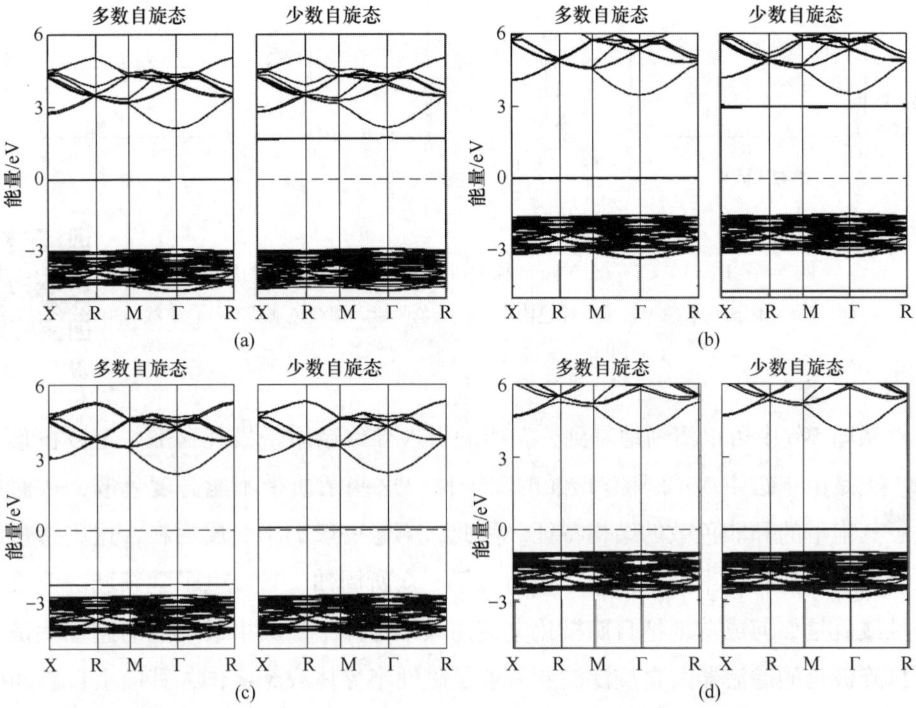

图 5-6 B(a)、C(b)、N(c) 和 O(d) 掺杂 NaCl 块体的电子能带结构

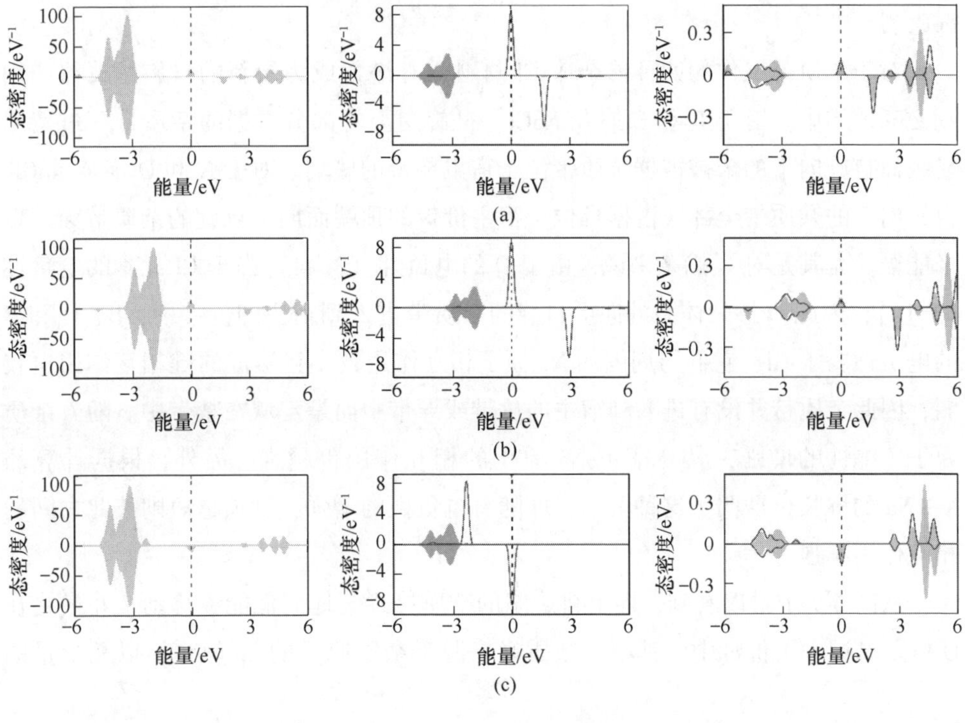

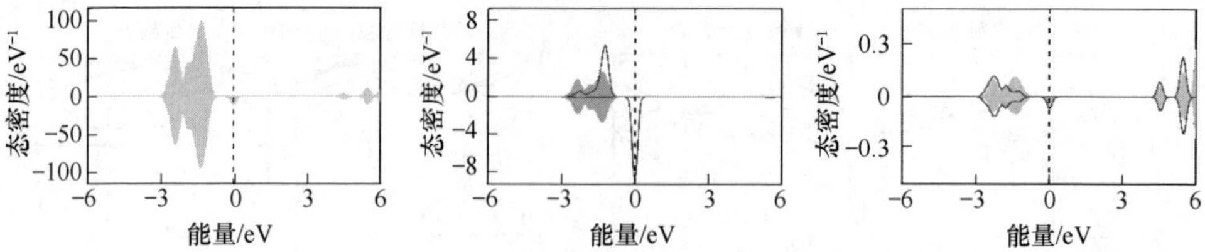

(d)

图 5-7　B(a)、C(b)、N(c) 和 O(d) 掺杂 NaCl 块体的电子态密度图
（紫色阴影代表总态密度，绿色阴影、浅蓝色阴影、深蓝色实线和红色实线分别表示 Cl 3p、最近邻的 Na 2p、Na 3s 和 X 2p 态）

图 5-7 彩图

从图 5-6 中可以清晰地看到，杂质的引入导致杂质带极其扁平并定域在禁带中。正是由于宿主 NaCl 具有很强的离子性，这些杂质带不能高度色散，从而导致了其扁平的和非色散的结构特征。因此，不像一般的半金属材料，这些掺杂体系展现了近似磁性半导体或绝缘体的特征。众所周知，自旋电子学领域一个重要的挑战就是如何成功地把自旋极化电流注入半导体中，其中最可能的途径就是采用自旋极化的滤波器。自旋滤波器一般是磁性半导体或绝缘体，其向上自旋和向下自旋都有带隙，并且两种自旋态的能带结构不同，就能应用于磁性的隧道结中。对于纯 NaCl 来说，一般作为绝缘体栅栏，用来分隔磁性电极如 Fe 和 FePt 等[168-171]。

对于本研究工作的四种掺杂 NaCl 材料，有潜力成为崭新的自旋滤波器应用到磁隧道结中。对于 B 和 C 掺杂 NaCl，自旋向上的部分占据的杂质带穿过费米能级而自旋向下的未被占据杂质带位于宿主导带的底端。对于 N 和 O 掺杂 NaCl，自旋向上的杂质带全部被占据且位于宿主价带的顶端而向下自旋的杂质带穿过费米能级。尤其是对 O 掺杂来说，由于 O 的电负性（3.44）强于 Cl 元素的电负性(3.16)，因此 O 掺杂体系的向上自旋的杂质带进入到宿主的价带中；B、C 和 N 的电负性弱于 Cl，它们与周围的 Na 原子相互作用较小且形成的键相互作用也较弱，因此杂质带并没有进入到宿主的价带或导带中而是定域在禁带中。随着杂质原子负电性的增强，其与宿主 Na 原子的相互作用也越强。另外，根据计算的 X—Na 的键长也证明了这种关系，即随着电负性的增强，键长越短则彼此之间的相互作用越强。

从图 5-7 中可以看到，向上自旋态的杂质峰逐渐地向低能级移动，并最终在 O 掺杂时进入了价带中。其中，杂质峰来源于杂质原子的 2p 轨道，以及少量的

Na 原子，它们彼此间强烈的杂化作用导致了 Stoner 型的自旋劈裂，也是体系产生磁性的主要原因，具体产生磁矩的大小列于表 5-3 中，并且可以根据电子占据的原理示意图来进一步解释，如图 5-8 所示。

表 5-3　两种杂质元素掺杂 NaCl 块体时杂质原子之间的距离（d）、铁磁与反铁磁态的能量差（ΔE）和体系对外呈现的总磁矩（M_{tot}）

化合物	最近位置			最远位置		
	d/nm	ΔE/meV	M_{tot}/μ_B	d/nm	ΔE/meV	M_{tot}/μ_B
B-NaCl	0.4056	−96.921	4.0	0.9932	233.41	0
C-NaCl	0.4041	330.93	0	0.9911	0	0
N-NaCl	0.3998	29.692	0	0.9843	727.94	0
O-NaCl	0.3980	—	2.0	0.9832	−2.7	2.0

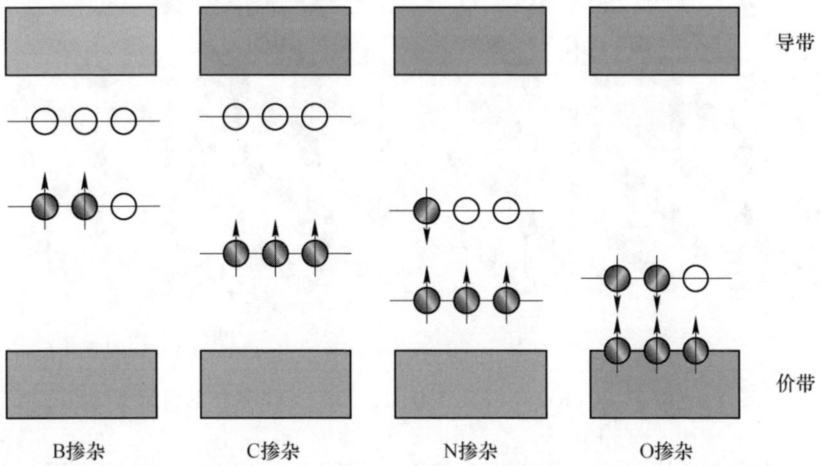

图 5-8　B、C、N 和 O 掺杂 NaCl 块体的 2p 电子占据的原理示意图

四种掺杂体系的自旋密度分布如图 5-9 所示，自旋密度呈各向同性的球形分布，同时杂质原子和周围 Na 原子的自旋方向一致，表明它们具有局部的铁磁性耦合特征。另外，为了检测超胞的尺寸以及选取的 k 网格点的密度是否能够影响掺杂体系的电子特征及磁性，我们采用了更密的 k 网格点以及不同的超胞尺寸进行对比。该计算结果表明，不同的条件对电子结构及磁性只引起了微弱的影响。因此，这也说明了超胞的尺寸和 k 网格点的密度并不是掺杂体系性质发生改变的主要原因。

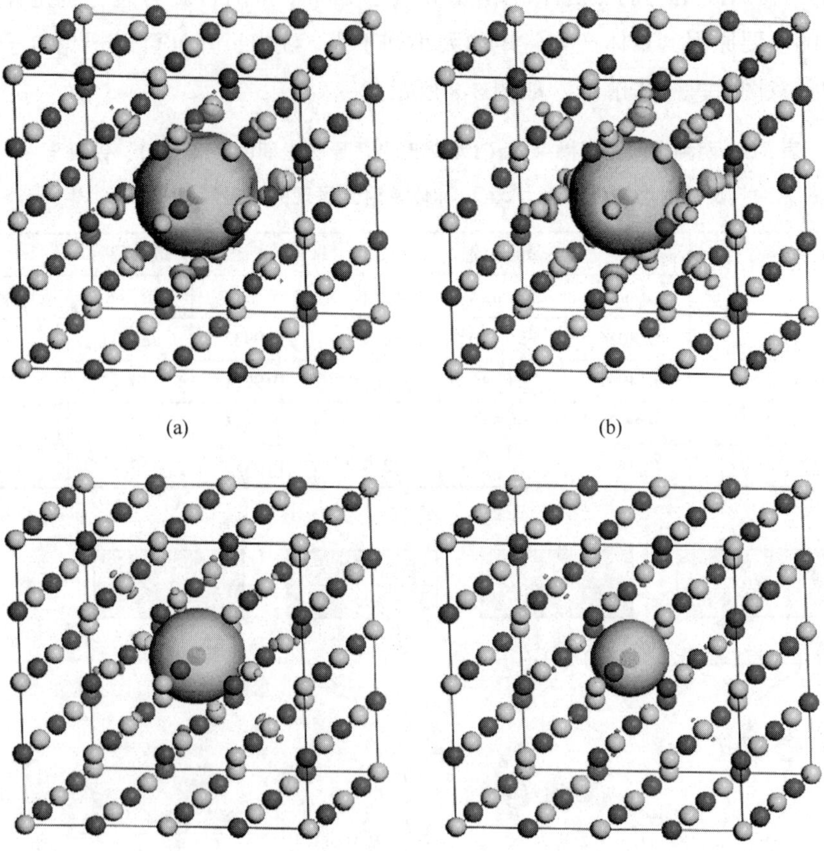

(a)　(b)　(c)　(d)

图 5-9　B(a)、C(b)、N(c) 和 O(d) 掺杂 NaCl 块体的自旋密度图

为了检查杂质原子之间的磁耦合特性，我们在原有超胞的基础上用两个杂质原子替换两个 Cl 原子的方法计算它们的铁磁和反铁磁性。根据两者的能量差值来确定体系基态。能量差通过公式（3-4）得出，计算的结果见表 5-3。对于 B 掺杂体系，在“最近”位置表现为铁磁耦合而在“最远”位置表现为反铁磁性。对于 C 和 N 掺杂体系，两种掺杂位置均表现为反铁磁性。C 掺杂体系为反铁磁性。随着 C 原子距离的增大 ΔE 迅速减小，呈现出从反铁磁态向顺磁态转变的趋势；而 N 掺杂的 ΔE 在“最远”位置的值最大，表现出长程反铁磁耦合的特性。O 掺杂体系在“最近”位置表现为铁磁耦合，并且铁磁耦合随着 O 原子距离的增大而迅速减小，但在“最远”位置铁磁仍然比反铁磁低了 2. 7 meV，表明其具有长程铁磁耦合的潜力。

5.3.2 NaCl(001) 表面的磁各向异性

我们采用 slab 模型模拟 NaCl(001) 表面，构建包含 162 个原子的 3×3×1 超晶胞，其中表面原子层的厚度是 9 层。真空层选取为 1.5 nm，以避免周期性表面之间的相互作用。结构优化时，固定最下面的 3 层，上面 6 层原子全部弛豫。掺杂方式是用 1 个杂质原子（B、C、N 和 O）去替代 NaCl（001）表面最顶层的 1 个 Cl 原子，如图 5-10（a）所示。优化之后的相关参数列于表 5-2，其中计算得到的表面 X—Na 的键长都略小于其块体的键长。对于 B、C、N 和 O 掺杂 NaCl（001）表面，计算的缺陷形成能在富 Na 环境下分别为 4.56 eV、3.13 eV、1.01 eV 和 −2.20 eV；在富 Cl 环境下分别为 8.31 eV、6.81 eV、4.69 eV 和 1.48 eV。计算结果表明表面掺杂体系的缺陷形成能也都略小于其块体的形成能。另外，类似于块体结构，形成能从大到小的排序为 $E_{\mathrm{form}}(\mathrm{B})>E_{\mathrm{form}}(\mathrm{C})>E_{\mathrm{form}}(\mathrm{N})>E_{\mathrm{form}}(\mathrm{O})$，O 掺杂时形成能最低且在富 Na 条件下为负值，结构最为稳定。

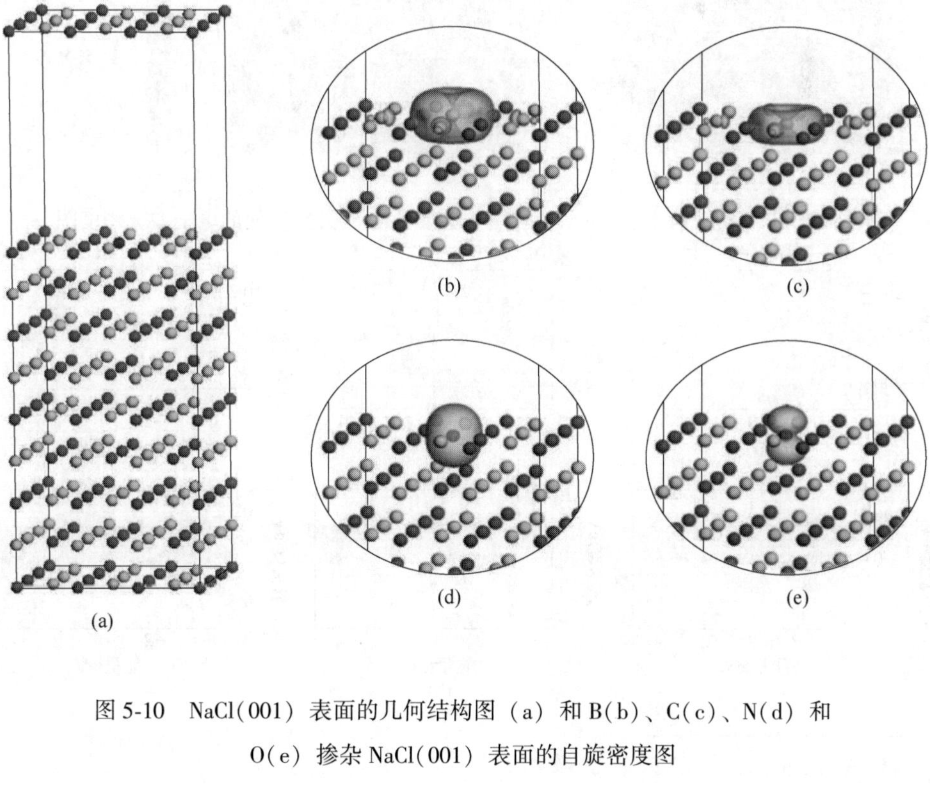

图 5-10 NaCl(001) 表面的几何结构图（a）和 B(b)、C(c)、N(d) 和 O(e) 掺杂 NaCl(001) 表面的自旋密度图

为了研究掺杂表面的电子结构和磁性，我们计算了自旋密度、电子差分密度以及电子态密度，分别如图 5-10（b）~（e）、图 5-11 和图 5-12 所示。从图中可以看到，与块体掺杂不同，表面掺杂杂质的 2p 态劈裂成两重简并 p_x+p_y 和单态 p_z。这是由于对称性的降低导致了杂质 2p 三重态发生简并部分消除。

图 5-11 彩图

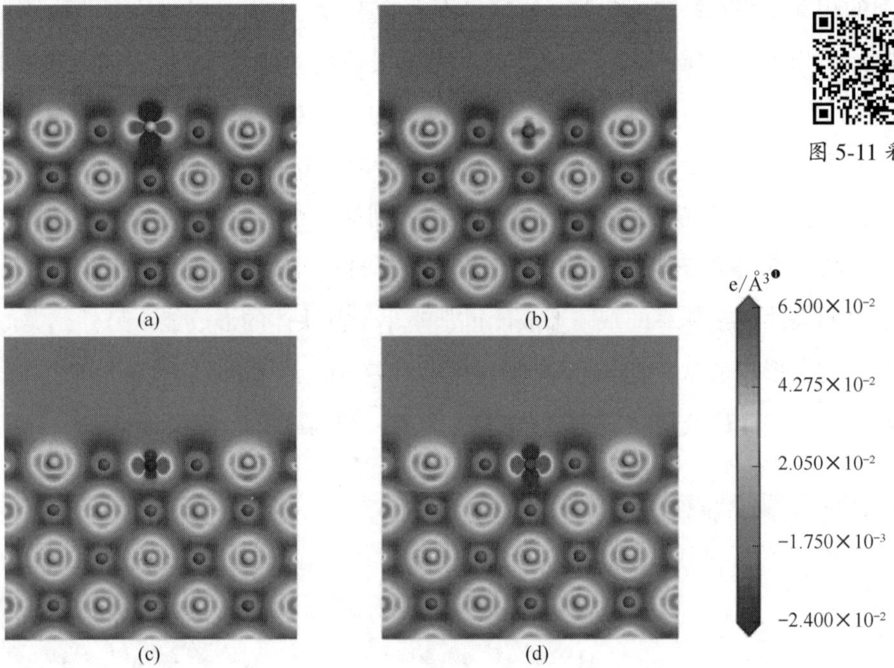

图 5-11　B(a)、C(b)、N(c) 和 O(d) 掺杂 NaCl(001) 表面的电子差分密度图

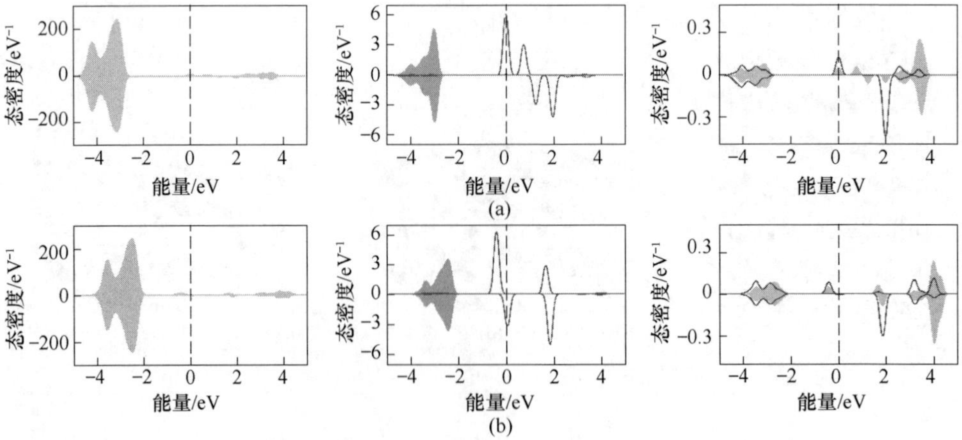

❶ 1 Å = 1×10^{-10} m。

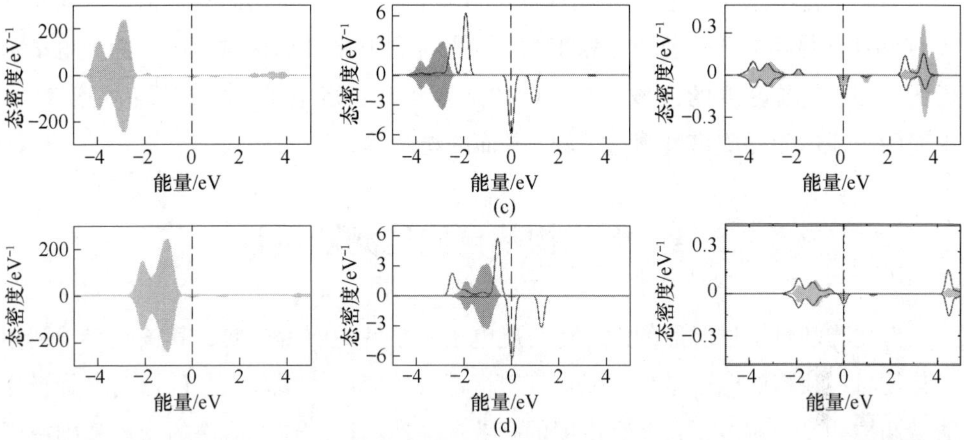

图 5-12 B(a)、C(b)、N(c) 和 O(d) 掺杂 NaCl(001)
表面的电子态密度图
（紫色阴影代表总态密度，Cl 3p、最近邻 Na 2p、Na 3s 和 X 2p 分别用
绿色阴影、浅蓝色阴影、深蓝色实线和红色实线表示）

图 5-12 彩图

为了便于分析，我们画出了自旋极化的能谱示意图，如图 5-13 所示。对于 B 2p 态，两重简并的 p_x+p_y 被完全占据，因此产生了总磁矩 M_{tot} = 2.00 μ_B。富电子密度以及自旋密度表现在 *xy* 平面。对于 C 2p 态，额外的 1 个电子占据了向下自旋的 p_z 态，导致了净磁矩为 M_{tot} = 1.00 μ_B。这也说明了 C 掺杂 NaCl（001）与掺杂 NaCl 块体产生的磁矩大小不同，表面的掺杂使 C 2p 呈亚自旋态。此外，富电子密度的方向既有 *xy* 平面也有 *z* 方向，而自旋密度却没有表现出 *z* 方向。这

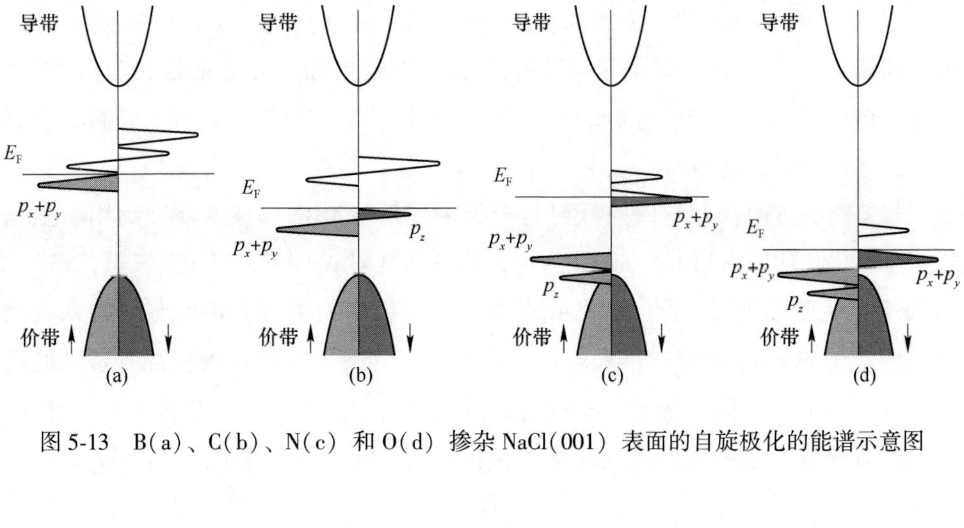

图 5-13 B(a)、C(b)、N(c) 和 O(d) 掺杂 NaCl(001) 表面的自旋极化的能谱示意图

是因为向下自旋态 p_z 产生的磁矩被向上自旋态 p_x+p_y 产生的磁矩抵消了。对于 N 和 O 的掺杂体系来说，富电子密度的区域与非自旋密度的区域一致；而欠电子密度的区域与自旋密度的区域一致。O 掺杂表面时，富电子密度的形状是沿着 xy 平面的纺锤体而自旋密度则是沿着 z 平面的纺锤体。

5.4　卤化物基自旋过滤器设计

卤化物基自旋过滤器的设计是自旋电子学领域的前沿方向，其核心在于利用卤化物材料独特的电子结构、强自旋轨道耦合效应以及掺杂工程诱导的自旋极化能带调控，实现对电子自旋自由度的高效选择性输运。这类器件的物理基础源于卤化物晶体中离子键与共价键的混合特性——以岩盐结构的 AgCl 或 NaCl 为例，其宽直接带隙可有效抑制非自旋极化载流子的热激发，而高介电常数能够削弱库仑散射，延长自旋弛豫时间。通过过渡金属（如 Fe、Co）或非磁元素（如 B、C、N、O）的替代掺杂，在卤化物晶格中引入局域磁矩，并借助载流子介导的 RKKY 相互作用或双交换机制形成长程磁有序，从而在导带或价带边缘诱导出自旋分裂的杂质能级，构建非对称的自旋相关输运通道。

在器件结构设计中，典型的卤化物基自旋滤波器采用垂直异质结构型，例如以磁性卤化物（如 Co：AgCl）为势垒层，两侧连接非磁金属电极（如 Pt 或石墨烯）。当施加偏压时，电子隧穿通过势垒层，其透射概率受自旋极化能带结构的调制：对于自旋向上的电子，杂质能级与电极费米面的匹配度更高，隧穿概率显著大于自旋向下的电子，从而在输出端产生高度极化的自旋流（极化率 η_s 可超过 90%）。为提高选择性，常引入界面工程策略——例如在 AgCl 势垒层与 Pt 电极之间插入单层 h-BN，其原子级平整表面可抑制界面态导致的随机自旋翻转，同时 h-BN 的宽禁带特性（约 6 eV）可进一步阻挡非弹性隧穿过程，使自旋过滤效率在室温下仍保持 80%以上。

材料制备方面，射频磁控溅射与分子束外延（MBE）技术被广泛用于生长高质量卤化物薄膜。以 Co：AgCl 为例，通过共溅射 AgCl 靶与 Co 金属靶，在 Ar/O_2 混合气氛中实现 Co 原子替代 Ag 位掺杂，X 射线衍射（XRD）显示掺杂后晶格常数从 0.555 nm 收缩至 0.548 nm，表明 Co^{2+}（离子半径 0.065 nm）成功取代 Ag^+（0.115 nm）。同步辐射 X 射线吸收近边结构（XANES）分析证实 Co 的价态为+2，且局域配位环境保持八面体对称性。通过优化衬底温度（约 300 ℃）与溅射功率（150 W），可获得表面粗糙度小于 0.2 nm 的超薄势垒层（厚度约 2 nm），其铁磁居里温度经超导量子干涉仪（SQUID）测量提升至 120 K，较体材料提高 60%。

性能表征中，自旋极化隧穿谱（SP-STS）直接揭示了 Co：AgCl 势垒层的自旋选择性：在零偏压附近，自旋向上电子的微分电导（dI/dV）比自旋向下电子高 3 个量级，对应自旋极化率 $\eta_s=(I\uparrow-I\downarrow)/(I\uparrow+I\downarrow)\approx94\%$。当施加横向电场（约 10^6 V/m）时，由于卤化物的压电特性（AgCl 的压电系数 $d_{14}=0.8$ pC/N），晶格应变可动态调节自旋分裂能级的间距，实现电场可调的过滤阈值——实验测得阈值电压从 0.5 V（压缩应变时）连续调至 1.2 V（拉伸应变时）。此外，卤化物的高抗辐射特性（如 NaCl 的位移阈能>30 eV）使其在极端环境下仍保持稳定性能，经 10^{16} cm^{-2} 质子辐照后，自旋极化率仅下降 7%，远优于传统氧化物基器件（下降>50%）。

未来发展方向聚焦于突破温度限制与多维集成：通过设计 Gd 掺杂的 NaCl/GaN 异质结，利用 GaN 衬底的压电极化场增强局域磁交换作用，理论预测可将居里温度提升至 250 K；而二维卤化物（如单层 PbI_2）的层间磁耦合效应为实现原子级厚度的自旋滤波器开辟新路径，其狄拉克型表面态与磁性序参量的耦合可能诱导量子反常霍尔边缘态，使自旋过滤效率接近 100%。这些进展将推动卤化物基自旋过滤器在量子计算、抗辐射电子学及超高密度磁存储等领域的实用化进程。

6 d^0 型磁性超晶格设计

在以上章节中，我们通过传统掺杂方法引入的点缺陷通常都是非均匀分布的。这种无序分布的点缺陷在母体材料中会抑制极化位点之间的磁相互作用，从而降低自旋极化效率[175]。因此，相对于这种无序分布的点缺陷，自旋位点的有序排列会更易于控制磁性相互作用，具有更重要的意义。目前，通过制备高质量的多层膜、超晶格可以实现点缺陷的有序分布。随着薄膜技术的发展，利用分子束外延法（MBE）、脉冲激光沉积法（PLD）和原子层沉积法（ALD）都可以用来控制薄膜的生长[176-178]。目前，许多不同种类的半导体材料都已成功制备出高质量的纳米点、纳米线、纳米片、超薄膜、多层分子膜以及超晶格等[179-186]。本章提出基于超晶格工程的有序缺陷调控策略，即通过人工设计的周期性结构将点缺陷限制在特定晶格位点，从而构建长程有序的自旋极化网络。这种有序化设计不仅能够突破无序体系的磁稀释瓶颈，还可通过晶体对称性与电子能带结构的协同调控，实现磁各向异性的定向调制，为新型磁性材料的理性设计提供新范式。通过 d^0 型非磁元素掺杂，我们分别设计了岩盐和纤锌矿两种结构的超晶格来实现点缺陷的有序分布。这两种结构的晶体场环境对 d^0 型非磁元素（如 N、O 等）的掺杂具有高度兼容性，其间隙位点的能量势垒显著低于传统钙钛矿体系，这为精确调控缺陷浓度提供了可能。

6.1 计算方法和模型

本研究工作是基于 DFT 的第一性原理，选用以平面波为基础的超软赝势和 GGA-PBE 泛函来展开计算的。在倒易的 K 空间中，掺杂体系的平面波截止能量选取为 380 eV。布里渊区积分选取 Monkhorst-Pack k 点网格摄取方式，对 N/C 掺杂体系和 Ca/K 掺杂体系分别使用了 15×15×10 个和 18×18×10 个 k 网格点。进行全弛豫的结构优化中，原子间的相互作用力收敛标准设为 0.1 eV/nm，晶体内应力的收敛标准设为 0.02 GPa。超软赝势下各个原子的电子组态分别为 Ca:

$3s^2 3p^6 4s^2$、Sr：$4s^2 4p^6 5s^2$、K：$3s^2 3p^6 4s^1$、Si：$3s^2 3p^2$、O：$2s^2 2p^4$ 和 C：$2s^2 2p^2$。考虑到 2p 电子的强关联相互作用，将 $U_{eff}=3.4$ eV 作用到 C、N 和 O 的 2p 轨道进行能级修正[187-188]。

超晶格（MO）$_1$/（MX）$_1$(001)(M＝Ca 和 Sr；X＝N 和 C)，是由岩盐结构的 CaO(SrO) 通过阴离子 N 或 C 掺杂构成的。原胞为体心四方结构，包含两个金属原子、一个氧原子和一个杂质原子（氮原子、碳原子），如图 6-1（a）所示。晶格常数 $a=b=a_0/\sqrt{2}$，其中 a_0 为单胞的晶格常数。这种短周期的超晶格沿着 c 轴方向生长。超晶格（MC）$_1$/（SiC）$_1$(0001)(M＝Ca 和 K) 则是由纤锌矿六角结构的 2H—Si 通过阳离子 Ca 或 K 掺杂而构成。原胞中包含一个硅原子、一个杂质原子和两个碳原子，如图 6-1（b）所示。

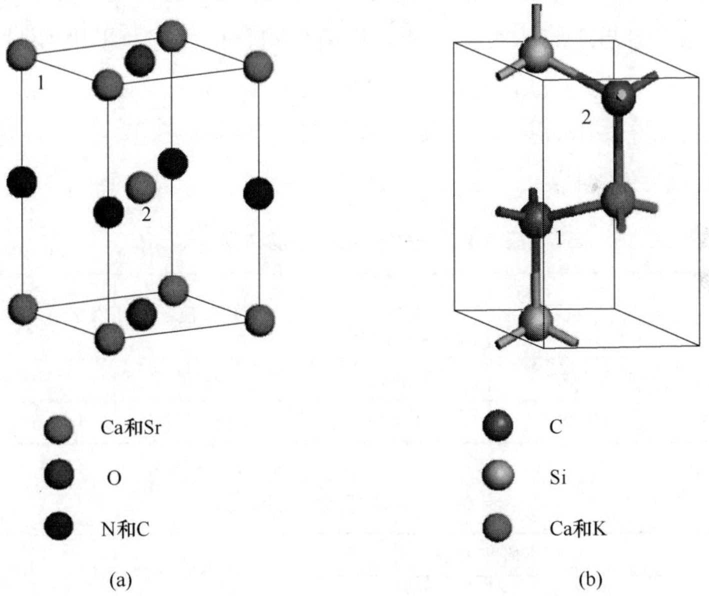

图 6-1 彩图

图 6-1　超晶格（MO）$_1$/（MX）$_1$(001)(M＝Ca 和 Sr，X＝N 和 C)（a）和超晶格（MO）$_1$/（MX）$_1$(001)(M＝Ca 和 K，X＝N 和 C) 的原胞几何结构（b）

6.2　岩盐结构超晶格

碱土金属氧化物具有宽带隙、高诱导率等特点，在材料科学领域有着诸多应用[189-191]。近些年，基于碱土金属氧化物的稀磁半导体材料受到了人们的广泛关注[192-194]。Liu 等人研究了 C 掺杂碱土金属硫化物的电子结构和磁性，发现这些具有岩盐结构的稀磁半导体具有半金属特性[195]。Elfimov 等人通过 N 掺杂碱土金属氧化物，发现体系的电子结构发生了显著的变化[196]。Slipukhina 等人通过 N 掺杂 MgO，发现引入的空穴是导致体系产生磁性的主要原因[197]。尽管如此，这些基于碱土金属氧化物的稀磁半导体引起的点缺陷都是不均匀分布的。因此，我们设计出重复生长不同分子层的超晶格来实现点缺陷的有序分布，希望设计出的这些超晶格可以提高自旋注入的效率，从而更有效地控制磁性。

6.2.1　超晶格的晶格参数

在研究超晶格之前，我们首先采用 GGA 和 GGA+U_{eff} 两种方法计算了母体材料 CaO 和 SrO 的晶格常数和带隙，见表 6-1 和表 6-2。从表中可以看出，两种方法计算的晶格常数与之前的实验值和理论值都吻合得很好。采用 GGA+U_{eff} 方法计算的带隙比 GGA 方法的值更大，结果更接近于实验值。也就是说，考虑了 2p 电子的强关联相互作用时，可以对碱土金属氧化物的电子结构起到一定的修正作用，获得更准确的带隙值。

表 6-1　CaO 和 SrO 的晶格常数　　(nm)

化合物	本研究工作		实验值	理论值
	$U_{eff}=0$	$U_{eff}=3.4$ eV		
CaO	0.4837	0.4825	0.481[198]	0.488[198]
SrO	0.5197	0.5181	0.514[201]	0.522[201]

表 6-2　CaO 和 SrO 的带隙　　(eV)

化合物	本研究工作		实验值	理论值
	$U_{eff}=0$	$U_{eff}=3.4$ eV		
CaO	3.65	4.58	7.09[199]	(3.7, 4.3)[200]
SrO	3.33	4.28	5.9[202]	3.0[202], 3.2[203]

首先，表 6-3 和表 6-4 中分别列出了四种超晶格采用 GGA 和 GGA+U_{eff} 方法计算的晶格常数和磁矩。从表中我们可以看出，无论哪种方法，计算得到的 $(MO)_1/(MC)_1$ 的晶格常数 c 比 $(MO)_1/(MN)_1$ 的略大，这是由于 C 原子相对于 N 原子具有更大的原子半径以及较弱的负电性，导致杂质周围的几何结构发生轻微向外扩张的结构畸变。尽管如此，计算得到的四种超晶格的晶格常数与母体材

料 CaO 和 SrO 的晶格常数相近，这种微小的晶格失配对体系的结构稳定性影响较低，有利于以后实验上的制备。

表 6-3 采用 GGA 方法超晶格 $(MO)_1/(MX)_1$ (001) (M=Ca 和 Sr, X=N 和 C) 的晶格常数 (*c*) 和磁矩 (*μ*)

超晶格	*c*/nm	μ_{tot}/μ_B	μ_{M1}/μ_B	μ_{M2}/μ_B	μ_O/μ_B	μ_X/μ_B
$(CaO)_1/(CaN)_1$	0.4905	1.000	-0.04	-0.02	0.06	1.00
$(SrO)_1/(SrN)_1$	0.5261	1.000	-0.02	-0.04	0.02	1.04
$(CaO)_1/(CaC)_1$	0.5049	2.000	0.04	0.08	0.06	1.82
$(SrO)_1/(SrC)_1$	0.5415	2.000	0.04	0.10	0.02	1.84

注：μ_{tot}、μ_{M1}、μ_{M2}、μ_O 和 μ_X 分别表示体系的总磁矩、掺杂元素 M1 提供的磁矩、M2 提供的磁矩、O 原子提供的磁矩和 X 原子提供的磁矩。

表 6-4 采用 GGA+U_{eff} 方法超晶格 $(MO)_1/(MX)_1$ (001) (M=Ca 和 Sr, X=N 和 C) 的晶格常数 (*c*) 和磁矩 (*μ*)

超晶格	*c*/nm	μ_{tot}/μ_B	μ_{M1}/μ_B	μ_{M2}/μ_B	μ_O/μ_B	μ_X/μ_B
$(CaO)_1/(CaN)_1$	0.4847	1.000	0.08	-0.04	0.02	0.94
$(SrO)_1/(SrN)_1$	0.5158	1.000	0.08	-0.04	0.00	0.94
$(CaO)_1/(CaC)_1$	0.5029	2.000	0.06	0.00	0.02	1.92
$(SrO)_1/(SrC)_1$	0.5605	2.000	-0.02	0.24	0.02	1.76

注：μ_{tot}、μ_{M1}、μ_{M2}、μ_O 和 μ_X 分别表示体系的总磁矩、掺杂元素 M1 提供的磁矩、M2 提供的磁矩、O 原子提供的磁矩和 X 原子提供的磁矩。

6.2.2 2p 电子强关联对磁性的影响

图 6-2 为四种超晶格的自旋极化的电子能带图。运用简单的 GGA 方法计算，对于 $(CaO)_1/(CaN)_1$、$(SrO)_1/(SrN)_1$ 和 $(SrO)_1/(SrC)_1$ 来说，它们的多数自旋通道在费米能级附近有带隙，而少数自旋通道则表现为金属特性，表明这三种超晶格具有半金属的特征。

对于 $(CaO)_1/(CaC)_1$，多数自旋通道的价带顶碰到了费米能级，因此表现为近似半金属的特征。采用简单的 GGA 方法时，在少数自旋通道上，三条跨过费米能级的杂质带主要由简并的 2p 三重态构成。当采用 GGA+U_{eff} 方法后，杂质带 2p 三重态简并消除。对于 $(CaO)_1/(CaN)_1$ 和 $(SrO)_1/(SrN)_1$ 来说，少数自旋通道上三条简并的杂质带劈裂成两部分，两重简并的杂质带向低能量区域移动

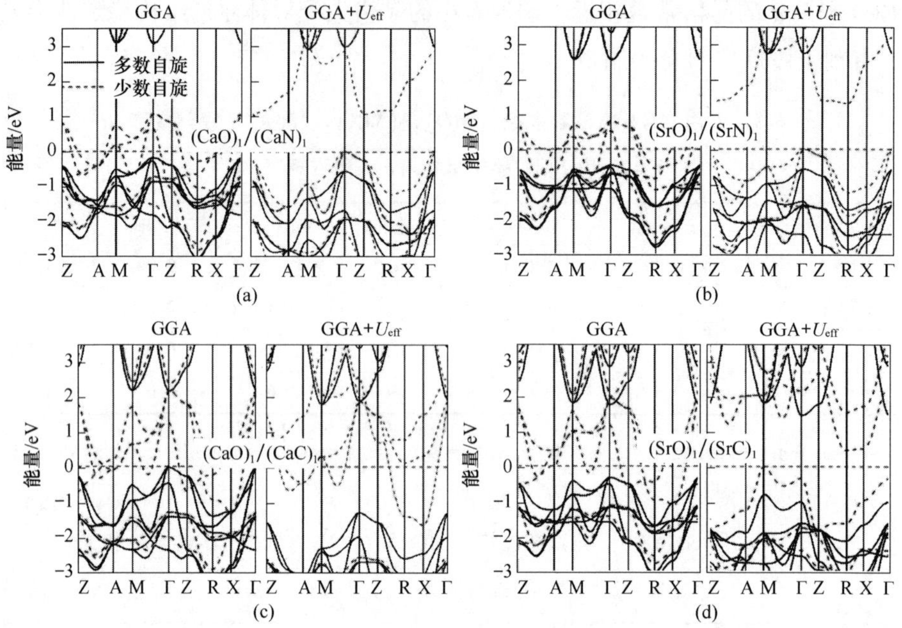

图 6-2　$(CaO)_1/(CaN)_1$ (a)、$(SrO)_1/(SrN)_1$ (b)、$(CaO)_1/(CaC)_1$ (c) 和 $(SrO)_1/(SrC)_1$ (d) 超晶格的能带结构图

而另一条杂质带向高能量区域移动。对于 $(SrO)_1/(SrC)_1$，两重简并的杂质带位于费米能级以上而另一条则位于费米能级以下，这种差异性可以通过价电子数目进行解释。对于 $(CaO)_1/(CaN)_1$ 和 $(SrO)_1/(SrN)_1$，一个 N 原子替换一个 O 原子之后会生成一个空穴，因此对应于一条空带。对于 $(SrO)_1/(SrC)_1$，一个 C 原子替换一个 O 原子之后会生成两个空穴，因此产生两条空带位于费米能级以上。当采用 GGA + U_{eff} 方法计算时，$(CaO)_1/(CaN)_1$、$(SrO)_1/(SrN)_1$ 和 $(SrO)_1/(SrC)_1$ 的多数自旋通道和少数自旋通道的电子结构不对称并且都存在带隙，因此表现为磁性半导体的特征。磁性半导体的带隙在本节中的定义为多数自旋和少数自旋的导带底的最小值。对于 $(CaO)_1/(CaN)_1$，多数自旋的价带顶位于高对称点 Γ，导带底位于高对称点 M，因此间接带隙（Γ-M）为 3.437 eV，少数自旋的间接带隙（Γ-Z）为 1.040 eV。对于 $(SrO)_1/(SrN)_1$，多数自旋的间接带隙（Γ-M）为 3.840 eV；少数自旋的间接带隙（Γ-R）为 1.308 eV。对于 $(SrO)_1/(SrC)_1$，多数自旋的间接带隙（M-Γ）为 2.236 eV，少数自旋的间接带隙（M-R）为 0.459 eV。因此，$(CaO)_1/(CaN)_1$、$(SrO)_1/(SrN)_1$ 和 $(SrO)_1/(SrC)_1$ 磁性半导体的带隙分别为 1.040 eV、1.308 eV 和 0.459 eV。其中，

$(SrO)_1/(SrN)_1$ 具有更大的磁性半导体的带隙值，说明这种超晶格的磁性半导体特性相对另外两种更为稳定。对于 $(CaO)_1/(CaC)_1$，考虑 2p 电子的强关联相互作用后，这种超晶格由近似半金属特性转变为半金属特性。本节中，半金属带隙是在多数自旋中，价带顶与导带底到费米能级的最小值，计算的半金属带隙为 1.285 eV。这种与其他三种超晶格不同的表现，我们推测是由于 Ca 较大的电离能以及 C 较小的电负性共同作用导致的。

图 6-3 为四种超晶格的电子态密度图。对于简单的 GGA 方法，我们从图中可以看出在费米能级附近，杂质能级主要是由 X 2p 态以及少量的 M_2 3d 态提供。X 2p 与 M_2 3d 之间强烈的杂化作用导致了自旋劈裂，从而产生了磁性。对于 $GGA+U_{eff}$ 方法，$(CaO)_1/(CaC)_1$ 多数自旋的杂质峰向低能量区域移动，导致在费米能级附近产生了带隙。

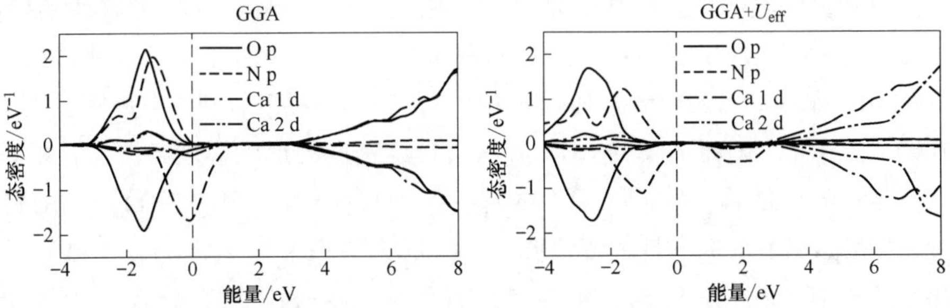

(a)

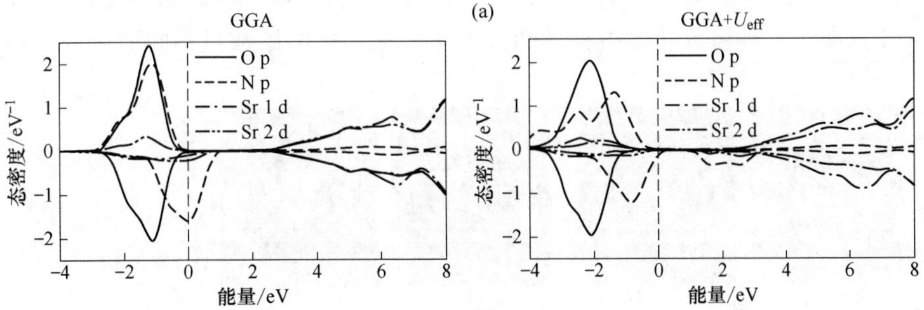

(b)

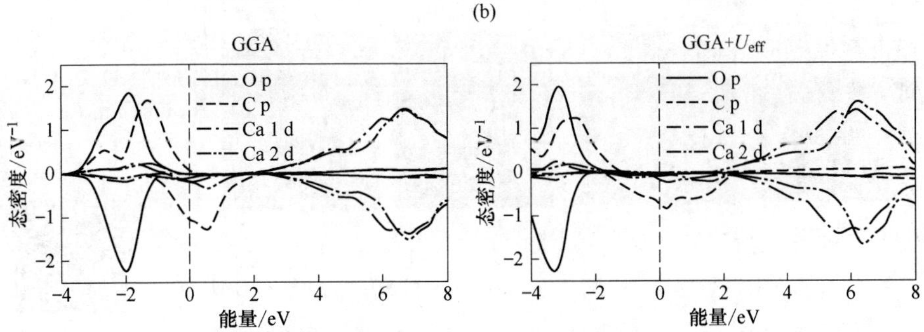

(c)

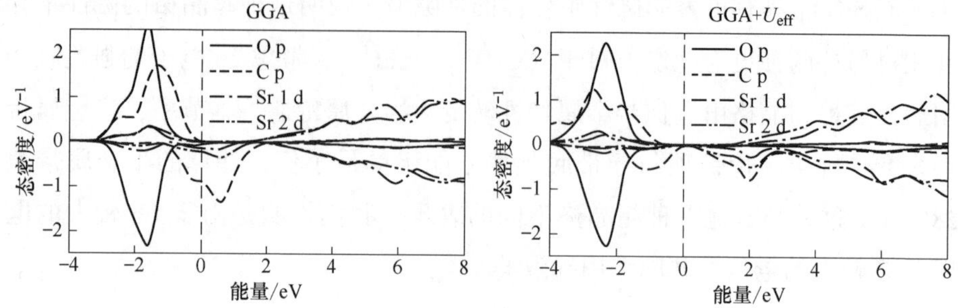

(d)

图 6-3　$(CaO)_1/(CaN)_1$（a）、$(SrO)_1/(SrN)_1$（b）、$(CaO)_1/(CaC)_1$（c）和 $(SrO)_1/(SrC)_1$（d）的态密度图

对于 $(CaO)_1/(CaN)_1$、$(SrO)_1/(SrN)_1$ 和 $(SrO)_1/(SrC)_1$，少数自旋的杂质峰向低能量区域移动，导致在费米能级附近产生了带隙，转变为磁性半导体。加上 U_{eff} 之后杂质原子的磁矩减少，见表 6-4。另外，我们计算了四种超晶格沿着（−110）平面的自旋密度，如图 6-4 所示。从图中可以看到，自旋密度主要集中在杂质原子上。对于简单的 GGA 方法，自旋密度的形状呈现各向同性的球形形状。当加 U_{eff} 之后，$(CaO)_1/(CaN)_1$、$(SrO)_1/(SrN)_1$ 和 $(SrO)_1/(SrC)_1$ 的自旋密度变成具有各向异性的哑铃形状。$(CaO)_1/(CaN)_1$、$(SrO)_1/(SrN)_1$ 自旋极化轨道沿着 Ca_1—N 和 S_1—N 方向，而 $(SrO)_1/(SrC)_1$ 自旋极化轨道沿着 S_2—C 方向，这种自旋轨道方向的差异性可能是由价电子数目不同造成的。

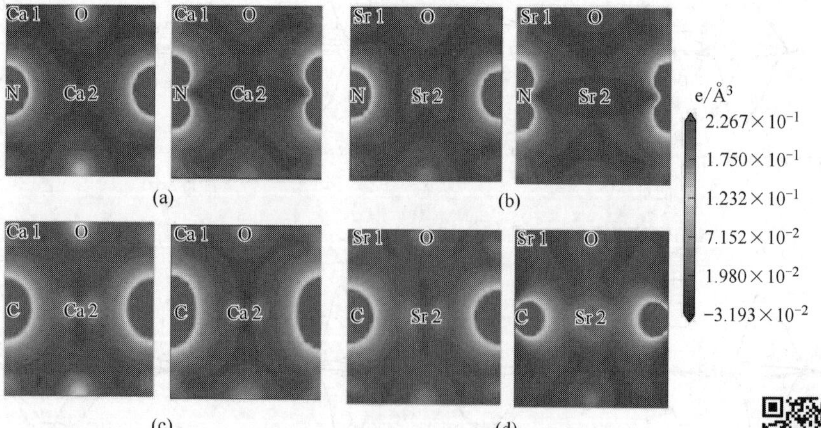

图 6-4　$(CaO)_1/(CaN)_1$（a）、$(SrO)_1/(SrN)_1$（b）、$(CaO)_1/(CaC)_1$（c）和 $(SrO)_1/(SrC)_1$（d）的自旋密度图

图 6-4 彩图

值得注意的是，$(CaO)_1/(CaC)_1$ 自旋轨道方向不论是 GGA 方法还是 GGA+U_{eff} 方法都为各向同性的球形，这也从侧面表明了 $(CaO)_1/(CaN)_1$、$(SrO)_1/(SrN)_1$ 和 $(SrO)_1/(SrC)_1$ 转变为磁性半导体而 $(CaO)_1/(CaC)_1$ 却没有的原因。

为了更清晰地了解超晶格的成键情况，我们计算了电子差分密度，如图 6-5 所示。从图中可以看出，M 阳离子和阴离子之间呈共价键特征。另外，考虑了 2p 电子的强关联相互作用后，阳离子向阴离子转移的电子明显增多，说明增强了键之间的离子特性。同时，加上 U_{eff} 之后，$(CaO)_1/(CaN)_1$、$(SrO)_1/(SrN)_1$ 和 $(SrO)_1/(SrC)_1$ 阴离子失去电子的方向与自旋轨道的方向相一致，得到电子的方向则对应于非自旋极化区。

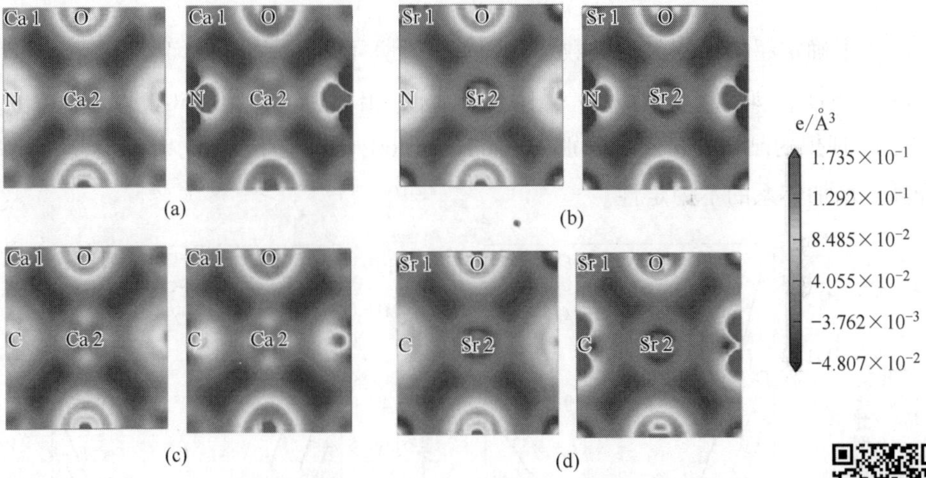

图 6-5 $(CaO)_1/(CaN)_1$（a）、$(SrO)_1/(SrN)_1$（b）、$(CaO)_1/(CaC)_1$（c）和 $(SrO)_1/(SrC)_1$（d）的电子差分密度图

图 6-5 彩图

6.3 纤锌矿结构超晶格

Ⅳ～Ⅳ族化合物在电子和光电器件等诸多领域都有巨大的应用前景[204-207]。目前，大量的文章报道了以这些化合物作为母体材料实现重复生长不同分子层的超晶格[208-211]。其中，SiC 是Ⅳ～Ⅳ族唯一可以形成长程有序结构的化合物。SiC 具有独特的力、热和电学性质，使其在众多的技术领域中都具备很大的应用潜

力。在一般条件下，SiC 有多种具备半导体特性的同素异形体，并且能量相近，结构都比较稳定[212-215]。这些同素异形体由六角 Si-C 双分子层以不同的堆叠方式组成，最常见的有 3C、6H、4H 和 2H 等结构，并且这些同素异形体都是间接带隙的半导体。值得我们注意的是，六角纤锌矿结构的 SiC 可以作为高质量的外延生长的超晶格基底材料。与常见的六角结构 ZnO、GaAs 以及具有蜂窝结构石墨烯及 MoS_2 都具备很好的匹配性。因此，本节中，我们以六角结构的 2H-SiC 为母体材料，通过 K 和 Ca 的掺杂制备超晶格来实现点缺陷的有序分布。我们选择 $(MC)_1/(SiC)_1(0001)$（M = Ca 和 K）作为研究对象，计算了这些六角结构超晶格的结构稳定性、电子结构及磁性。

6.3.1　超晶格多尺度稳定性

为了确定超晶格的晶格常数，我们首先计算了不同晶格 c/a 比率随着能量变化的关系图，如图 6-6 所示。从图中可以看出，$(CaC)_1/(SiC)_1$ 和 $(KC)_1/(SiC)_1$ 理想的晶格 c/a 比率分别为 1.63 和 1.60；其他的 c/a 比率都会使总能量升高，增加体系的不稳定性。

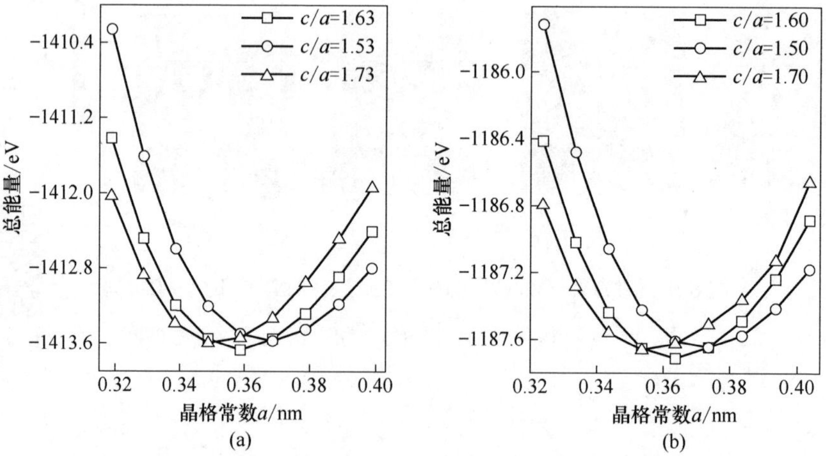

图 6-6　$(CaC)_1/(SiC)_1$（a）和 $(KC)_1/(SiC)_1$（b）超晶格的总能随晶格参数 c/a 的变化关系

采用 GGA 方法和 GGA+U_{eff} 方法计算得到的超晶格的晶格常数见表 6-5 和表 6-6。其结果与 2H-SiC 的晶格常数相近，表明这种微小的晶格失配可以使这两种短周期的异质结与宿主材料相匹配。

表 6-5 采用 GGA 方法计算 $(CaC)_1/(SiC)_1$ 和 $(KC)_1/(SiC)_1$ 超晶格的晶格常数 (a)、晶格常数比 (c/a) 和磁矩 (μ)

超晶格	a/nm	c/a	μ_{tot}/μ_B	μ_M/μ_B	μ_{C1}/μ_B	μ_{C2}/μ_B	μ_X/μ_B
$(CaC)_1/(SiC)_1$	0.3531	1.628	2.00	0.20	1.48	0.50	−0.18
$(KC)_1/(SiC)_1$	0.3627	1.599	1.00	0.16	1.42	−0.62	0.04

注：μ_{tot}、μ_M、μ_{C1}、μ_{C2} 和 μ_X 分别表示体系的总磁矩、M 原子提供的磁矩、C1 原子提供的磁矩、C2 原子提供的磁矩和 X 原子提供的磁矩。

表 6-6 采用 GGA+U_{eff} 方法计算 $(CaC)_1/(SiC)_1$ 和 $(KC)_1/(SiC)_1$ 超晶格的晶格常数 (a)、晶格常数比 (c/a) 和磁矩 (μ)

超晶格	a/nm	c/a	μ_{tot}/μ_B	μ_M/μ_B	μ_{C1}/μ_B	μ_{C2}/μ_B	μ_X/μ_B
$(CaC)_1/(SiC)_1$	0.3523	1.617	2.00	0.22	1.74	0.18	−0.14
$(KC)_1/(SiC)_1$	0.3614	1.569	1.00	0.12	1.64	−0.86	0.10

注：μ_{tot}、μ_M、μ_{C1}、μ_{C2} 和 μ_X 分别表示体系的总磁矩、M 原子提供的磁矩、C1 原子提供的磁矩、C2 原子提供的磁矩和 X 原子提供的磁矩。

为了确定超晶格的热力学稳定性，我们计算了超晶格的形成能 E_f 和结合能 E_c 并加以分析[95,216]，它们的计算公式如下：

$$E_f = E_{tot} - E_{bulk}(SiC) - E_{bulk}(MC) \tag{6-1}$$

$$E_c = E_{tot} - E_{atom}(Sr) - 2E_{atom}(M) \tag{6-2}$$

式中，E_{tot} 为超晶格的总能量；E_{bulk} 为 SiC 和 MC 的总能量；E_{atom} 为孤立原子 Sr、C 和 M 的总能量。

公式 (6-1) 和公式 (6-2) 计算得到的 $(CaC)_1/(SiC)_1$ 和 $(KC)_1/(SiC)_1$ 形成能分别为 3.118 eV 和 4.902 eV；结果表明，单质合成超晶格的反应是吸热反应，同时适中形成能确保了实验上制备的可能性。另外，计算得到的 $(CaC)_1/(SiC)_1$ 和 $(KC)_1/(SiC)_1$ 的结合能分别为 −16.561 eV 和 −12.043 eV，表明由自由原子成键时释放的能量较大，材料结构稳定。综合形成能和结合能的计算结果说明，我们得出超晶格体系的合成过程是吸热反应，一旦超晶格制备成功则体系的热力学性质稳定。

为了确定超晶格的动力学稳定性，我们构建了一个包含 72 个原子 3×3×2 超胞，利用分子动力学 (MD) 模拟超晶格在 300 K 温度下的动力学稳定性[217]。图 6-7 为超晶格的能量涨落随时间的变化关系，它的内插图为最终 2000 fs 时超晶格的结构图。从图中可以看出，在最初 500 fs 内，能量波动幅度较大，但随着时间的增长，能量的波动趋于平缓。当 2000 fs 时，两种超晶格的几何结构几乎没有发生畸变，表明超晶格的动力学稳定性，可以在室温条件保持结构的稳定。

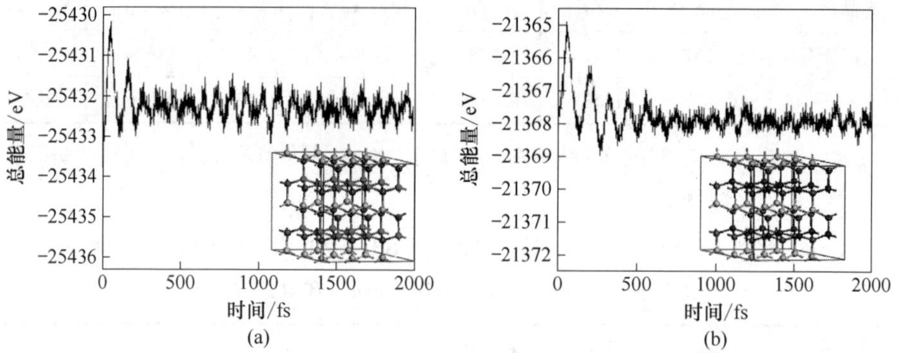

图 6-7　分子动力学模拟 300 K 时 $(CaC)_1/(SiC)_1$（a）和 $(KC)_1/(SiC)_1$（b）超晶格的总能随时间的变化关系

我们知道计算材料的弹性系数可以判断体系的机械力学稳定性能，为了判定机械力学稳定性，我们又计算了这两种超晶格的弹性系数。对于三角晶系，总共有六个独立的弹性系数，结果列于表 6-7 和表 6-8 中。

表 6-7　GGA 方法计算 $(CaC)_1/(SiC)_1$ 和 $(KC)_1/(SiC)_1$ 超晶格的弹性系数 C_{ij}

（GPa）

超晶格	C_{11}	C_{12}	C_{13}	C_{14}	C_{33}	C_{44}
$(CaC)_1/(SiC)_1$	181. 43	42. 81	24. 82	−29. 11	183. 17	31. 91
$(KC)_1/(SiC)_1$	105. 95	9. 92	9. 28	−25. 52	115. 41	19. 90

表 6-8　GGA+U_{eff} 方法计算 $(CaC)_1/(SiC)_1$ 和 $(KC)_1/(SiC)_1$ 超晶格的弹性系数 C_{ij}

（GPa）

超晶格	C_{11}	C_{12}	C_{13}	C_{14}	C_{33}	C_{44}
$(CaC)_1/(SiC)_1$	183. 07	43. 53	23. 85	−29. 37	176. 11	32. 03
$(KC)_1/(SiC)_1$	116. 53	13. 9	14. 74	−25. 89	135. 45	20. 07

机械力学稳定性能通过以下判据得出[218-219]：

$$C_{11} - C_{12} > 0 \tag{6-3}$$

$$(C_{11} - C_{12})C_{44} - 2C_{14}^2 > 0 \tag{6-4}$$

$$(C_{11} + C_{12})C_{33} - 2C_{13}^2 > 0 \tag{6-5}$$

所有判据的结果都大于零，说明两种超晶格的弹性系数满足判据条件，表明体系的机械力学性质稳定。

6.3.2 超晶格的电子结构

图 6-8 为两种纤锌矿结构 $(CaC)_1/(SiC)_1$ 和 $(KC)_1/(SiC)_1$ 超晶格的自旋极化的电子能带结构图。

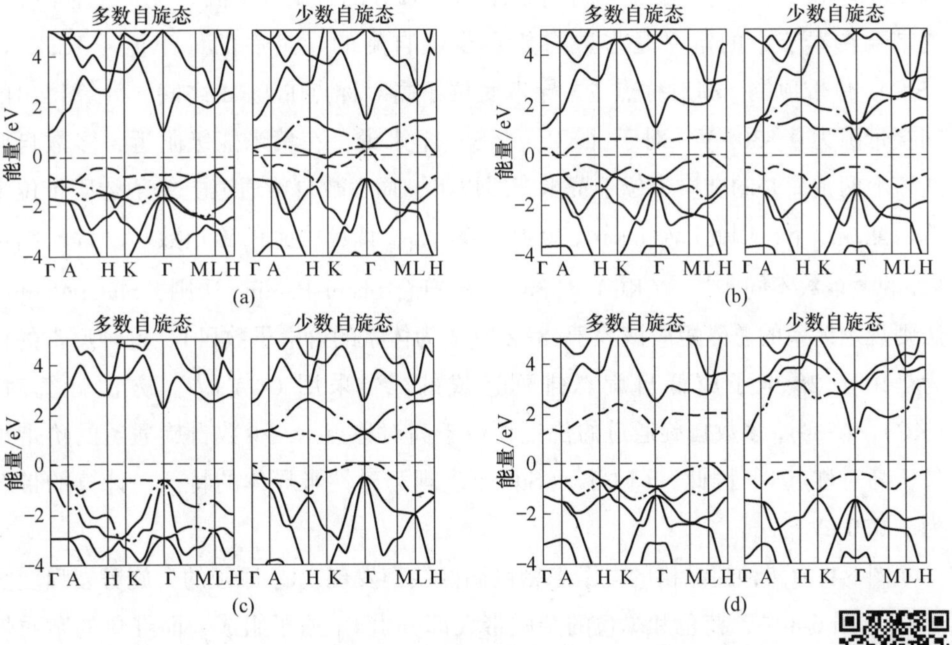

图 6-8 $(CaC)_1/(SiC)_1$ 和 $(KC)_1/(SiC)_1$ 超晶格采用 GGA 方法 [(a) 和 (b)] 和 GGA+U_{eff} 方法 [(c) 和 (d)] 计算的能带结构图

图 6-8 彩图

当运用简单的 GGA 方法计算时，$(CaC)_1/(SiC)_1$ 的多数自旋通道在费米能级附近有带隙，而少数自旋通道则表现为金属特性，表明其具有半金属的特征。在费米能级附近，三条彩色的能带主要由杂质简并的 2p 二重态构成。从图 6-8 中可以明显地看出，多数自旋和少数自旋通道的杂质带位于不同的能量范围，说明杂质带发生了自旋劈裂，使体系产生了磁性。考虑了 2p 电子的强关联相互作用后，我们发现多数自旋通道的导带上移，使带隙变得更大。对于少数自旋通道，杂质带的 2p 三重态简并消除。少数自旋通道上三条简并的杂质带劈裂成两

部分，两重简并的杂质带向高能量区域移动而另一条杂质带向低能量区域移动，导致费米能级附近出现了新的带隙。加上 U_{eff} 之后，少数自旋通道则由金属特征转变成半导体特征，因此整体体系由半金属转变为了磁性半导体。对于 $(CaC)_1/(SiC)_1$ 产生的磁矩大小，我们可以通过价电子数目进行分析[220-222]。一个 Ca 原子替换一个 Si 原子之后会生成两个空穴，因此对应于两条空带。在少数自旋通上，只有一条杂质带被占据，而另两条位于费米能级以上，成为空带。体系的总磁矩与价电子数目有关，并且近似等于杂质引起的空穴数目，因此 $(CaC)_1/(SiC)_1$ 产生的磁矩与纤锌矿结构的 CaC 的磁矩数相似[223]。磁性半导体的带隙在本节中的定义是多数自旋和少数自旋的导带底的最小值。$(CaC)_1/(SiC)_1$ 价带顶位于高对称点 Γ，导带底位于高对称点 Γ 与 M 之间，计算得出的间接带隙为 0.830 eV。对于 $(KC)_1/(SiC)_1$ 来说，在费米能级附近，多数自旋通道上两重简并的杂质带位于费米能级以下，而少数自旋通道上单条杂质带位于费米能级以下，因此产生的净磁矩为 1.00 μ_B，计算得到的磁矩数与纤锌矿结构 KC 的磁矩数不同[224]。$(KC)_1/(SiC)_1$ 不符合 Slater-Pauling 法则，Slater-Pauling 法则规定体系的总磁矩应该等于 $|8-Z|$（Z 为体系的价电子数目），这种反常的行为是由于 2p 电子成低自旋态排列造成的。当采用 GGA + U_{eff} 方法计算时，$(KC)_1/(SiC)_1$ 多数自旋通道的价带顶位于高对称点 L，少数自旋通道的价带顶位于高对称点 Γ。因此，$(KC)_1/(SiC)_1$ 表现为磁性半导体的特征，计算的带隙为 1.070 eV。

图 6-9 为两种超晶格的电子态密度图。我们发现，C_1 原子的自旋劈裂程度大于 C_2。图 6-8 中，蓝色和绿色的杂质带大部分由 C_1 原子组成，而红色的杂质带大部分由 C_2 原子组成。

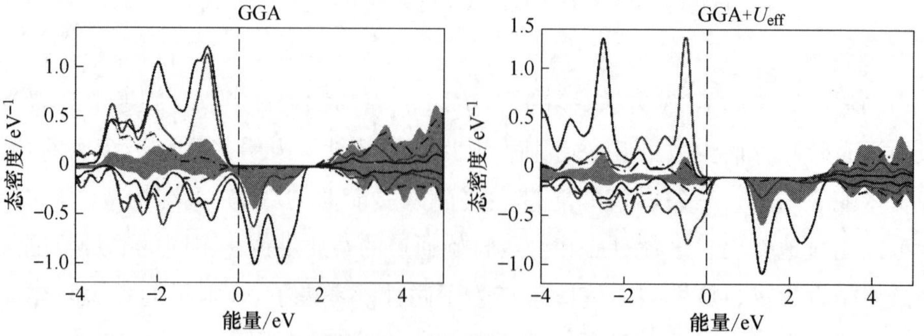

(a)

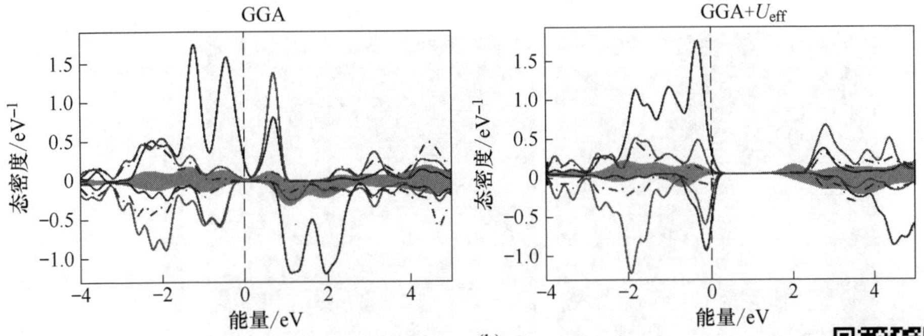

(b)

图 6-9 $(CaC)_1/(SiC)_1$ (a) 和 $(KC)_1/(SiC)_1$ (b) 超晶格的态密度图

图 6-9 彩图

对于 $(CaC)_1/(SiC)_1$ 来说，大部分 C_1 原子的 2p 态位于费米能级两侧，而 C_2 原子的 2p 态大部分位于费米能级的一侧。考虑了 2p 电子的强关联相互作用后，向上自旋和向下自旋的 C_1 2p 态劈裂增大，而 C_2 2p 态劈裂减小。我们发现对于 $(CaC)_1/(SiC)_1$ 的向上自旋态来说，C_1 和 C_2 的 2p 态被全部占据。对于向下自旋态来说，C_2 的 2p 态向低能量区域移动，使得部分被占据的 C_2 2p 单态被完全占据；C_1 的 2p 态向高能量区域移动，使得部分占据的 C_1 2p 两重态转变成完全未被占据。因此，$(CaC)_1/(SiC)_1$ 体系的 2p 电子呈高自旋态分布，从而产生的总磁矩 2.00 μ_B。对于 $(KC)_1/(SiC)_1$ 来说，C_1 原子的向上自旋态先被占据，而 C_2 原子的向下自旋态先被占据，表明 C_1 和 C_2 原子表现为反铁磁排列。因此，向下自旋态 C_2 原子产生的磁矩被向上自旋态 C_1 原子产生的磁矩抵消了。$(KC)_1/(SiC)_1$ 体系的 2p 电子呈低自旋态分布，从而产生的总磁矩 1.00 μ_B，使得 $(KC)_1/(SiC)_1$ 呈亚铁磁体。考虑了 2p 电子的强关联相互作用后，向上自旋和向下自旋的空带向高能量区域移动，使得自旋劈裂增大，磁性增强，见表 6-6。另外，我们计算了两种超晶格沿着 (−220) 平面的自旋密度，如图 6-10 所示。

从图 6-10 中我们可以看到自旋密度主要集中在 C 原子上。当加上 U_{eff} 之后，对于 $(CaC)_1/(SiC)_1$ 来说，C_1 原子的磁性增强而 C_2 原子的磁性减弱。对于 $(KC)_1/(SiC)_1$ 来说，C_1 和 C_2 原子的磁性都增强，自旋密度的分布情况与前面分析的结果一致。另外，C_1 和 C_2 原子的自旋密度形状呈现各向异性的哑铃形状。其中，C_1 原子自旋极化的方向垂直于 z 轴，而 C_2 原子自旋极化的方向平行于 z 轴，表明两种超晶格自旋极化轨道沿着 C—M 成键方向。

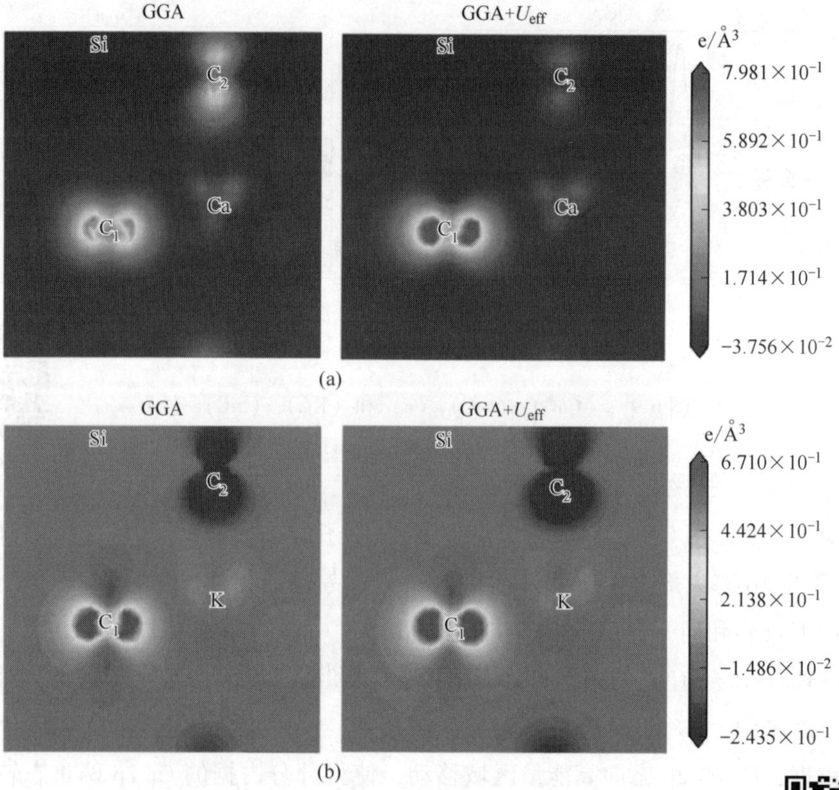

图 6-10　$(CaC)_1/(SiC)_1$ (a) 和 $(KC)_1/(SiC)_1$ (b)
超晶格的自旋密度图

图 6-10 彩图

为了更清晰地了解超晶格的成键情况，我们计算了电子差分密度，如图 6-11 所示。当考虑 2p 电子的强关联相互作用后，我们发现阳离子向阴离子转移的电子增多，表明电子之间的强关联效应增强了键之间的离子特性。对于 C_1 原子，失去电子的方向与自旋轨道的方向相一致，得到电子的方向则对应于非自旋极化区域，表明磁性是由杂质引起的空穴产生的。

6.3.3　两种结构超晶格的比较

为了检测超晶格 $(MC)_1/(SiC)_1$ 的电子结构和磁性是否具有不可复制性，我们进一步计算了与 $(MC)_1/(SiC)_1$ 具有相似结构的 $(MC)_1/(GeC)_1$ 和 $(MC)_1/(SnC)_1$ 的电子结构和磁性，如图 6-12 和图 6-13 所示。

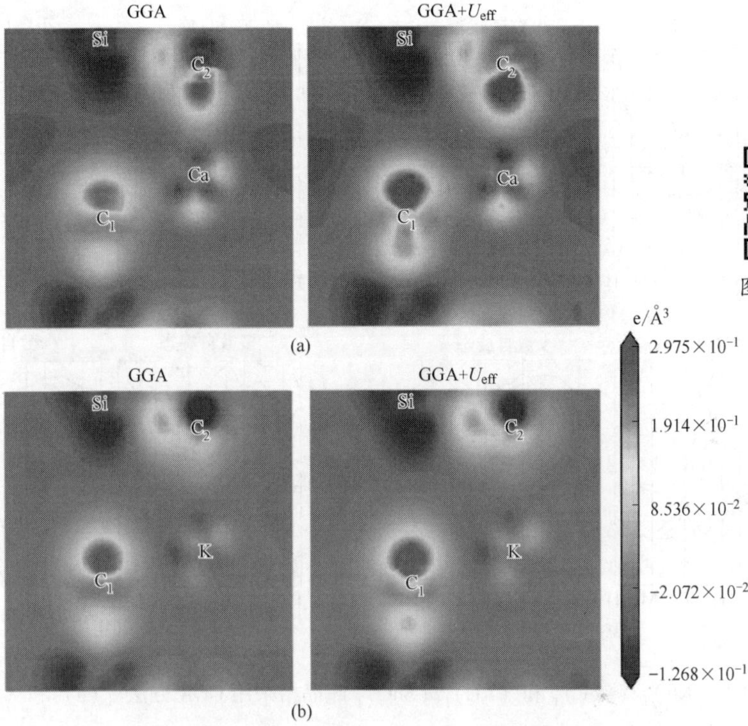

图 6-11 彩图

图 6-11　$(CaC)_1/(SiC)_1$（a）和（$KC)_1/(SiC)_1$（b）超晶格的电子差分密度图

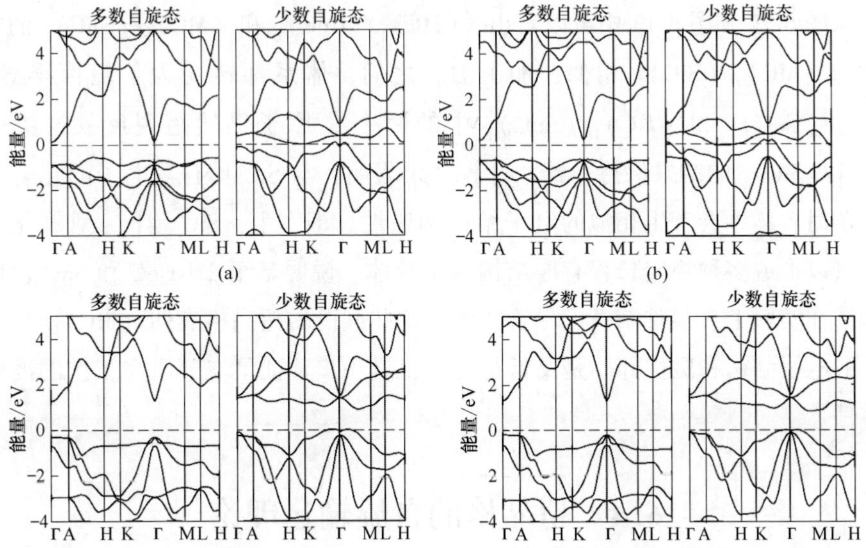

图 6-12　$(CaC)_1/(GeC)_1$ 和 $(CaC)_1/(SnC)_1$ 超晶格采用 GGA 方法 [（a）和（b）] 和 GGA+U_{eff} 方法 [（c）和（d）] 计算的能带结构图

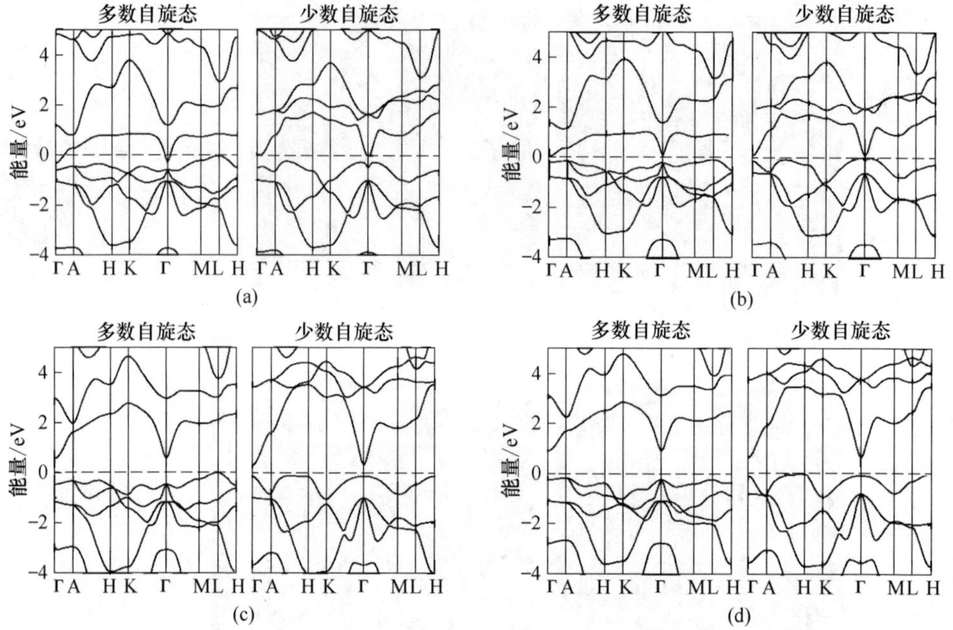

图 6-13　$(KC)_1/(GeC)_1$ 和 $(KC)_1/(SnC)_1$ 超晶格采用 GGA 方法 [(a) 和 (b)] 和 GGA+U_{eff} 方法 [(c) 和 (d)] 计算的能带结构图

从图 6-12 和图 6-13 中可以看出，$(MC)_1/(GeC)_1$ 和 $(MC)_1/(SnC)_1$ 的电子结构与 $(MC)_1/(SiC)_1$ 相似；加上 U_{eff} 之后，体系都转变为了磁性半导体。$(KC)_1/(GeC)_1$ 和 $(KC)_1/(SnC)_1$ 中的两个 C 原子仍然呈现反铁磁态，与 $(KC)_1/(SiC)_1$ 的结果保持一致；计算结果表明，与 SiC 具有等电子的化合物进行掺杂时，体系会产生相似的电子结构和磁性。事实上，SiC 是Ⅳ～Ⅵ族化合物唯一可以形成多种稳定长程有序结构的半导体，说明基于 2H-GeC 和 SnC 设计的异质结在实验上会很难制备。尽管如此，这些假设的超晶格表明 $(MC)_1/(SiC)_1$ 具有的电子结构和磁性并不是反常行为，也进一步验证了本节研究工作的准确和可靠性。

6.4　超晶格的自旋输运理论

超晶格的自旋输运理论是凝聚态物理和自旋电子学中的一个重要研究方向，主要关注周期性人工结构（超晶格）中自旋极化电子的输运行为及其调控机制。

超晶格通常由两种或多种材料通过外延生长技术交替堆叠而成，其周期远大于天然晶格常数，但小于电子平均自由程，从而形成人工设计的周期性势场。这种结构不仅能通过能带工程调控电子的电荷输运特性，还能显著影响自旋自由度，例如通过界面自旋轨道耦合、磁性层的交换作用或非磁性材料中的自旋相关散射等机制实现自旋极化、自旋过滤或自旋弛豫的调控。

在超晶格中，自旋输运的核心问题涉及自旋极化电子在周期势场中的运动规律。由于超晶格的周期性，电子的能带结构会出现子带分裂（如量子限制效应），这可能导致自旋分辨的能带色散关系。以岩盐结构 $(MO)_1/(MX)_1$（M = Ca、Sr，X = N、C）为例，超晶格的层间电荷转移与晶格畸变（如 Ca—O 键长收缩）诱导界面处 2p 轨道的杂化重构，形成自旋劈裂的杂质能带。在未考虑强关联效应（GGA 方法）时，费米能级附近的 2p 杂质带呈现三重态简并，导致半金属特性，此时自旋输运受限于各向同性的自旋密度分布（球状对称），自旋极化电流易受界面散射而快速退相干。引入 GGA+U_{eff} 方法后，强关联作用打破简并，使杂质带分裂为自旋向上与向下的子带，形成磁性半导体态。这种自旋分辨的能带结构在动量空间产生非对称的贝里曲率分布，通过反常霍尔效应实现自旋流与电荷流的空间分离。

理论模型方面，自旋输运经常通过结合量子输运理论与自旋动力学方程来描述。例如，利用 Kubo 线性响应理论计算自旋电导率时，需考虑超晶格周期势场对电子波函数的调制作用，以及自旋轨道耦合对 Berry 曲率的影响。非平衡格林函数方法也被广泛用于处理非均匀超晶格中的非平衡自旋积累与输运问题，特别是界面散射和自旋翻转过程的微观机制。对于磁性超晶格，需要考虑局域磁矩与传导电子自旋之间的交换相互作用，这可能导致自旋波激发或自旋转移力矩效应，进而影响整体输运特性。

实验上，超晶格的自旋输运特性经常通过自旋极化电流注入、磁电阻测量或自旋泵浦等技术表征。例如，在铁磁/非磁超晶格中，巨磁电阻效应的产生与不同磁性层中自旋极化电子的散射差异密切相关；在拓扑绝缘体/磁性材料超晶格中，可能观测到量子反常霍尔效应或拓扑自旋电流的增强。此外，超晶格的界面粗糙度、层间耦合强度及周期数等参数对自旋弛豫时间（如 Dyakonov-Perel 机制）的调控也是研究重点。

当前，该领域的前沿挑战包括如何设计超晶格结构以实现室温下高效的自旋极化输运、降低界面缺陷对自旋散射的影响，以及探索拓扑超晶格中受拓扑保护的自旋输运通道。这些研究不仅对发展新型自旋电子器件（如自旋场效应晶体管、低功耗磁存储器）具有重要意义，也为理解低维系统中自旋与电荷、轨道、晶格的相互作用提供了新视角。

7　二维磷烯的磁电调控

近些年来，由于二维（2D）材料，如石墨烯和单层过渡金属硫化物，具有奇异的特性，使其引起了人们的广泛关注[225-235]。众所周知，自旋电子学器件不仅传输自旋电流，而且需要实现自旋电流的“开”和“关”。尽管石墨烯具有较高的载流子迁移率，但是其零带隙的特征阻碍了进一步发展。人们采用机械剥落法、液相剥离法、氧化还原法、化学气相沉积（CVD）、表面偏折以及分子束外延（MBE）等，仍然没有制备到适合的石墨烯[236-237]。此后，二维材料金属硫化物、过渡金属氧化物及其他二维材料被陆续发现。过渡金属硫化物（TMDs），由硫族（S、Se、Te）和过渡金属（Mo、W、Nb、Re、Ni 或 V）组成，已发现了超过四十种的组成结构[13]。其他的二维材料有过渡金属氧化物[238]，如 MoO_3 和 La_2CuO[239]、六角的氮化（h-BN）[240] 以及拓扑绝缘体（Bi_2Te_3、Sb_2Se_3、Bi_2Se_3）[241-242]，这些层状材料的共同特点是它们三维的体相是堆砌结构。它们涉及层与层之间共价键的范德瓦尔斯力的相互作用，跨越了全部的电子结构：从绝缘体到金属，以及其他有意义的特性。其中，包括了拓扑结缘体效应[243-244]、超导电性[245]和热电特性[246]。此外，人们在实验上还发现了一种电子特性类于石墨烯的Ⅳ族硅稀材料[247]。

相较于三维块体材料，二维材料展现出五大显著优势：

首先，二维限域效应显著增强了电子态密度和量子限域效应，使其成为研究低维物理现象的理想平台。

其次，原子层厚度与面内强共价键的结合赋予了二维材料优异的机械强度（断裂强度 130 GPa）、柔韧性及光学透明度（单层透光率>97%），为柔性电子器件的开发提供了关键材料基础。

第三，纳米级厚度与宏观平面尺寸的结合形成了高达 1000 m^2/g 的比表面积，使其在催化、超级电容器等依赖比表面积的应用领域展现出巨大潜力。

第四，基于液相剥离技术的二维材料可通过真空抽滤、旋涂、喷墨打印等低成本工艺制备高质量薄膜，显著提升了器件制备的可扩展性和工艺兼容性。

第五，表面原子的完全暴露为材料性能调控提供了丰富手段，通过元素掺杂（如氮掺杂提升导电性）、缺陷工程（如 Stone-Wales 缺陷调控磁性）、应变工程（如 1%应变诱导能带隙打开）等技术，可精准调控材料的电学、光学和磁学特性。这些特性使二维材料成为未来电子器件、能源转换与存储、生物医学等领域的核心材料，其研究深度和应用广度仍在持续拓展。

7.1　磷的同素异形体

磷的同素异形体，磷元素自 17 世纪 60 年代被发现以来，就成为科学界重点关注和研究的元素之一。研究表明，磷元素可以通过改变磷原子的排列方式形成多种同素异形体，可分为白磷、红磷和黑磷三大类[248-250]。图 7-1 显示了无机晶体结构数据库中收纳的所有已知晶体结构的磷单质的同素异形体[251]。

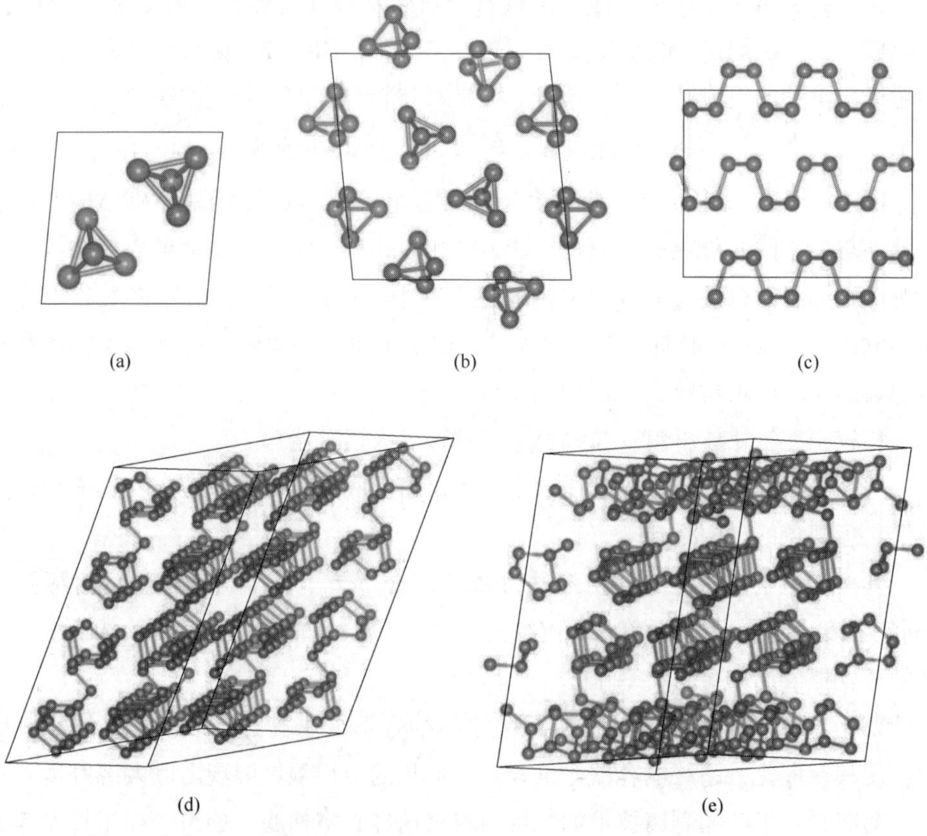

图 7-1　γ-白磷（a）、β-白磷（b）、黑磷（c）、Ⅳ型红磷（d）和Ⅴ型红磷（e）的晶体结构[255]

磷单质的同素异形体中，白磷在室温下的稳定结构为 γ 相，其分子 P_4 的结构与 α-Mn 分子的结构类似，但由于 P_4 分子取向混乱而难以对其进行结构修饰；低温下白磷转变为 β 相，其晶格类型与 γ-Pu 晶体相同，属于类 bcc 晶格[252]。由于白磷的燃点较低（约 40 ℃）且有剧毒，在实际应用时会造成诸多安全隐患，因此将其作为检测空气污染物的气体敏感材料是不合适的。红磷晶体制备方法简单、没有毒性并且燃点较高（约 240 ℃），目前已被广泛用于工业生产和日常生活当中，比如生产安全火柴、有机磷农药和烟幕弹等[253-254]。通过对红磷的晶相及结构的解析，目前已经发现了 5 种红磷的同素异形体，它们分别是[255]：无定形态的Ⅰ型红磷、尚不能确定晶体结构的Ⅱ型和Ⅲ型红磷、已知晶体结构的Ⅳ型和Ⅴ型红磷。其中，Ⅳ型红磷和Ⅴ型红磷也分别被称为纤维红磷和 Hittorf 紫磷，可以发现其结构共性是都具有五元管状单元。黑磷在外观上与石墨烯相似，是具有光泽的黑色晶体，其原子排布也是类似于石墨烯的层状结构。

由于磷原子的化学性质活泼，自然界并没有磷单质存在，但人们可以通过一定条件获得特定的磷同素异形体。具有四面体结构的白磷分子 P_4 一般通过在焦炭和 SiO_2 存在下烧结磷酸盐矿物即可制得，生产过程简单。红磷是白磷的衍生物，P_4 分子的 P—P 键断裂并与相邻的 P_4 成键，最后形成红磷特有的管状结构。在氮气保护的条件下加热白磷至 300 ℃得到非晶态的红磷，再进一步加热即可得到纤维红磷晶体。在熔融铅的参与和 550 ℃的温度下对纤维红磷晶体进行退火即可得到 Hittorf 紫磷。1914 年，Bridgman 首次合成出黑磷，由于反应条件苛刻，当时并没有引起研究者的重视[256]。直至 2007 年，Lange 等人采用气相沉积法在添加少量 Au、Sn 和 SnI_4 的条件下以红磷为原料合成出了体相黑磷，该方法制备过程简单且条件温和，极大地提高了研究人员对黑磷的研究热情[257]。

进一步观察 Hittorf 紫磷、纤维红磷以及黑磷的结构可以发现，这三种磷烯都具有层状结构，相邻的层之间靠范德瓦尔斯力而非共价键或离子键结合在一起。因此，人们可以利用物理或化学的方法，破坏层间范德瓦尔斯力并将若干层甚至层结构从体相中剥离下来，这种原子排列有序的单层磷材料就被称为磷烯[117-118]。从体相剥离后，磷烯在一个方向上的层厚仅有几纳米，结构的改变导致其在机械、光学、声子和电子结构等方面展现出很多在体相结构中所没有的特性，因而引起了传感、储能、电子器件和光催化等领域的广泛关注。

7.2　黑磷烯的电子结构工程

黑磷为黑色有金属光泽的晶体，将白磷在高压下（或在常压下用汞作催化剂）和以小量黑磷作为晶种的情况下，在 493～643 K 下加热 8 天，即可得到黑磷。黑磷具有层状结构、无毒，有导电性，不溶于水和有机溶剂；在室温、干燥的空气中，其化学性质较稳定，不易燃。目前已知斜方、菱形、立方和无定形四种黑磷结构。无定形黑磷在 125 ℃可以向红磷转变。黑磷具有类似石墨的片状结构（褶皱状结构），这类晶体的本质特征是层间以范德瓦尔斯力结合、键合较弱、层内以 sp^2 和 sp^3 杂化结合，具有导电性。

2014 年 3 月，中国科学技术大学陈仙辉带领的课题组与复旦大学张远波带领的课题组通力合作，利用胶带成功剥离了二维黑磷单晶（磷烯），并在此基础上制备出了基于磷烯的场效应晶体管。黑磷的体材料为层状结构，每个分子层内由紧密结合的褶皱状的 P—P 两个原子层组成，具有较强的共价键结合力，而分子层间则通过较弱的范德瓦尔斯力相互作用。由于具有类似石墨和 MoS_2 等体材料的典型层状结构特征，可以模仿石墨烯利用胶带机剥离出少层黑磷，并在此基础上制备出黑磷场效应晶体管。厚度小于 7.5 nm 的黑磷晶体管，其漏电流调幅在 10^4 量级上，电流电压特性曲线展现出良好的电流饱和效应；黑磷场效应晶体管的载流子迁移率呈现出对厚度的依赖，迁移率值在厚度为 10 nm 时，达到了最高［约 103 $cm^2/(V \cdot s)$］[258]，这使其在未来自旋电子学的应用中具有更大的潜力。

自旋电子器件不仅需要半导体材料具有合适的带隙和高的载流子迁移率，更加需要磁序的存在。然而，由于黑磷烯中只含有非磁性元素磷，所以它不具有磁性，这极大地阻碍了它在自旋电子器件中的应用[259]。类似的问题，在石墨烯、过渡金属硫化物以及六角氮化硼中同样存在。因此，如何向二维无磁材料中引入磁序成为新型自旋电子器件发展面临的一个重要问题，掺杂已经被证明是一种有效的方法来调控低维材料的物理化学性质[260-262]。例如，Bai 等人通过在砷烯（Arsenene）中掺杂 Ge 原子，得到了具有稀薄磁矩的砷烯[263]。更重要的是，实验证明，过渡金属硫化物的掺杂可以通过填充化学气相沉积（Chemical Vapor Deposition，CVD）生长过程中造成的空位缺陷来实现[264]。Liu 等人通过外延生长制备了 Cu 掺杂的 ZnO 薄膜[265]，并观察到 Cu 取代 Zn 后形成的强 Cu—Zn—O

键是 ZnO 薄膜存在铁磁性的必要条件。受到这些研究的激励，人们也开始使用掺杂调控黑磷烯的电学和磁学性质[266-270]。Hong 等人首先研究了过渡金属原子掺杂对黑磷烯电学和磁学性质的影响[271]，他们用钛、铬和锰等原子取代特定的磷原子，形成掺杂浓度为 2.08%的含杂质黑磷烯，研究发现这几种过渡金属原子的加入使得黑色磷烯表现出了自旋极化半导体行为。随后，Jia 等人致力于含 1.56%过渡金属原子杂质黑磷烯的性质研究[272]。然而，Jia 等人的研究结构表明掺杂钛、钒、铬、锰、铁、镍等过渡金属原子都可以使得黑磷烯呈现含有微小磁矩的半导体状态。Wang 等人研究了杂质含量分别为 1.56%、3.12%、4.69%和 6.25%对黑磷烯性质的影响，研究发现杂质原子与相邻磷原子之间的成键不是共价性质的，因为在原子附近存在明显的电荷聚集和耗散[273]。

目前，关于黑磷烯掺杂的研究主要集中在非金属元素和过渡金属元素，有关稀土元素掺杂黑磷烯的报道却不多见。因此，以下运用第一性原理计算方法系统地研究了稀土元素 La、Ce、Pr、Nd 掺杂黑磷烯的电子结构和磁性。这些结论为利用掺杂调控二维无磁材料的电学和磁学性质提供了理论参考，有利于拓宽黑磷烯单层在自旋电子器件中的应用范围。

7.2.1 单层黑磷烯的性质

本节所有的计算工作是基于 DFT 的平面波超软赝势方法，使用了从头算量子力学程序 Material Studio 6.0 软件包中 CASTEP 下完成的[274-275]。采用 Perdew-Burke-Ernzerhof（PBE）的广义梯度近似（GGA）近似法描述电子-电子之间的交换关联[38-39]。截断能选取 400 eV，k 点密度选取为 2×2×1 以保证体系的精度。超软赝势下各个原子的电子组态分别为：P：$3s^2 3p^3$、La：$5d^1 6s^2$、Ce：$4f^1 5d^1 6s^2$、Pr：$4f^3 6s^2$ 和 Nd：$4f^4 6s^2$。由于掺杂稀土元素 5d 和 4f 轨道的强关联作用，在所有掺杂体系中我们运用 GGA+U 的方法来处理稀土元素的 5d 和 4f 电子，其中 La、Ce、Pr 和 Nd 的库仑相互作用常数（U）和交换作用常数（J）分别设为 7.470 eV 和 0.989 eV、7.470 eV 和 0.989 eV、7.276 eV 和 0.941 eV、7.609 eV 和 0.987 eV。

黑磷具有褶皱的层状结构，我们选取单层并建立 3×4×1 包含 48 个原子的超胞结构。在 z 方向上（即垂直于二维黑磷平面方向）选取了 1.5 nm 的真空层以防止二维黑磷层与层之间的相互作用，分别用一个 La、Ce、Pr 和 Nd 原子替换位于黄色标记位置 0 的一个 P 原子（见图 7-2)，整体掺杂浓度是 2.08%。

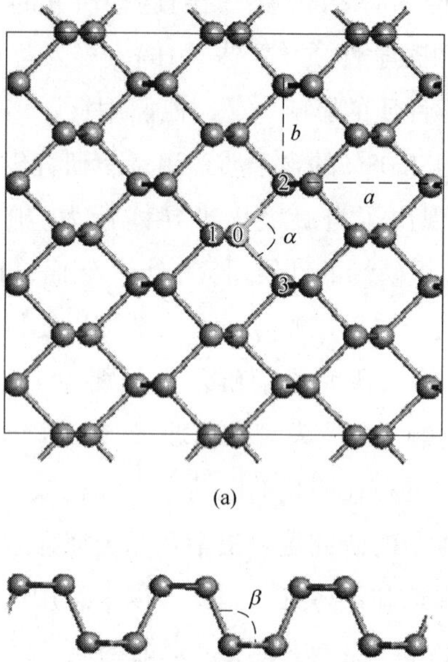

图 7-2 彩图

图 7-2　二维黑磷结构的俯视图（a）和侧视图（b）

（紫色原子为磷原子，黄色原子为掺杂原子）

为了测试选取方法和参数的准确性，我们首先计算了纯相二维黑磷的晶格常数及电子结构。其中，优化的 P—P 键长为 $a=0.4667$ nm，$b=0.3427$ nm，键角 $\alpha=95.989°$、$\beta=103.932°$，与之前的计算结果（$a=0.46$ nm，$b=0.33$ nm，$\alpha=95.9°$，$\beta=103.9°$）相吻合[276]。图 7-3 计算了纯相二维黑磷的电子能带结构和态密度。

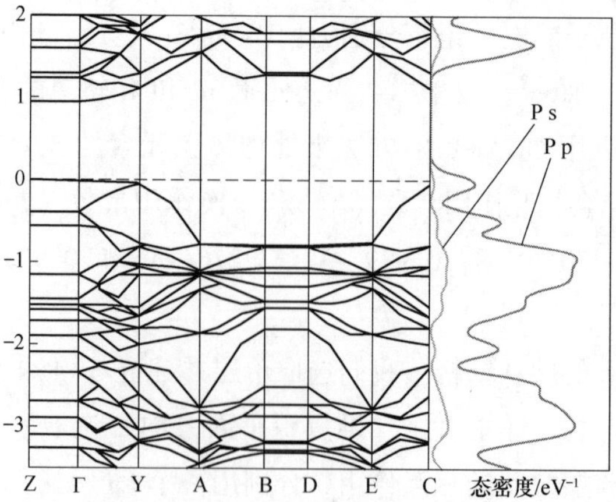

图 7-3　二维黑磷的电子能带结构及态密度

从图 7-3 中可以看出，价带顶和导带底都位于 Γ 点，说明二维黑磷是直接带隙半导体且有利于电子的传输。计算的带隙值为 0. 95 eV，与之前计算的带隙值 1. 034 eV 相近[277]。结合晶格常数与能带带隙的计算，说明本研究的计算参数合理可靠。另外，我们发现位于价带顶和导带底的能带主要是由 P 3p 轨道提供的，也有少量的 P 3s 轨道贡献，P 的 3p 和 3s 轨道相互杂化，导致了 P—P 键之间很强的共价性。此外，能带位于 Γ 点附近的能带相对平坦，说明了价带空穴和导带电子都具有较大的有效质量，总体体系不显磁性。

7. 2. 2　稀土元素掺杂诱导的自旋极化

掺杂体系结构的晶格常数见表 7-1，结果发现掺杂之后，所有体系的 P—P 键长比未掺杂之前的要小，缩短的 P—P 键长说明体系通过加大 P—P 键的强度来加强结构的稳定性。优化之后所有掺杂体系的 d_{01} 距离比之前纯相的 d_{01}（约 0. 2263 nm）相比大了很多，d_{02} 距离比之前纯相的 d_{02}（约 0. 2224 nm）相比也有较大的增长，说明替换的稀土元素 X（X = La、Ce、Pr 和 Nd）与 P 之间共价键的强度减弱，进而使掺杂元素周围的 P 原子远离，同时也导致了键角 α 发生了较大的变化，使掺杂原子周围的结构发生了一定的形变。其中，Nd 掺杂引起的结构形变最为严重，La 掺杂的情况次之。

表 7-1　La、Ce、Pr、Nd 掺杂二维黑磷的晶格常数和磁矩

化合物	a/nm	b/nm	d_{01}/nm	d_{02}/nm	α/(°)	β/(°)	M_{tot}/μ_B	M_X/μ_B	M_p/μ_B
La@ P	0. 4569	0. 3327	0. 2858	0. 2844	72. 240	103. 915	0	0	0
Ce@ P	0. 4611	0. 3255	0. 2810	0. 2810	72. 141	104. 046	1. 00	1. 12	−0. 08
Pr@ P	0. 4540	0. 3327	0. 2822	0. 2826	72. 177	106. 171	3. 83	3. 16	0. 46
Nd@ P	0. 4621	0. 3292	0. 2860	0. 2866	71. 000	103. 616	3. 24	4. 02	−0. 74

图 7-4 和图 7-5 分别给出了 La、Ce、Pr、Nd 掺杂二维黑磷的电子总态密度和各个原子分态密度。

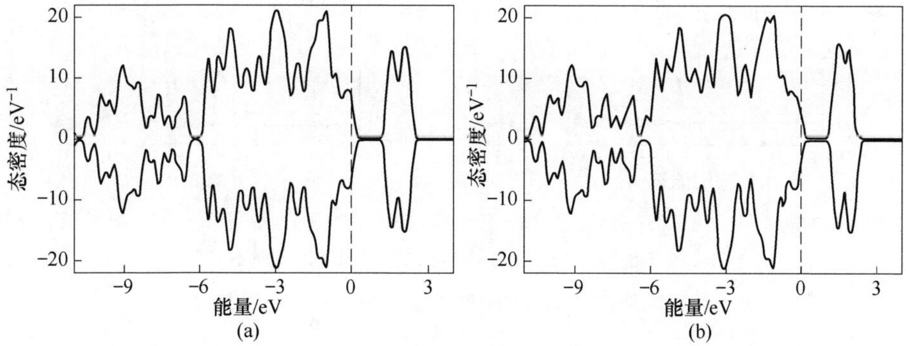

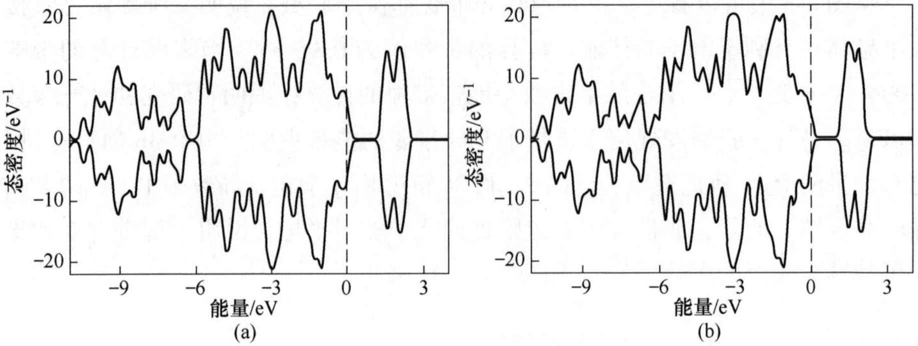

图 7-4　掺杂二维黑磷结构的总态密度（DOS）

（a）La 掺杂；（b）Ce 掺杂；（c）Pr 掺杂；（d）Nd 掺杂

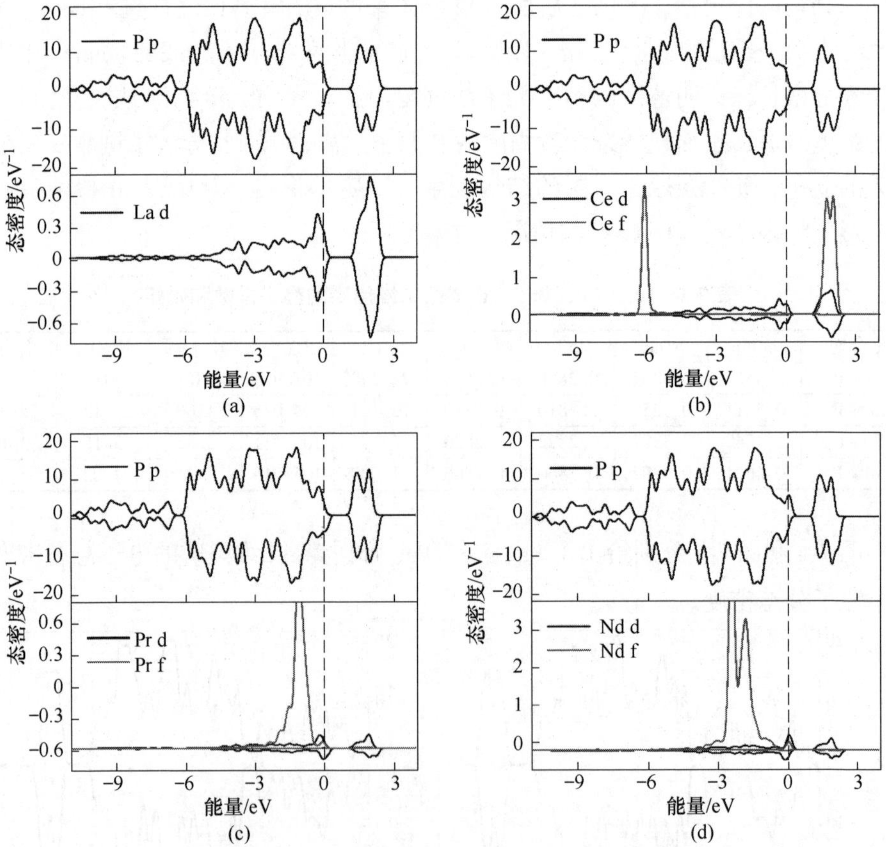

图 7-5　掺杂二维黑磷结构的分态密度（DOS）

（a）La 掺杂；（b）Ce 掺杂；（c）Pr 掺杂；（d）Nd 掺杂

从图 7-4（a）和图 7-5（a）中可以看出，La 掺杂的情况下，计算的带隙为 0.987 eV，带隙的大小与纯相相似，多数自旋态与少数自旋态的形状对称，导致体系没有产生磁性。因此，La 掺杂并没有改变二维黑磷的电子结构，仍旧保留了非磁半导体的特性。

对于 Ce 掺杂的情况，从图 7-4（b）中可以看出，在费米能级处，以及在价带-6 eV 和导带顶处出现了多数自旋态与少数自旋态的不对称，进而产生了磁性，体系的总磁矩为 1.00 μ_B。如图 7-5（b）所示，由于 Ce 原子比 La 原子多了一个 $4f^1$ 电子，导致了 1 个 f 轨道的电子被全部占据。全部占据的 1 个 f 电子主要分布在-6 eV 附近，这也说明了总态密度在价带-6 eV 处出现的自旋劈裂主要是由 Ce 原子的 f 轨道产生的，体系总磁矩也主要是由这个 $4f^1$ 电子提供的。由于位于-6 eV 的 P 原子没有尖峰，因此高度局域的 Ce f 轨道与 P 原子在-6 eV 处的杂化强度较弱，导致磁矩主要集中在掺杂 Ce 原子上，而 P 原子几乎不引起磁性。尽管在费米能级处出现了自旋劈裂，但体系仍旧为半导体，其带隙为 0.968 eV。

对于 Pr 掺杂，我们发现在费米能级处的自旋劈裂明显比 Ce 掺杂的情况要强烈。多数自旋仍然表现为半导体特征，少数自旋有少量电子穿过了费米能级，表现为金属特征，因此体系转变成了半金属，如图 7-4（c）所示。从图 7-5（c）中可以看出，由于 Pr 有 3 个 f 电子，而高度局域的 3 个 Pr f 电子被全部占据，大约分布在-1 eV 处，因此导致 Pr 原子产生了 3.16 μ_B 的磁矩。在费米能级处，Pr d 态与 P p 态形状基本一致，说明两者发生了很强烈的杂化作用。这种强烈的杂化作用不仅能够加强共价键的强度，而且导致除了掺杂原子能够产生磁性外，P 原子也能够引起磁性，其中 P 原子产生了 0.46 μ_B 的磁矩。

图 7-4（d）和图 7-5（d）给出了 Nd 掺杂二维黑磷的总态密度和分态密度。从图中可以看出，与 Pr 掺杂相类似，体系从半导体转变成了半金属。但 Pr 掺杂导致的是多数自旋为金属特性，少数自旋为半导体特性，与 Pr 掺杂情况相反。Nd 具有 4 个 f 电子，比 Pr 原子多了一个 f 电子，因此我们会发现 Nd 掺杂比 Pr 掺杂多出了一个在大约-2 eV 处的 f 轨道的尖峰，进而 Nd 引起的磁矩应该要比 Pr 引起的多 1 μ_B 左右。经计算发现，Nd 原子的磁矩为 4.02 μ_B，与我们分析的相一致。在费米能级处，Nd d 态与 P p 态也产生了很强的杂化作用。但不同于 Pr 掺杂，对多数自旋和少数自旋的态密度进行积分发现，P 原子的少数自旋态电子多于多数自旋的电子，使体系的净磁矩为负。计算发现，P 原子产生的磁矩为 -0.74 μ_B，与我们分析的结果一致。也就是说，Pr 原子和 P 原子具有反铁磁耦

合的特征。

为了更加直观地观察掺杂体系磁矩的变化情况，我们计算了 Ce、Pr、Nd 掺杂二维黑磷的自旋密度，如图 7-6 所示。Ce 掺杂时，自旋主要高度集中在 Ce 原子上，其形状表现出 f 轨道的花瓣形状。随着 f 电子的增加，掺杂体系产生的自旋随之增加。对于 Pr 杂质来说，自旋密度增大到了周围的 P 原子和空隙的区域，相同方向的自旋密度也表现出了 Pr 杂质与周围 P 原子铁磁耦合的特点。对于 Nd 掺杂，我们可以清晰地看到 Nd 原子与周围的 P 原子产生的自旋密度方向相反，因此 Nd 原子与周围的 P 原子表现出了反铁磁耦合的特点，自旋密度的计算也与之前的分析结果相吻合。

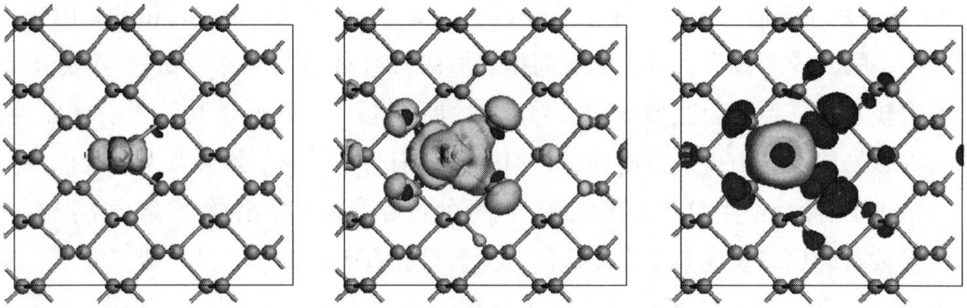
(a)　(b)　(c)

图 7-6　掺杂二维黑磷结构的自旋密度图

(a) Ce 掺杂；(b) Pr 掺杂；(c) Nd 掺杂

7.3　紫磷烯的双极磁性调控

1865 年，Hittorf 首次对Ⅴ型红磷的结构和基本性质进行了描述，因此Ⅴ型红磷也被称为 Hittorf 紫磷[278]。2015 年，Tsai 等人报道了使用等离子体辅助合成法在 InN 衬底上合成出了 Hittorf 紫磷/InN 薄膜；他们发现有 Hittorf 紫磷薄膜附着的 InP 衬底的霍尔迁移率大大超过了 InP 体相材料的理论值，并且载流子浓度没有随之降低，这表明霍尔迁移率的提高是由 Hittorf 紫磷薄膜引起的[279-280]。

2019 年，张锦英等人采用化学气相传输法，以非晶态红磷为原料、Sn 和 SnI_4为传输剂，在石英管中合成出了 Hittorf 紫磷晶体，测得 Hittorf 紫磷的热分解温度为 512 ℃、比黑磷高 52 ℃，是目前已合成出的最稳定的磷同素异形体。随后，张锦英等人使用机械剥离和液体剥离法均成功获得了单层 Hittorf 紫磷烯

(Hittorf's violet phosphorene, VP)，并使用原子力显微镜对其单层结构进行了验证[281]。此外，Georg Schusteritsch 等人还基于 DFT 分析了 Hittorf 紫磷体相及单层的电子结构，发现剥离后，Hittorf 紫磷烯从间接带隙半导体转变为直接带隙半导体。Georg Schusteritsch 等人还采用 HSE06 杂化密度泛函预测了 Hittorf 紫磷烯的直接带隙大小为 2.54 eV，远高于黑磷烯单层所具有的 1.6 eV 直接带隙[282]，这暗示着 Hittorf 紫磷烯作为半导体器件可能会比黑磷烯有着更出色的表现。

从理论层面上，卢一林等人研究了 Hittorf 紫磷烯单层在一定温度、外部垂直电场和面内双轴应变施加下的结构、电子和光学性质；结果表明，Hittorf 紫磷烯对外部垂直电场敏感，在电场作用下经历了从直接带隙到间接带隙、从半导体到金属的转变。通过施加面内双轴应变，发现 Hittorf 紫磷烯在 $-10\%\sim10\%$ 的应变范围（负值表示压缩应变，正值表示拉伸应变）内均能稳定地保持其半导体的性质。此外，实验上测得二维紫磷烯的功函数会随着基底材料的不同而发生不同的变化，其带边位置和电子性质表明紫磷烯是一种很有发展潜力的光电子学及光电催化材料，未来在工业化和商业化方面均有着广阔的应用前景和巨大的应用潜力[283]。

当前，元素掺杂已成为调控紫磷烯物理化学性质的重要手段。研究表明，铋(Bi）掺杂可通过引入杂质能级有效调节单层紫磷烯的光吸收带边位置，使其在可见光区域的吸收强度显著增强，从而提升光催化产氢效率，该材料在光电分解水领域展现出潜在应用价值[283]。理论计算发现，通过 3d 过渡金属（如 V）及非磁元素（如 O）掺杂，可精确调控紫磷烯的电子结构，诱导其从本征半导体转变为具有双极性载流子输运特性的磁性半导体，为自旋场效应晶体管等自旋电子学器件的构建提供了新材料体系[284-285]。值得关注的是，Franziska 研究团队采用分子束外延技术成功制备了 Sb 掺杂紫磷烯 $P_{20.56(1)}Sb_{0.44(1)}$，该材料表现出 1.67 eV 的直接带隙和 58.96 $cm^2/(V\cdot s)$ 的空穴迁移率，在可见光探测器领域具有重要应用前景[286]。

基于此，本研究拟采用基于密度泛函理论（DFT）的第一性原理计算方法，系统研究非金属原子 X(X=B、C、N、O) 与过渡金属元素 TM(TM=Sc、Ti、V、Cr、Mn、Fe、Co、Ni) 掺杂单层紫磷烯的微观机制。首先通过计算点缺陷形成能确定各掺杂体系的最稳定掺杂位点，进而分析掺杂诱导的电子结构重构与磁学响应。重点关注掺杂原子与紫磷烯的成键形式、缺陷态密度分布及磁交换相互作用。通过比较不同掺杂类型对带隙宽度及磁矩的调控规律，揭示掺杂剂种类与掺杂浓度对材料电子结构和磁学特性的协同作用机制。本研究预期为新型二维稀磁半导体材料的设计提供理论依据，并为自旋电子学器件的开发奠定材料基础。

7.3.1　非金属掺杂的能带工程

本节的计算工作是在 Vienna Ab initio Simulation Package（VASP）软件上完成的，电子-离子间的相互作用使用投影缀加波进行描述，电子-电子相互作用的交换-关联能采用广义梯度近似下的 Perdew-Burke-Ernzerhof 泛函。平面波截止能量取为 500 eV，系统的总能量和每个原子上的作用力收敛精度分别为 10^{-5} eV 和 0. 1 eV/nm。布里渊区的积分计算使用 Monkhorst-Pack 方案生成的 5×5×1 k 点网格，以使体系能量和构型在准完备平面波基组水平上收敛。为了避免周期性边界条件计算框架下层与层之间的相互作用，沿 c 轴方向的真空层厚度设置为 1. 5 nm。为了考虑紫磷烯体系中的范德华相互作用，我们使用了 Grimme 的半经验 DFT-D3 方法来进行修正[287]，原子的赝势价电子结构为 P：$3s^2 3p^3$、B：$2s^2 2p^1$、C：$2s^2 2p^2$、N：$2s^2 2p^3$、O：$2s^2 2p^4$。

紫磷具有单斜结构，空间群为 P_2/c，晶格常数 a 和 b 略有差异，片层沿着 c 轴方向堆垛。每一层由两个十字交叉的五边环构成的纤维管通过磷原子之间的共价键连接而成，每个原胞包含 42 个磷原子。层与层之间通过范德华力相互作用，层间弱分子间作用力使得单层紫磷烯可以像石墨烯一样易于从体相中剥离出来。在本研究中，单层紫磷烯中的一个磷原子被一个非金属原子 X（X＝B、C、N、O）替换，整体掺杂浓度为 2. 38%。为了研究掺杂位置的影响，我们选取了六个不同的掺杂位点。掺杂单层紫磷烯的模型结构如图 7-7 所示。

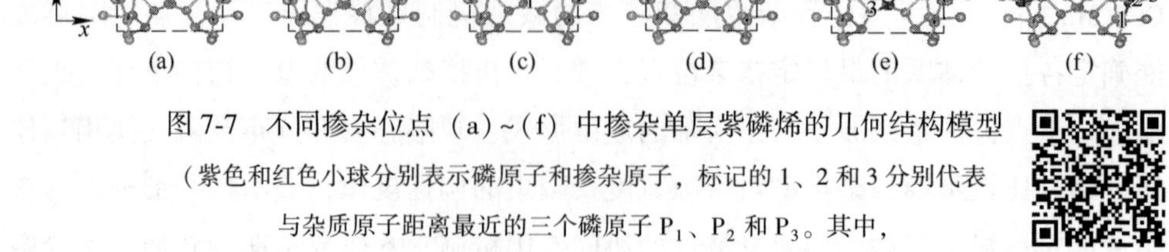

图 7-7　不同掺杂位点（a）~（f）中掺杂单层紫磷烯的几何结构模型

（紫色和红色小球分别表示磷原子和掺杂原子，标记的 1、2 和 3 分别代表与杂质原子距离最近的三个磷原子 P_1、P_2 和 P_3。其中，第一排为侧视图，第二排为俯视图）

图 7-7 彩图

为了研究不同非金属元素掺杂对单层紫磷烯的影响，我们对掺杂体系进行了几何优化，优化后的杂原子 X 与最近邻的 P 原子之间的键长如图 7-8（a）~（c）所示。

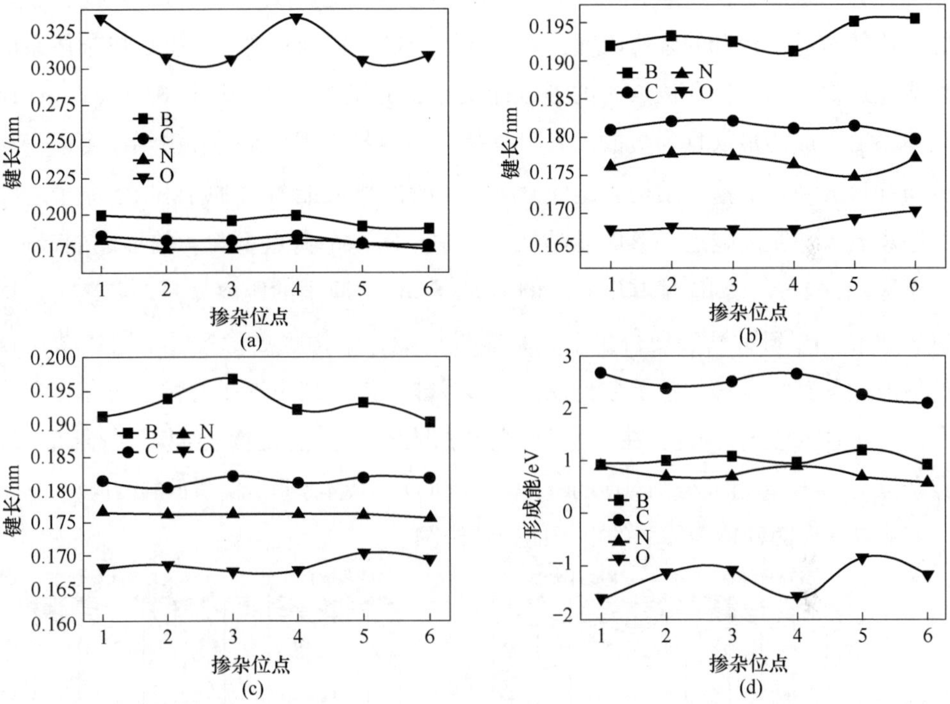

图 7-8 掺杂体系的键长 $d_{X—P_1}$（a）、键长 $d_{X—P_2}$（b）、键长 $d_{X—P_3}$（c）以及形成能（d）与掺杂位点的关系图

从图 7-8（a）中可以看出，B、C、和 N 原子与 P_1 原子之间的距离发生微弱的变化，但 O 掺杂之后，O 与 P_1 原子之间的距离明显变大，六个掺杂位点的键长都大于 0.300 nm。其中，杂质位于掺杂位点 1 和 4 的两个模型中 O—P_1 键长最长，$d_{O—P_1}$ 约为 0.335 nm；说明极有可能发生了键的断裂，P_1 与邻近的其他 P 原子之间形成了磷磷双键。图 7-8（b）和（c）中的键长 $d_{X—P_2}$ 和键长 $d_{X—P_3}$ 的变化幅度不大，其中 B、C、N 和 O 掺杂时的键长逐渐减小，这可能与杂原子的电负性和原子半径都有一定关系，四种元素的电负性 B(2.04) < C(2.55) < N(3.04) < O(3.44)，四种元素的原子半径 B(0.82) > C(0.77) > N(0.71) > O(0.66)。图 7-8（d）为计算掺杂体系的点缺陷形成能，形成能的表达式为：

$$E_{form} = E_{tot}(P_{41}X_1) - E_{tot}(P_{42}) + \mu_P - \mu_X \tag{7-1}$$

式中，$E_{tot}(P_{41}X_1)$ 为掺杂一个非金属原子体系的总能量；$E_{tot}(P_{42})$ 为单层紫磷烯的总能量；μ_P 为磷原子的化学势；μ_X 为非金属原子的化学势。

计算结果表明，C 掺杂时六个掺杂位点的形成能在 2.1~2.7 eV 范围，较大的形成能对应于较低的杂质浓度，意味着掺杂过程较难实现。B 和 C 掺杂体系的形成能近似，均是掺杂位点 4 的形成能最小，分别为 0.92 eV 和 0.59 eV。O 掺杂体系的形成能最低且为负值，表明 O 掺杂最容易实现，杂质在磷烯中可以广泛分布并形成稳定的掺杂结构。此外，O 掺杂时的形成能与 O 原子和 P_1 原子之间的距离有关，距离越远，形成能越低。其中，O 掺杂位点 1 和 4 的形成能最低，大小为-1.62 eV，相应地其所对应的 O 原子和 P_1 原子的距离 $d_{O—P_1}$ 也最长。这也表明 O—P_1 键的断裂使得掺杂体系能量更低，结构也更稳定。不同掺杂位点的形成能与其浓度呈指数函数关系，低形成能的掺杂结构将在材料中的存在和分布上占据主导地位。因此，在后续的研究中选取形成能最低的掺杂结构进行研究，即掺杂位点 6、6、6 和 4 分别对应的 B、C、N 和 O 掺杂体系形成能最低的结构。

图 7-9 为四种掺杂体系的电子能带结构图。

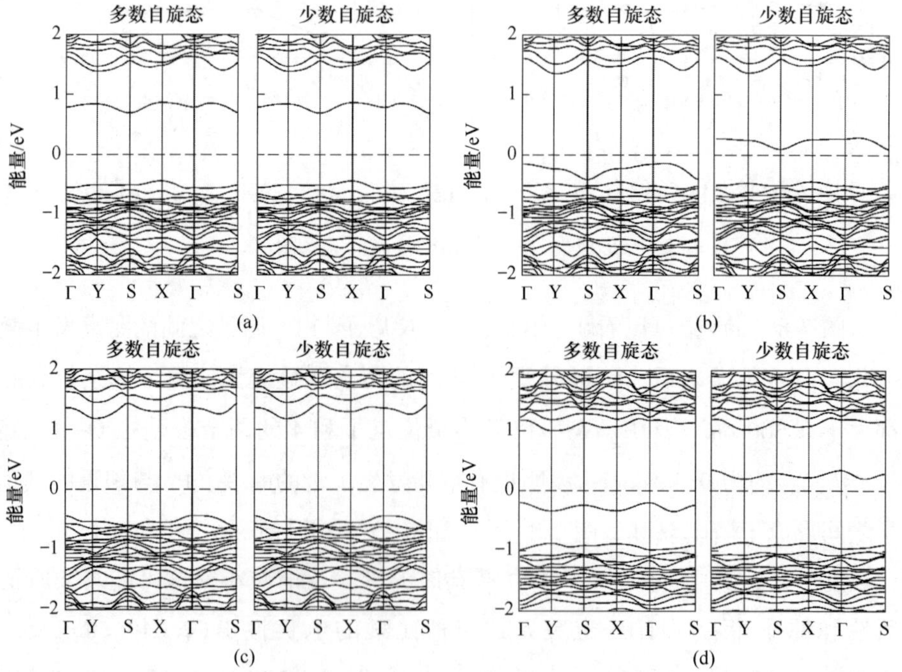

图 7-9　B 掺杂（a）、C 掺杂（b）、N 掺杂（c）以及 O 掺杂（d）体系的能带结构

从图 7-9 中可以看出，无论多数自旋态还是少数自旋态，非金属元素掺杂之后杂质带都没有穿过费米能级。其中，B 和 N 掺杂体系的多数自旋和少数自旋的电子能带分布完全相同，表明掺杂没有产生磁性，掺杂后的体系仍然表现为非磁半导体的特性。N 和 O 掺杂体系的多数自旋和少数自旋的电子能带分布存在显著差异，表现出磁性半导体的特性。B 掺杂时，导带底端出现一条相对独立且色散不明显的杂质带，表明多数自旋和少数自旋分别有 1 个未被占据的空轨道，且电子态的局域性较强亦即作为载流子的有效质量较大。其中，价带顶位于高对称点 X，导带底位于高对称点 S，所带来的间接带隙为 1. 12 eV，小于单层紫磷烯的带隙值（约为 1. 72 eV）。C 掺杂使体系的自旋简并状态发生破缺亦即能级发生自旋劈裂，多数自旋的杂质带由导带底下移到了价带顶，比 B 掺杂体系多了一个被占据的轨道，而另一条位于少数自旋频道的杂质带也随之下移到距离费米能级较近的位置，但并未穿过费米能级。对于 C 掺杂紫磷烯而言，价带顶和导带底分别由多数自旋方向和少数自旋方向构成，这种导带边与价带边具有相反的自旋极化方向特性的磁性半导体被称为双极磁性半导体。自旋翻转带隙 E_g 定义为多数自旋价带顶与少数自旋导带底之间的能量差，这里价带顶位于高对称点 Γ，导带底位于高对称点 S，计算的 E_g 值为 0. 24 eV。双极磁性半导体材料可通过施加门电压调节费米能级的位置，不仅可以产生 100% 自旋极化的电流，还能使其提供不同自旋取向的载流子，有望实现电场对载流子自旋取向的精确调控，使其在纳米电子器件的设计与制备工作中具有较大的潜力和意义。N 掺杂时，位于少数自旋的杂质带也随之下移到价带顶处，空的 p 轨道被电子占据，形成了自旋简并的能带结构，这里的 Γ-Y 间接带隙为 1. 62 eV，其大小与单层紫磷烯的带隙值近似。O 掺杂则引入 1 个额外电子占据空的轨道，致使多数自旋的价带顶出现一条杂质带，相应地在少数自旋的导带底出现一条未被占据的杂质带，此时多数自旋态提供价带顶而少数自旋态提供导带底，表现为双极磁性半导体的能带特性。通过计算，其 E_g 值的大小为 0. 39 eV。较小的自旋翻转带隙值表明能够通过较小幅度的费米能级移动对自旋极化的方向进行调控，可能仅需要施加一个较小量值的门电压就可以改变单自旋极化电流的极化方向。

从图 7-10 态密度图可以看出，杂质峰主要是由 P 原子和 X 原子的 p_x 和 p_y 态组成。B 掺杂时，缺陷导致两个未占据的 p 轨道并没有形成高自旋态，而是形成了低自旋态，说明 B 掺杂紫磷烯产生的杂质带处于自旋简并状态下整个体系的能量低于杂质带处于自旋劈裂状态下整个体系的能量。C 掺杂时，比 B 掺杂多出的 1 个价电子占据了多数自旋通道中的 1 个空轨道，产生的总磁矩近似为 1.00 μ_B，见表 7-2。P 原子和 C 原子的 p_x 和 p_y 态相互作用使得磁矩不仅聚集在 C 原子上，还分布在 P 原子上和周围的间隙区域内，如图 7-11 所示。

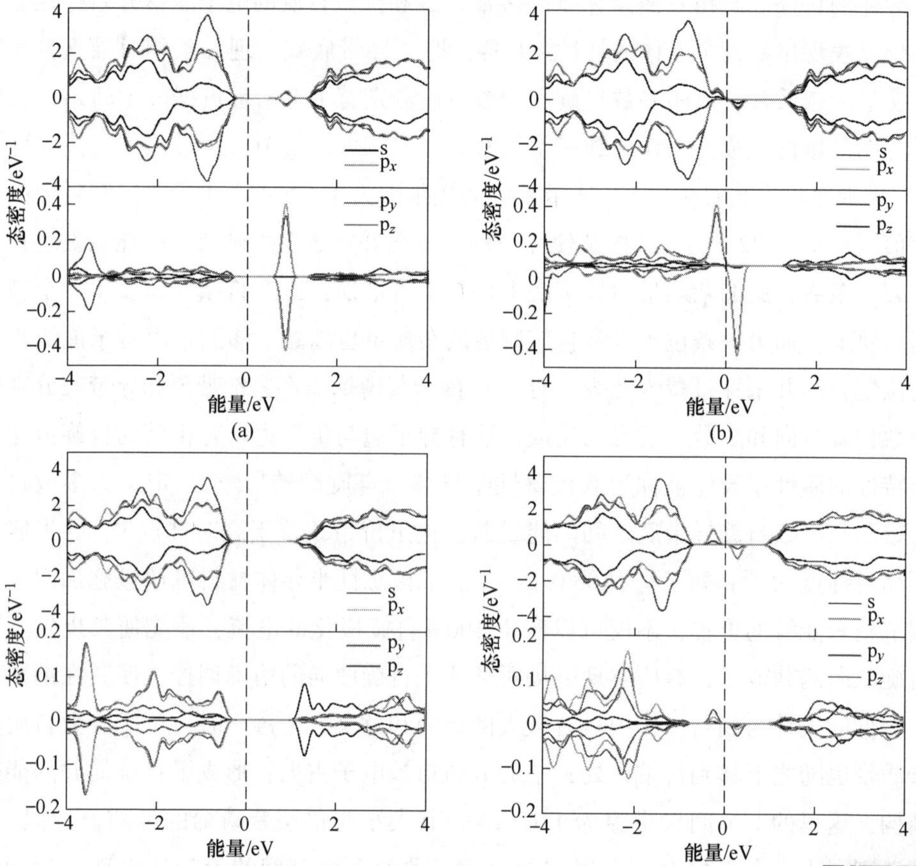

图 7-10　B 掺杂（a）、C 掺杂（b）、N 掺杂（c）以及 O 掺杂（d）体系的态密度
（每一张图的上半部分和下半部分分别为 P 原子和 X 原子的分态密度）

图 7-10 彩图

表 7-2　非金属原子掺杂单层紫磷烯的总磁矩 M_{tot}、非金属原子 X 的局部磁矩 M_X、磷原子的局部磁矩 M_P 以及间隙区域的局部磁矩 M_{int}　（μ_B）

掺杂体系	M_{tot}	M_X	M_P	M_{int}
B 掺杂	0	0	0	0
C 掺杂	0.988	0.262	0.229	0.497

续表 7-2

掺杂体系	M_{tot}	M_X	M_P	M_{int}
N 掺杂	0	0	0	0
O 掺杂	0.991	0.012	0.471	0.520

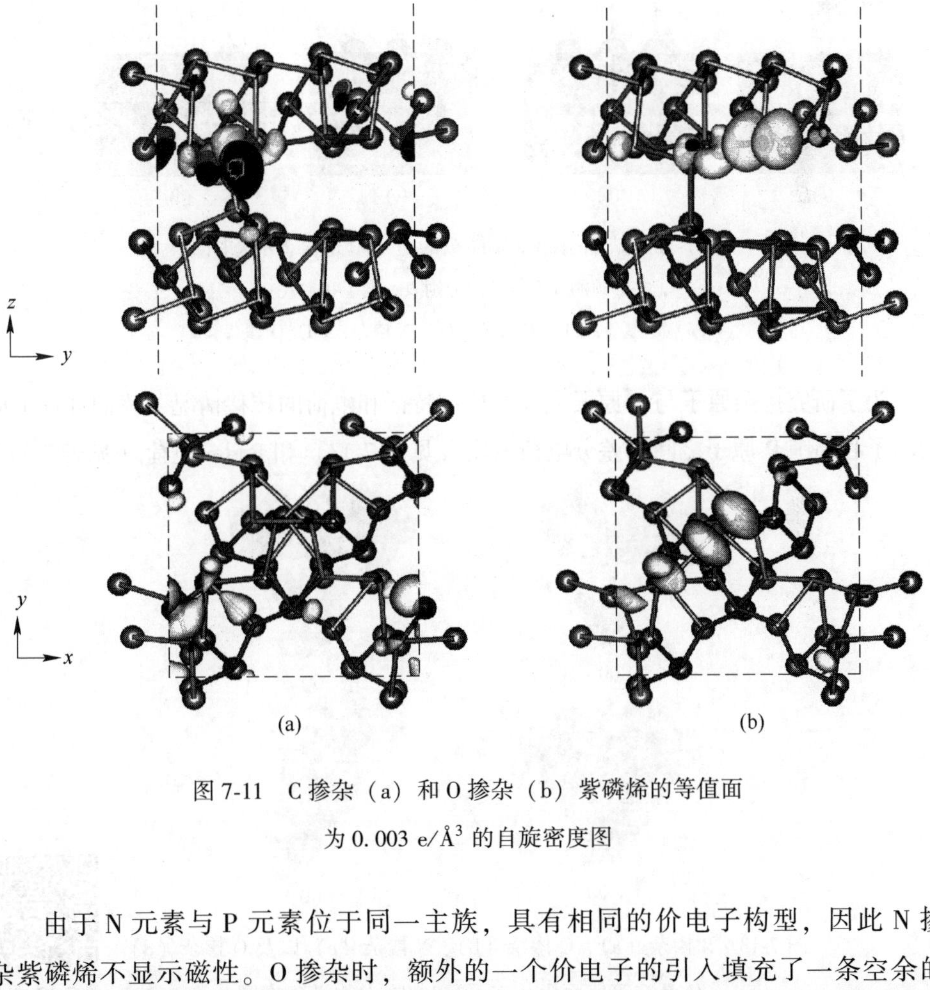

图 7-11　C 掺杂（a）和 O 掺杂（b）紫磷烯的等值面为 0.003 e/Å^3 的自旋密度图

由于 N 元素与 P 元素位于同一主族，具有相同的价电子构型，因此 N 掺杂紫磷烯不显示磁性。O 掺杂时，额外的一个价电子的引入填充了一条空余的 p 轨道，使得整个体系的总磁矩近似为 1.00 μ_B。对该体系而言，自旋密度主要聚集在 P 原子及其周围的间隙空域内，而 O 原子上仅有微小的自旋密度分布。为了更直观地理解由掺杂所引起的价电子构型的变化进而在杂质能级中产生自旋极化状态的发生，图 7-12 给出了缺陷引起杂质能级的电子填充状态示意图。

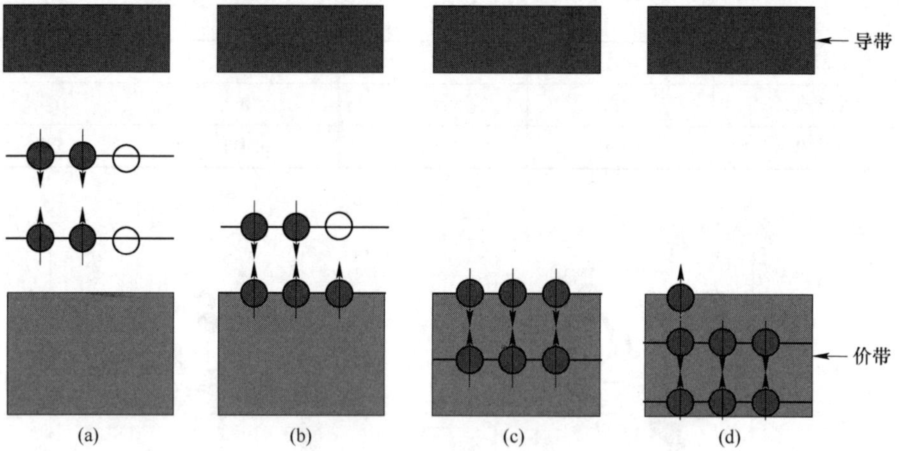

图 7-12　缺陷引起杂质能级的电子填充状态示意图

（实心圆圈和空心圆圈分别表示电子和空穴）

（a）B 掺杂；（b）C 掺杂；（c）N 掺杂；（d）O 掺杂

为了研究掺杂原子与 P 原子之间的成键特征和电荷的转移情况，我们计算了掺杂原子和周围 P 原子之间的差分电荷密度（见图 7-13）和 Bader 电荷（见表 7-3）。

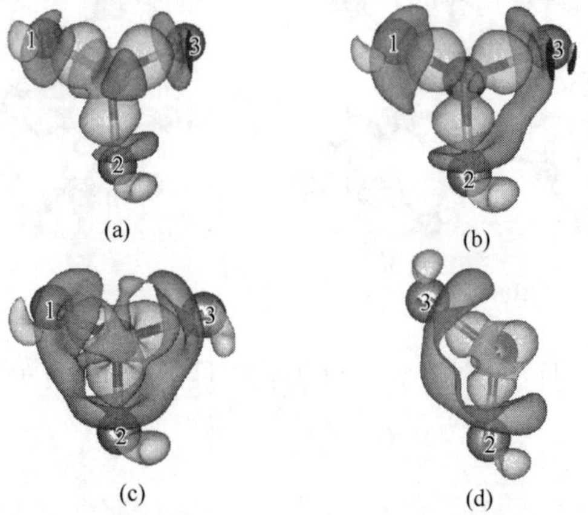

图 7-13　B 掺杂（a）、C 掺杂（b）、N 掺杂（c）以及 O 掺杂（d）体系在等值面为 0.02 e/Å^3 的差分电荷密度图

图 7-13 彩图

表 7-3　掺杂体系中 X、P_1、P_2 和 P_3 原子的 Bader 电荷值

掺杂体系	X	P_1	P_2	P_3
B 掺杂体系	2.73	5.11	5.11	5.10
C 掺杂体系	5.50	4.44	4.55	4.50

续表 7-3

掺杂体系	X	P_1	P_2	P_3
N 掺杂体系	6.81	4.37	4.37	4.35
O 掺杂体系	7.38	—	4.26	4.25

图 7-13 中蓝绿色和黄色区域分别表示电子密度的降低和聚积。B 掺杂时，B 原子周围以蓝色区域为主，说明 B 失去电子。根据 Bader 电荷分析，B 原子失去了 0.27 e，同时 B 周围的每个 P 原子得到的电荷量差异不大，仅为 0.10~0.11 e。微弱的电荷转移说明 B 和 P 原子之间的相互作用较弱，共价键较弱。C、N 以及 O 原子周围主要是黄色的电荷密度，说明这三种杂原子都是得到电子，而 P 原子则失去电子。其中，N 掺杂时周围的电荷密度最高，说明电荷转移量最大，N 原子得到了 1.81 e，周围的每个 P 原子失去的电荷量为 0.63~0.65 e。对于 O 掺杂体系来说，尽管整体转移的电荷量（1.38 e）少于 N 掺杂体系，但 O 周围的 P 原子失去的电荷量为 0.74~0.75 e，高于 N 掺杂的情况，说明 O—P 键之间相互作用最大，共价键最强，结构最稳定。

外电场调控作为一种重要的物理手段，通过改变材料内部电荷分布及能带结构，能够有效调制其电子态密度、载流子迁移率及自旋极化行为，从而诱导出常规条件下难以实现的新奇物理特性。图 7-14 为 O 掺杂单层紫磷烯在不同电场下的能带结构，我们规定沿 z 轴正方向为外加电场的正方向。

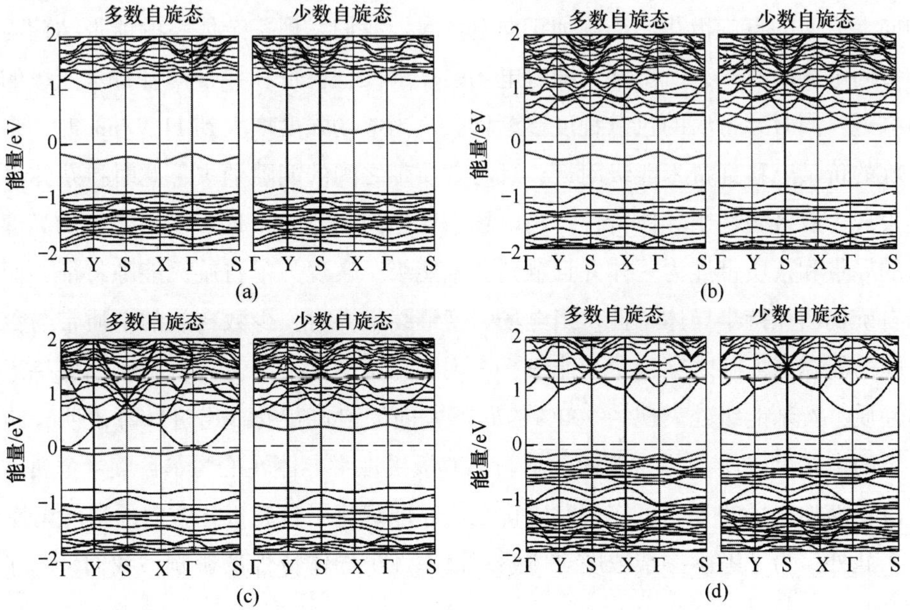

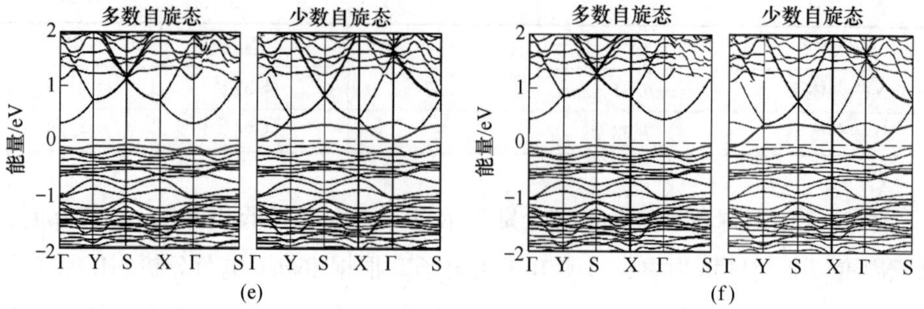

图 7-14　O 掺杂单层紫磷烯在外加电场下的能带结构

（红色实线为多数自旋杂质带，蓝色实线为少数自旋杂质带）

（a）−9 V/nm；（b）−10 V/nm；（c）−11 V/nm；（d）11 V/nm；

（e）12 V/nm；（f）13 V/nm

图 7-14 彩图

在图 7-14 中，当外加负向电场的场强达到−9 V/nm 时，其价带、导带以及杂质带的位置与无电场的时候相比仍然没有发生明显变化，体系仍保持双极磁性半导体的特性。当电场强度达到−10 V/nm 时，多数自旋与少数自旋的导带与费米能级之间的能级差开始显著缩小，少数自旋的导带与杂质带之间的能隙消失。当继续施加电场到−11 V/nm 时，多数自旋的导带与杂质带之间的能隙消失并穿过了费米能级。至此，多数自旋由原来的半导体特性转变为了金属特性，而少数自旋仍保持半导体特性，体系呈现单自旋半金属性质，费米能级处表现为 100%的向上方向的自旋极化。当施加正向电场时，我们发现掺杂体系的能带结构与施加负向电场的时候有所不同。随着电场强度增大，价带和导带向着费米能级的方向靠近，同时导带底的色散程度逐渐增大。当电场强度增大到 11 V/nm 时，多数自旋的价带上移到费米能级附近，且与杂质带之间的能隙消失，此时掺杂体系仍然表现为双极磁性半导体特性。当电场强度达到 12 V/nm 时，少数自旋的高度色散的导带和杂质带连为一体并且触到费米能级，表现为单自旋无能隙特征，而多数自旋仍旧保持半导体特性。当电场强度继续增大时，少数自旋的杂质带与价带之间的能隙消失随之穿过费米能级，表现为金属特性，而多数自旋仍然保持半导体性质，费米能级处表现为 100%的向下方向的自旋极化。通过计算表明，施加一定的电场可以使 O 掺杂紫磷烯材料从双极磁性半导体转变为单自旋半金属，通过改变外加电场的方向可实现对磁化电流亦即载流子自旋极化方向的精准调控。

此外，为了考察掺杂浓度对体系双极磁性半导体特性的影响，我们计算了 O

掺杂浓度为 1.19%时电场调控下的能带结构。如图 7-15 所示，当 O 掺杂浓度降低到 1.19%时，体系的能带结构没有发生明显的变化。当电场强度达到−11 V/nm，多数自旋表现为金属特性，少数自旋保持半导体特性；当电场强度达到 13 V/nm 时，少数自旋表现为金属特性，多数自旋保持半导体特性；计算结果与 O 掺杂浓度为 2.38%的情况保持一致，说明 O 掺杂浓度的改变对体系电子结构的影响较小，载流子的自旋极化方向仍然可以通过改变电场方向的方法来进行改变。

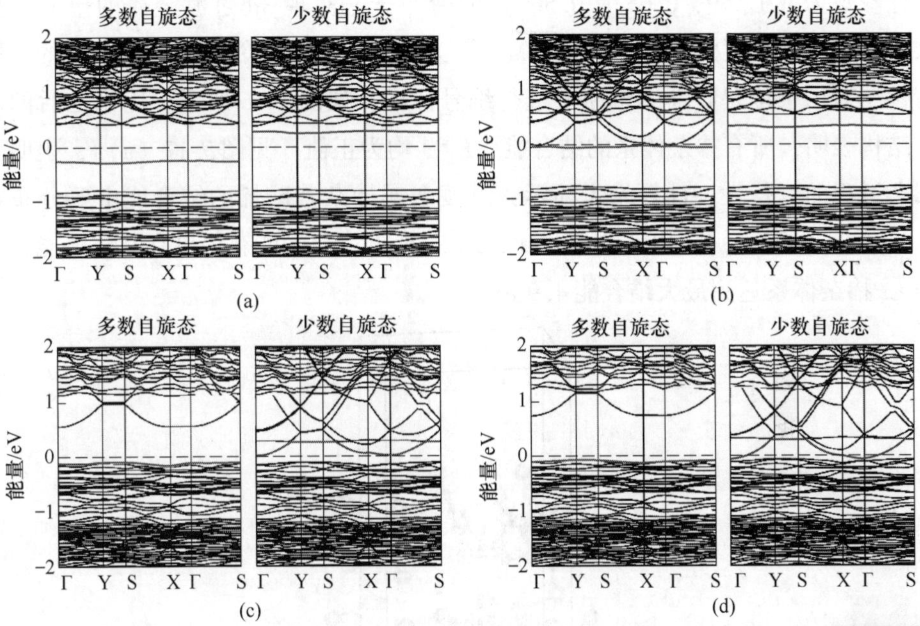

图 7-15 O 掺杂浓度为 1.19%时掺杂体系在外加电场下的能带结构

（红色实线为多数自旋杂质带，蓝色实线为少数自旋杂质带）

（a）−10 V/nm；（b）−11 V/nm；（c）12 V/nm；（d）13 V/nm

图 7-15 彩图

7.3.2 过渡金属元素掺杂的库仑相互作用

本节的研究工作是基于 DFT 的第一性原理，选用以平面波为基础的投影缀加平面波方法和 GGA-PBE 泛函的 VASP 软件来展开计算的。平面波截止能量取为 500 eV，系统的总能量和每个原子上的作用力收敛精度分别为 10^{-5} eV 和 0.1 eV/nm。布里渊区的积分计算使用 Monkhorst-Pack 方案生成的 5×5×2 k 点网格，以使体系能量和构型在准完备平面波基组水平上收敛。为了避免周期性边界条件计算框架下层与层之间的相互作用，沿 *c* 轴方向的真空层厚度设置为 15 nm。此外，采用 Grimme 的半经验 DFT-D3 方法来进行修正紫磷烯体系中范德华相互作用。针对 3d 过渡金属的强关联效应，Sc、Ti、V、Cr、Mn、Fe、Co 和 Ni 的有效在位库仑相互作用参数（U）和交换相互作用参数（J）分别设置为 6. 6 eV 和 0. 78 eV、6. 6 eV 和 0. 78 eV、6. 7 eV 和 0. 81 eV、6. 8 eV 和 0. 84 eV、6. 9 eV 和 0. 86 eV、6. 8 eV 和 0. 89 eV、7. 8 eV 和 0. 92 eV、8. 0 eV 和 0. 95 eV [288-290]。

首先按照 Baumer 等人选取的掺杂位点 A 进行构建掺杂体系[291]。通过替换坐标参数为（0. 459，0. 653，0. 569）的磷原子，实现 3d 过渡金属的单原子掺杂，对应掺杂浓度为 2. 38%（$P_{41}TM_1$）。为量化掺杂剂与邻近磷原子之间的成键特性，对掺杂位点周围的磷原子进行编号标记，如图 7-16 所示。优化之后的几何结构表明，所有掺杂体系的结合能（E_b）均为正值［见图 7-17（a）］，表明了掺杂过程的可行性；计算结果显示，过渡金属掺杂紫磷烯的结合能主要分布在 0. 5~4. 9 eV 区间。与 PBE 方法相比，PBE+U 方法普遍能获得更高的结合能，其中 Cr 掺杂体系达到最大结合能 4. 9 eV。

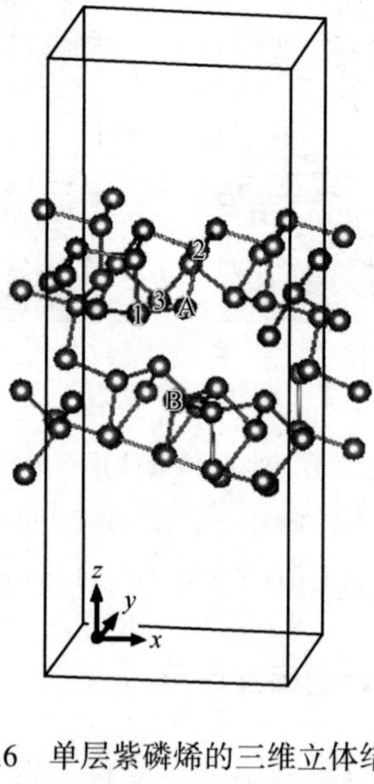

图 7-16　单层紫磷烯的三维立体结构图

（标记 A 和 B 表示掺杂剂的位置，标记 1、2 和 3 表示三个最近邻的磷原子位点（P_1、P_2 和 P_3））

磁学性质分析表明［见图 7-17（b）］，在 PBE 和 PBE+U 两种方法下 Sc 掺杂紫磷烯均不呈现磁性。其他杂质在两种方法下可诱导 1. 0~5. 0 μ_B 的磁矩，其中 Mn 和 Fe 掺杂体系呈现显著磁响应，这与黑磷烯体系中 Mn/Fe 掺杂导致磁矩被

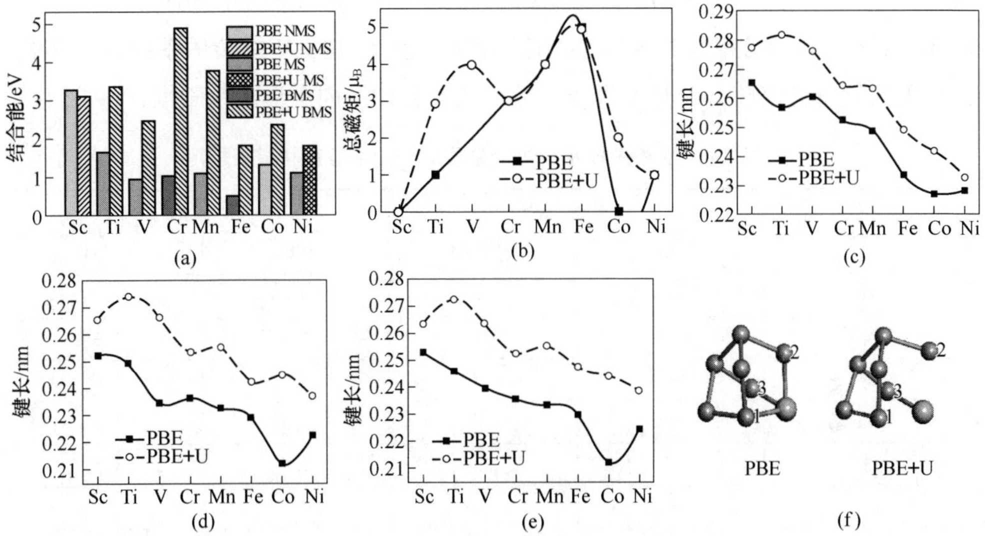

图 7-17 掺杂体系的结合能（a）、总磁矩（b）、键长 1（$d_{TM—P_1}$）（c）、键长 2（$d_{TM—P_2}$）（d）、键长 3（$d_{TM—P_3}$）（e）以及 Ti 原子及其邻近 P 原子在 PBE 和 PBE+U 方法下优化后的局部结构（f）

抑制的现象形成鲜明对比[292]。PBE 方法计算显示，磁矩从 Ti 到 Fe 呈现奇偶交替递增趋势（最高 5.0 μ_B），Co 和 Ni 掺杂体系磁矩骤降至 0 μ_B 和 1.0 μ_B。PBE+U 方法则表现出不同规律：Ti、V 和 Co 掺杂分别获得 3.0 μ_B、4.0 μ_B 和 2.0 μ_B 的磁矩，这种差异主要源于不同的成键特性。我们发现过渡金属掺杂引起紫磷烯局部的结构畸变的形式不同，从而导致了不同的磁性行为。图 7-17（c）~（e）显示了 PBE 和 PBE+U 两种方法优化后过渡金属与邻近磷原子之间的键长。从图中可以看到，在库仑相互作用的影响下，TM—P 键长被拉长，从而导致杂质周围的局部结构发生一定程度膨胀。特别是 Ti 和 V 掺杂体系这种结构膨胀尤其明显：Ti 和 V 仅与最近邻的 P_3 原子键合，同时 P_1 原子与其最近邻 P 原子形成 P—P 双键而非与三个邻近 P 原子共价单键［见图 7-17（f）］。这种特殊键合特性产生了两个额外的未成对电子，对应 Ti 和 V 掺杂体系分别为 3.0 μ_B 和 4.0 μ_B 的磁矩。对于 Co 掺杂情况更为复杂，因为 Co 离子具有超过 5 个 d 电子的构型，形成半满非键轨道，导致复杂的磁行为。

为研究双掺杂体系的磁耦合特性，我们构建了 A（0.459，0.653，0.569）和 B（0.541，0.653，0.431）双位点掺杂模型（排除非磁性 Sc 掺杂），计算结果（见表 7-4）显示，除 Mn 和 Co 掺杂外，PBE 和 PBE+U 方法对 Ti、V、Cr、Fe 和 Ni 掺杂均给出相同的磁基态。特别值得注意的是，V 掺杂体系的铁磁态具有显著的能量稳定性，表明 V 原子在紫磷烯基体中倾向于形成铁磁耦合。

表 7-4　双掺杂体系中每个杂质原子的能量差和磁矩

杂质	能量差/meV		磁矩/μ_B	
	PBE	PBE+U	PBE	PBE+U
Ti	−10	−6	0.8	1.3
V	−17	−45	1.9	2.6
Cr	−5	−8	3.0	3.4
Mn	−65	4	3.5	4.3
Fe	13	28	1.6	3.3
Co	非磁态	−6	0.0	1.6
Ni	−3	−7	0.4	1.2

图 7-18 和图 7-19 分别为掺杂体系的能带结构图和态密度图。

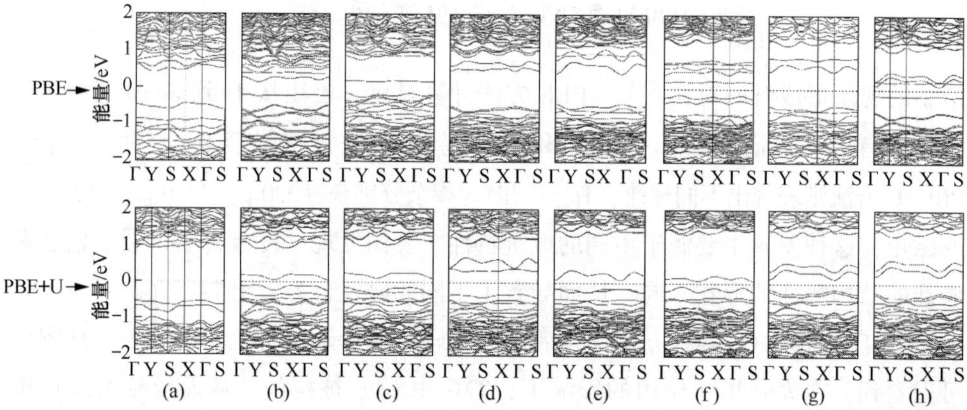

图 7-18　过渡金属掺杂紫磷烯的能带结构

（蓝色和红色曲线分别表示自旋向上和自旋向下通道的能带，费米能级设置为零）

（a）Sc 掺杂；（b）Ti 掺杂；（c）V 掺杂；（d）Cr 掺杂；（e）Mn 掺杂；（f）Fe 掺杂；（g）Co 掺杂；（h）Ni 掺杂

图 7-18 彩图

从图 7-18 中可以看到，Sc 掺杂体系展现出非磁性半导体（NMS）的特性，其自旋向上和自旋向下的能带结构在费米能级附近呈现出高度的对称性，这表明该体系在电子自旋方面不存在显著的极化现象。在其他过渡金属掺杂的体系中，PBE 方法能够在费米能级附近引发 TM 3d 态的自旋劈裂。当采用 PBE+U 方法

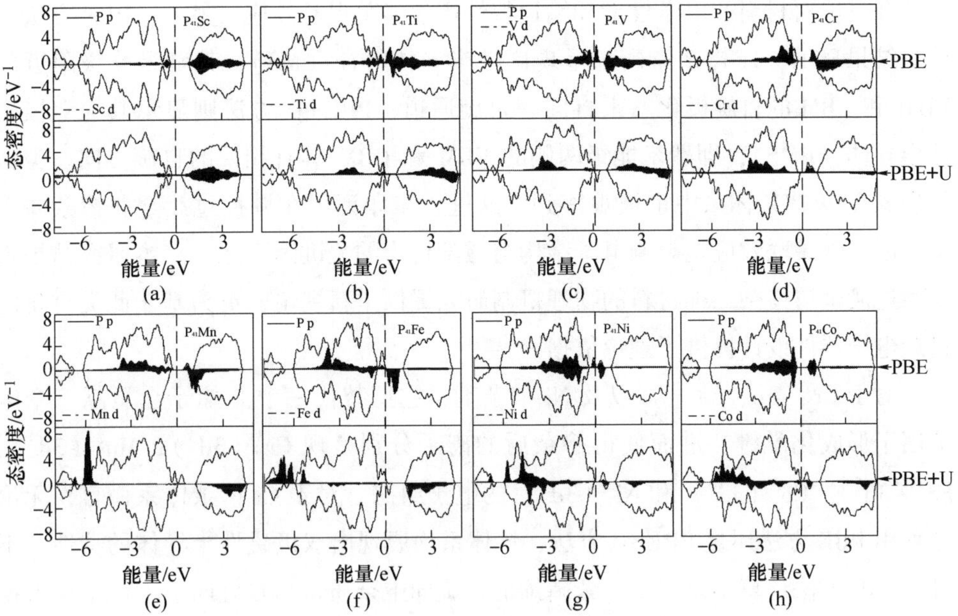

图 7-19 不同过渡金属掺杂紫磷烯的分波态密度

（每个掺杂体系中费米能级设置为零）

(a)Sc 掺杂；(b)Ti 掺杂；(c)V 掺杂；(d)Cr 掺杂；(e)Mn 掺杂；

(f)Fe 掺杂；(g)Ni 掺杂；(h)Co 掺杂

时，这种自旋极化行为得到了更为显著的增强；这一现象暗示了 PBE+U 方法能够更为精准地描述电子之间的强关联效应，特别是在处理过渡金属 3d 电子的局域电子关联行为时表现出更高的准确性。以 Ti 掺杂体系为例，在 PBE 方法下，Ti^{3+}的三个价电子与三个最近邻的 P 原子形成共价键，剩余的 $3d^1$电子占据自旋向上 $d_{x^2-y^2}$ 轨道［见图 7-19（a）和（e）］。这种电子占据模式在费米能级下方约 −0.2 eV 处形成了自旋向上的单占据态，表明该体系在费米能级附近存在显著的自旋极化特征。考虑到电子之间的强关联效应（即引入库仑相互作用 U）后，掺杂体系的电子结构发生重构。此时，Ti^{3+}仅以单电子参与 P 原子的成键过程，剩余的三个 d 电子分别占据自旋向上的 d_{yz}、d_{xz} 和 $d_{x^2-y^2}$ 轨道。这些电子态的能级向更低能量的位置移动，移动到−3～−1.5 eV 的能量范围内；位于约 −0.2 eV 处的杂质带与母体 P-2p 态发生杂化作用，形成一个展宽较小的扁平带。这种独特的电子态分布意味着电子的局域化程度降低，载流子呈现更自由的迁移行为，这一特征可能对材料的电学性能和输运特性产生显著提升效应。另外，PBE 方法的计算结果显示，Ti 掺杂紫磷烯呈现磁性半导体特征（MS），其费米能级附近的 VBM 和 CBM 的自旋极化态来自同一自旋通道；PBE+U 方法则显示其为双极磁性半导体（BMS），即费米能级两侧的 VBM 和 CBM 具有相反的自旋方向。类似的现象在 V 掺杂体系中也被观察到，这进一步印证了在调控过渡金属掺杂体系中，电子强关联效应是影响电子结构与磁学行为的关键因素之一。本研究结果不仅为过渡金属掺杂二维材料的物理机制研究提供了新视角，更为基于此类材料的自旋电子器件设计提供了理论依据。

对于 Cr、Mn、Fe、Co 以及 Ni 掺杂剂，它们替代一个 P 原子会贡献三个电子用于形成化学键，进而使得掺杂后的离子分别呈现 $Cr^{3+}(3d^3)$、$Mn^{3+}(3d^4)$、$Fe^{3+}(3d^5)$、$Co^{3+}(3d^6)$ 和 $Ni^{3+}(3d^7)$ 的电子组态。对于 Cr 掺杂体系而言，无论是采用 PBE 方法还是 PBE+U 方法，该体系均展现出双极磁性半导体的特性。不过，PBE 方法计算结果显示，紫磷烯的自旋向上杂质带与自旋向下本征带在占据轨道区域极为接近，这种情况可能会对 BMS 电子结构的稳定性产生不利影响。对于 Mn 掺杂体系，PBE 方法计算得出该体系呈现 MS 的特征，运用 PBE+U 方法计算时体系则表现为 BMS 的特征。随着掺杂元素中 d 电子数目的增加，在 Fe 掺杂体系中，五个 d 电子会完全占据自旋向上的状态。此时，VBM 源自自旋向上通道，CBM 则来自自旋向下通道，因而在 PBE 和 PBE+U 两种计算方案下体系均会形成 BMS。特别需要指出的是，PBE 方法和 PBE +U 方法在描述 Co 掺杂体系时存在显著差异。PBE 方法下，体系表现为非磁性半导体（NMS）；PBE+U 方法下，体系呈现出 BMS 的特征。在 PBE 方法的计算结果中，Co^{3+}的三个 d 电子会优先占据自旋向上的 d_{yz}、d_{xz} 和 $d_{x^2-y^2}$ 轨道，剩余的三个 d 电子则会填充自旋向下的相同轨道，这一情况在图 7-20（c）和（f）的 PDOS 图及示意图中得以体现。由此可知，体系形成了具有对称电子结构的低自旋态排列，进而呈现出非磁性。然而，当引入在位库仑相互作用时，Co 掺杂体系的情况变得复杂，可以观察到在 0.2~0.4 eV 处存在一个未被占据的自旋向上带，这使得自旋向上杂质带仅被占据了五分之四，剩余的两个 d 电子占据了自旋向下通道，从而产生了 2.0 μ_B 的总磁矩。在这种反常情况下，分布于费米能级两侧的能带来自相反的自旋通道，并且具有相似的色散特性。对于 Ni 掺杂体系，无论是 PBE 方法还是 PBE+U 方法，均将其描述为 MS。从图 7-20（f）中可以看出，与 Co 掺杂类似，Ni 掺杂也会诱导低自旋态的极化。

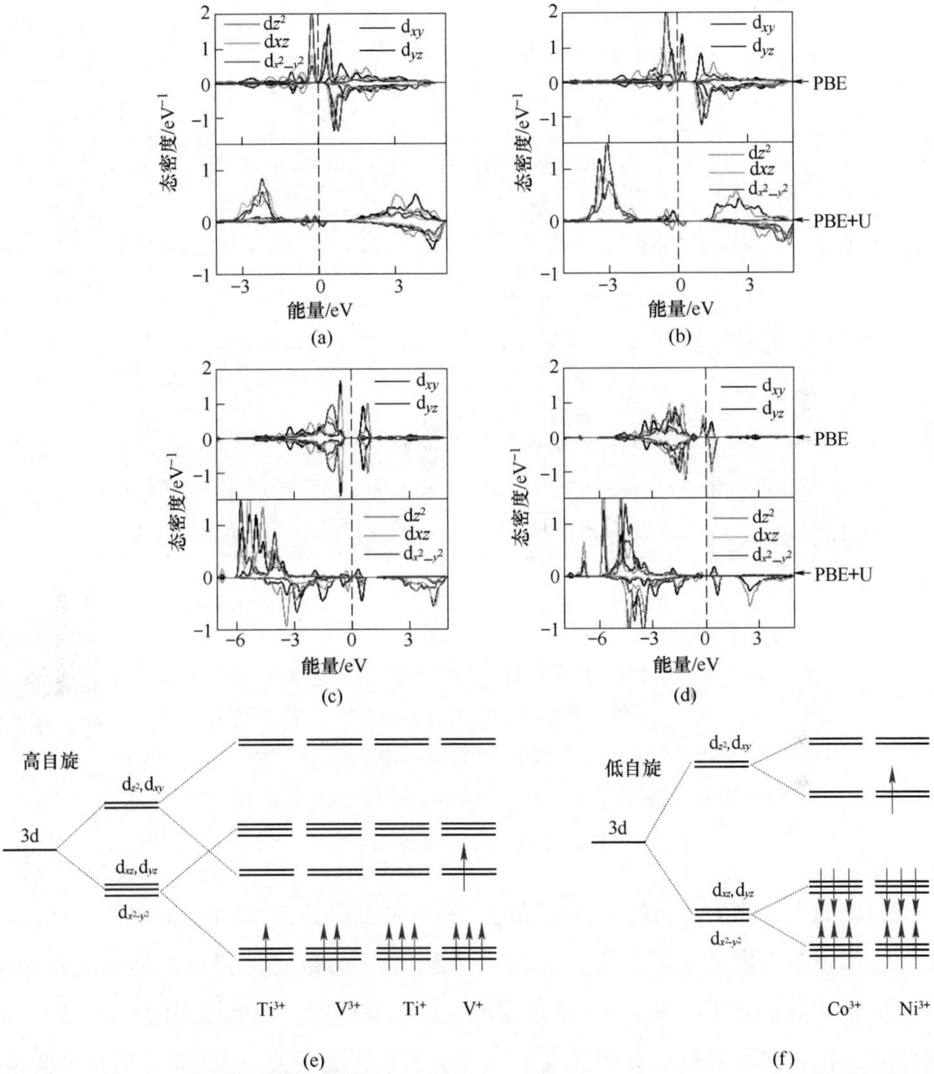

图 7-20 不同掺杂过渡金属紫磷烯的分波态密度（PDOS）及 3d 电子能级的示意图

（费米能级设置为零）

（a）Ti 掺杂；（b）V 掺杂；（c）Co 掺杂；（d）Ni 掺杂；

（e）高自旋态；（f）低自旋态

图 7-20 彩图

鉴于 V 掺杂的结构稳定性及可以形成双极磁性半导体这种新型自旋电子学材料，下面我们通过外部垂直电场调控其电子结构与自旋极化特性展开了探讨。图 7-21（a）~（f）呈现了在一系列外部垂直电场作用下紫磷烯的能带结构图，图 7-21（g）则绘制出了对应电场强度下的总磁矩变化情况。

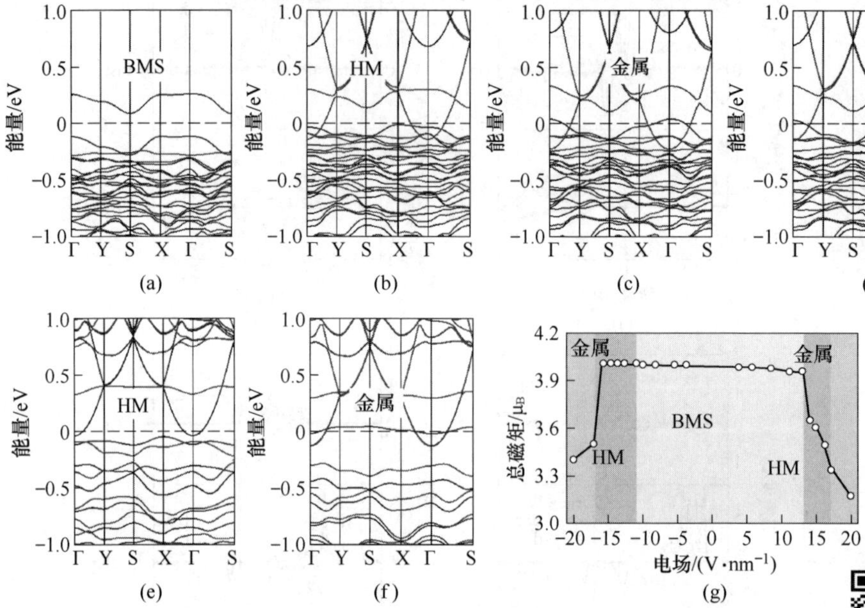

图 7-21 彩图

图 7-21　PBE+U 方法计算得到 V 掺杂体系在不同电场

[(a)~(f)]下的能带结构和总磁矩随外电场变化关系图（g）

（蓝色和红色曲线分别表示自旋向上和自旋向下通道的能带，费米能级设置为零）

（a）10 V/nm；（b）13 V/nm；（c）17 V/nm；（d）20 V/nm；（e）−11 V/nm；

（f）−17 V/nm；（g）总磁矩随外电场变化关系图

当施加沿 z 轴正方向的垂直电场时，在电场强度达到 12 V/nm 之前，体系电子结构和磁矩未发生显著变化，这表明 V 3d 电子的自旋劈裂行为具有高度稳定性，使得材料的 BMS 特性在该电场范围内得以完整保留。当电场强度突破 13 V/nm 阈值时，自旋向下通道的导带底发生显著下移，伴随 Γ 点处 CBM 跨越费米能级，导致自旋向下通道带隙闭合，体系转变为费米能级处载流子 100% 自旋极化的半金属（HM）态。在 13~16 V/nm 电场区间内，计算得到的总磁矩由 3.9 μ_B 降至 3.5 μ_B。当电场强度进一步增加时，自旋向上通道的 VBM 穿越费米能级，引发 BMS→HM→金属的连续相变。另外，当施加沿 z 轴反方向的垂直电场时，V 掺杂体系呈现出与正电场方向对称的相变行为：在−11 V/nm 临界电场下发生 BMS→HM 转变，在−17 V/nm 时完全金属化。值得强调的是，该过程中自旋向上通道的带隙闭合先于自旋向下通道，且半金属态的载流子自旋极化方向与正电场情况形成反转对称性。进一步分析表明，尽管理论预期费米能级会随正电场增强向

VBM 下移、随负电场增强向 CBM 上移，但实际观测到的费米能级位移量远小于能带结构调制幅度。这种现象揭示了电场调控下 V 3d 电子态的主导作用，其能带结构响应显著强于费米能级移动的影响。在整个电场调制过程中，仅仅通过改变外部垂直电场的方向，就能够实现载流子自旋取向的反转，这种电场可控的自旋反转特性为基于紫磷烯的电子器件设计提供了全新的调控维度。特别是在自旋电子学领域，仅需通过反转外部垂直电场的方向，即可实现载流子自旋极化方向的完全反转，这种高效的自旋调控机制展现出广阔的应用前景。

7.4 自旋滤通器设计

在二维材料器件工程领域，衬底诱导的电子结构畸变已成为制约器件性能的核心挑战。对于具有本征双极磁性半导体特性的二维紫磷烯体系，其层间弱范德华相互作用特性为材料制备提供了独特优势。基于机械剥离法和化学液相剥离技术，可从块体晶体中制备出少层甚至单层纳米片。实验表明，将合成的二维紫磷烯转移至六方氮化硼（h-BN）、云母等绝缘衬底表面时，通过范德华力形成的非共价键合界面能够有效抑制界面电荷转移和能带弯曲效应。具体而言，h-BN 衬底因其原子级平整表面和化学惰性，可保证界面完整性，同时保持紫磷烯本征能带结构的完整性。这种非接触式物理吸附模式为高性能器件集成提供了理想解决方案，使得紫磷烯在自旋场效应晶体管、磁阻随机存取存储器等自旋电子器件领域展现出显著优势。

鉴于紫磷烯这种独特特性，我们初步设计了基于 O 掺杂紫磷烯材料的场效应自旋滤通器，其示意如图 7-22（a）所示。O 掺杂紫磷烯材料附着在基底上，其左右两端各连接一个具有较长的自旋散射自由程的金属电极，其上端沉积一个门电极。当施加一定的门电压时，输出自旋非极化的电流将转变成自旋极化的电流，同时极化电流的方向将随着门电压方向的改变而改变。

如图 7-22（b）所示，当施加一定大小的正向门电压时，体系呈现为自旋极化方向向下的单自旋半金属导通状态；当施加一定大小的负向门电压时，掺杂体系呈现为自旋极化方向向上的单自旋半金属导通状态。当门电压 $V_G>+V_C$（阈值）时，传导电流的磁化方向是自旋极化向下的；当 $V_G<-V_C$ 时，传导电流的磁化方向是自旋极化向上的；当 $-V_C<V_G<+V_C$ 时，由于自旋翻转带隙的存在，掺杂体系保持半导体的性质。因此，在掺杂紫磷烯体系中，载流子的自旋极化方向可

通过简单反转栅极电压极性实现完全反转，这种电场可控的自旋调控特性为二维自旋场效应晶体管的设计提供了理想的材料基础。

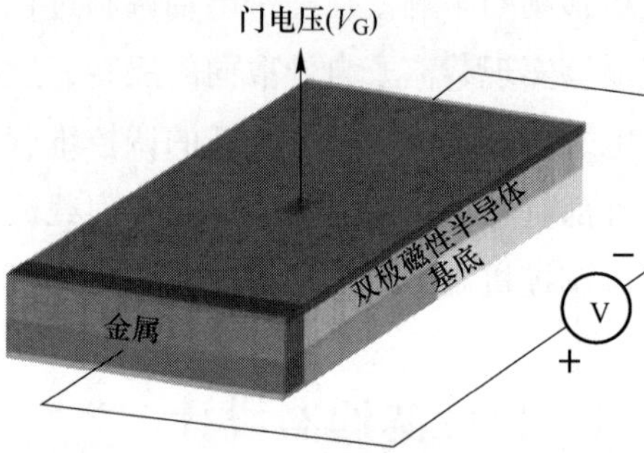

(a)

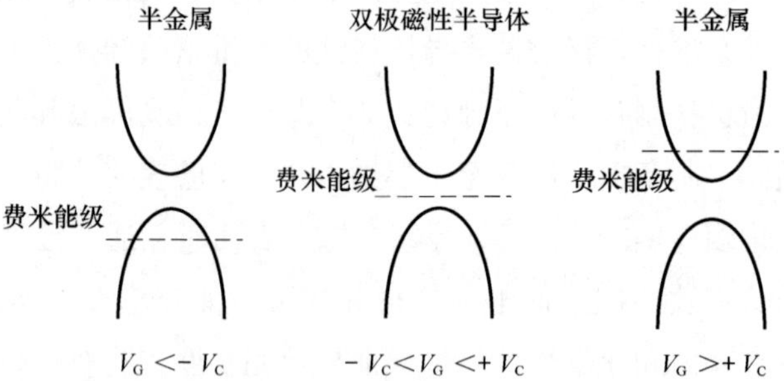

(b)

图 7-22　基于 O 掺杂紫磷烯材料的场效应自旋滤通器模拟（a）和电场控制下的能带结构（b）示意图

8 器件应用与未来挑战

本书系统研究了多种稀磁半导体材料的磁电调控机制，为自旋电子学器件的发展夯实了理论基础。以过渡金属掺杂氢化物（如 V@ MgH_2）的半金属特性为依据，能够搭建自旋场效应晶体管，借助电场调控达成高效的自旋注入与逻辑运算。卤化物基自旋过滤器（如 O 掺杂 NaCl）于磁隧道结中展现出极高的自旋极化率，将其与应变诱导的 PbS 能带翻转特性相结合，可设计出具备可调电阻的非易失性存储器件。在二维材料异质结集成技术领域（如黑磷烯/h-BN 或紫磷烯/MoS_2），通过范德华堆叠的方式优化界面性能，有效提升了载流子迁移率与自旋输运效率。在多场耦合调控方面，电场-应变协同作用具有独特优势。通过精确施加电场与应变，能够动态调节材料的自旋极化方向。电子的自旋方向可根据实际需求进行改变，在信息处理、存储等领域具有重要应用价值。光磁耦合效应则为全光自旋调控提供了全新的思路，利用特定频率与强度的光照射材料，能够引发材料的磁性变化，从而实现对自旋的全光调控，有望推动光控自旋电子学器件的发展。

然而，当前自旋电子学领域也面临诸多挑战。室温铁磁体的实验制备便是一大难题，在室温环境下，制备出具有稳定铁磁性能的材料极为困难。自旋极化的精准控制同样棘手，如何精确地控制电子的自旋方向与极化程度，仍是科研人员需要攻克的难关。此外，量子器件的理论设计也面临挑战，需要深入理解量子自旋现象，构建更加完善的理论模型。

展望未来，需要通过材料优化，精心设计材料的原子排列方式，以提升材料性能。突破多场协同调控技术，实现电场、磁场、应变场等多场的精准协同作用，深入探索量子自旋现象，挖掘其中的物理规律。通过这些努力，推动自旋电子学向低功耗、高密度存储及量子计算领域跨越，为未来信息技术的发展带来新的变革。

8.1　自旋电子器件原理

8.1.1　自旋场效应晶体管

1990 年 Datta 和 Das 首次提出了利用电子自旋特性的新型电子器件——自旋场效应晶体管[293]。自旋场效应晶体管基本结构如图 8-1 所示，这是一个类似三明治的结构，两边是铁磁性材料充当自旋相关载流子的源与漏，中间是由窄带半导体材料（InAlAs）和衬底（InGaAs）形成的二维电子气。

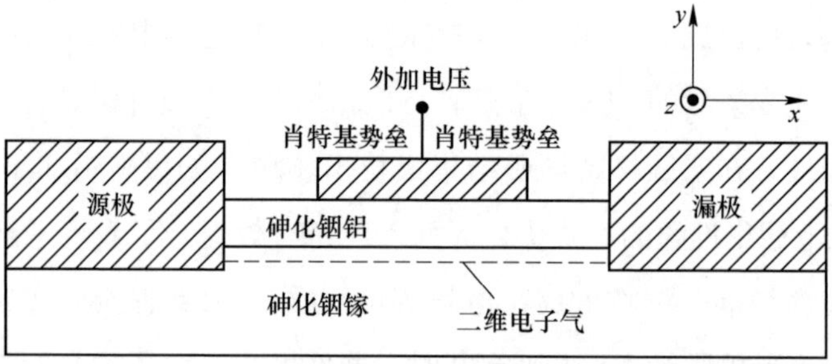

图 8-1　自旋场效应晶体管结构示意图

为了说明这个器件的工作原理，我们可以通过电光效应来作类比阐述，图 8-2 是电光效应的光学调制器示意图。

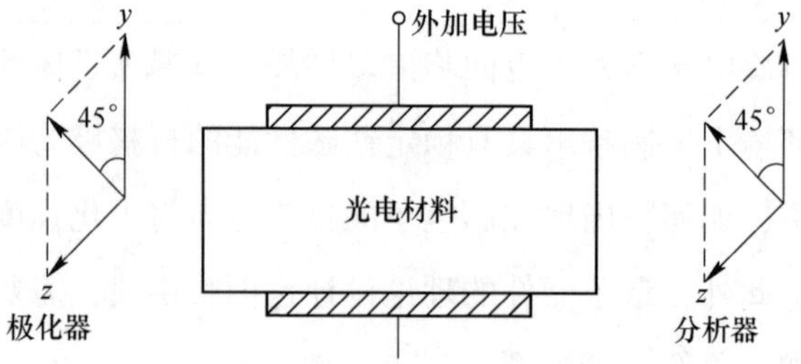

图 8-2　自旋场效应晶体管结构示意图

光束通过左边的起偏器后，入射光就变成了沿与 y 轴成 45°角偏振的线偏振光，它可表示成沿 y 轴偏振的线偏振光与沿 z 轴偏振的线偏振光的线性组合。当此偏振光通过光电材料时，因为电光效应使介电常数 ε_{yy} 和 ε_{zz} 变得稍有所不同，这两种偏振成分将经历不同的相位移动 k_1L 与 k_2L，这里的 k_1L 和 k_2L 分别是光沿

y 方向和 z 方向的波矢，因此出射光的极化状态就可以表示为 $(e^{ik_1L},\ e^{ik_2L})$；输出端处的检偏器只让沿（1，1）的成分通过，于是出射光强 P_0 可由下式给出：

$$P_0 \propto \left| [11] \begin{bmatrix} e^{ik_1L} \\ e^{ik_2L} \end{bmatrix} \right| = 4\cos^2 \frac{(k_1 - k_2)L}{2} \tag{8-1}$$

因此，出射光强就可以通过门电压控制相移差 $\Delta\theta = (k_1 - k_2)L$ 来调节。

如图 8-1 所示，在自旋场效应晶体管中，极化器与分析器通常由铁磁材料构成，其费米能级处某一自旋通道的态密度显著高于另一通道，从而实现自旋极化载流子的定向注入与探测。实验研究证实，此类铁磁电极可使自旋流极化率达到50%以上，且沿$+x$ 方向磁化的电极优先注入和探测自旋沿$+x$ 方向的电子。若引入一种类似电光材料的新型半导体，其能对自旋沿$+z$ 与$-z$ 方向的电子产生可控相移差（$\Delta\varphi$），并通过门电压实时调节这一相移，即可实现电流的动态调制。窄禁带半导体（如 $In_{0.53}Ga_{0.47}As$）凭借其高电子迁移率 $[>10^4\ cm^2/(V \cdot s)]$ 和强自旋轨道耦合特性，为实现这一功能提供了理想平台。具体而言，材料内部的 Rashba 效应可在门电压作用下诱导自旋依赖的能带分裂，使$\pm z$ 方向电子经历不同的相位演化。当相移差 $\Delta\varphi$ 达到 $\pi/2$ 时，器件可实现完全的电流调制，为低功耗、高响应速度的自旋逻辑器件奠定了基础。理论和实验都已证实，在窄禁带半导体的二维电子气中零磁场下自旋向上与自旋向下的电子间有能量劈裂，这种零场自旋劈裂的主要机制是有效质量哈密顿量中的自旋轨道互作用的 Rashba 项为：

$$H_R = \eta(\sigma_z k_x - \sigma_x k_z) \tag{8-2}$$

这一项起源于异质结界面处的垂直电场，这里的 η 是自旋轨道互作用的强度系数。其他机制（如体反演不对称项）也会对零场自旋劈裂有贡献，但在窄禁带半导体中通常很小，因此可忽略。容易看到 Rashba 项引起了一样能量的自旋沿$+z$ 方向的电子与自旋沿$-z$ 方向的电子有不同的波矢 k_1 和 k_2。考虑一个沿$+x$ 方向运动的具有 $k_z=0$、$k_x \neq 0$ 的电子，那么 Rashba 项 H_R 等于 $\eta\sigma_z k_x$。这使自旋沿$+z$ 方向电子的能量提高了 ηk_x，而使自旋沿$-z$ 方向电子的能量降低了一样的值。一个显然的问题是：η 是否足够大以使得在一个平均自由程中能达到 π 的相移差，对 InGaAs/InAlAs 异质结，从实验上观察到的零场自旋劈裂，可以估算出 η 大约为 30×10^{-12} eV · m，这给出 L（$\Delta\theta=\pi$）$= 0.11\ \mu m$；自旋轨道耦合常数 η 正比于异质结界面处电场的期望值，可通过门电压加以控制。使用铁磁电极作为极化器与分析器，以及与使用窄禁带半导体在两种自旋电子之间引入可由门电压控制的相移差，从而实现与光调制器类似的基于电子波的电流调制器件。

自旋场效应晶体管作为自旋电子学领域的里程碑式创新，突破了传统自旋操控的物理限制。该器件的核心原理在于通过电场调控自旋轨道耦合效应实现全电学自旋动力学控制，相较基于外磁场的传统方案具有显著优势。在微纳尺度体系中，电场调控不仅在空间分辨率上可达亚微米量级，其响应速度更可比磁场调控快三个数量级，这为自旋电子器件与现代高速集成电路的深度融合奠定了物理基础。该器件的具体工作机制体现量子调控的精妙设计：当具有纵向极化的自旋从源极注入半导体量子线时，受栅压调制的 Rashba 自旋轨道耦合作用（源于异质结的结构反演不对称性）将引发可控的自旋进动过程。通过优化栅极结构与偏置条件，可实现自旋极化态在漏极探测器的投影测量，最终输出具有量子干涉特征的自旋极化电流。这种全电学调控方案不仅规避了传统磁控方案中的退相干难题，更为可扩展的自旋量子器件集成提供了可行性路径。

8.1.2　磁隧道结与巨磁电阻效应

铁磁异质结中的隧穿磁电阻效应（TMR）源于量子自旋序与电荷输运的强关联特性。其物理基础可追溯至斯托纳（Stoner）铁磁理论：在铁磁材料中，量子交换相互作用导致 d 电子能带发生自旋极化劈裂，使得费米能级附近自旋向上与向下的电子 DOS（呈现显著差异，DOS↑ ≠ DOS↓）。这种本征自旋不对称性在磁性隧道结（MTJ）的铁磁层@非磁绝缘层@铁磁层的三明治结构中得以完美利用，当两铁磁层的磁矩处于平行构型时，自旋极化电子隧穿过程遵循能带匹配原则：多数自旋电子可高效隧穿至对向铁磁层的多数自旋空态，形成较高的隧穿电导；当磁矩反平行排列时，则发生自旋通道错配，导致电导显著。如图 8-3 所示，若两层磁化方向互相平行，则在一个磁性层中，多数自旋子带的电子将进入另一磁性层中多数自旋子带的空态，少数自旋子带的电子也将进入另一磁性层中少数自旋子带的空态，总的隧穿电流较大；若两磁性层的磁化方向反平行，情况则刚好相反，即在一个磁性层中，多数自旋子带的电子将进入另一磁性层中少数自旋子带的空态，而少数自旋子带的电子也将进入另一磁性层中多数自旋子带的空态，这种状态的隧穿电流比较小。因此，隧穿电导随着两铁磁层磁化方向的改变而变化，磁化矢量平行时的电导高于反平行时的电导。通过施加外磁场可以改变两铁磁层的磁化方向，从而使得隧穿电阻发生变化，导致 TMR 效应的出现。

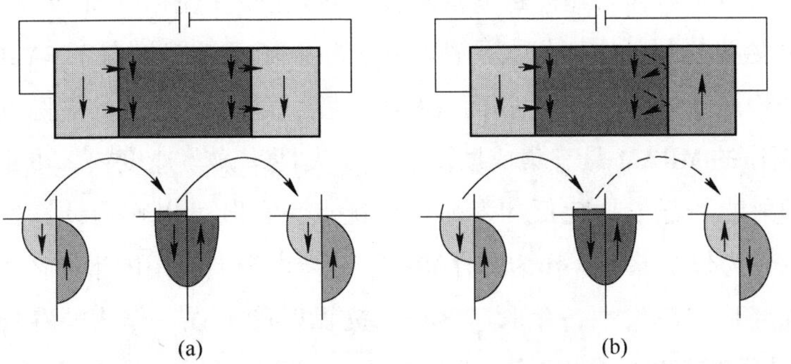

图 8-3 TMR 效应的产生机理示意图
（a）两铁磁层平行排列；（b）两铁磁层反平行排列

磁性隧道结的研究也可以分为两种类型：一种是软-硬结构的隧道结，其利用两种不同矫顽力的铁磁材料作铁磁层；另一种是钉扎结构的隧道结，其利用反铁磁材料钉扎其中一层铁磁层的磁化方向。对于这两种结构的隧道结，我们都可以利用外加磁场大小控制两铁磁层中磁化方向的平行或反平行排列，从而获得 TMR 效应。

TMR 效应不仅存在于隧道结中，人们已经发现，在颗粒膜和锰基氧化物等中也存在隧道磁电阻效应。1995 年 Fujimori 等人[294]在 Co-Al-O 的颗粒膜中发现了 8%的巨磁电阻效应，他们认为是磁场改变了 Co 颗粒的磁化方向，使自旋极化电子通过绝缘的 Al_2O_3 时隧道电导发生变化的磁电阻效应。随后 Hwang 等人[295]在分析 $La_{2/3}Sr_{1/3}MnO_3$ 单晶和多晶样品的磁电阻时，认为多晶在低场下的磁电阻效应主要来自晶粒间的隧道磁电阻效应。1996 年 Lu 等人[296]用类钙钛矿锰基氧化物制成的 $La_{0.67}Sr_{0.33}MnO_3/SrTiO_3/La_{0.67}Sr_{0.33}MnO_3$ 结构中发现，在 42K 下其磁电阻高达 83%。1997 年 Schelp 等人[297]用含小 Co 颗粒的 Al_2O_3 作为隧道结中的绝缘层，发现其室温下的磁电阻值为 21%。磁性隧道结的结构由于层间交换耦合微弱，饱和场很低，所以其灵敏度高，而且磁性隧道结结构的巨磁电阻有电阻率高、能耗小、室温磁电阻大的特点，决定了其具有广泛的应用前景。

TMR 材料主要用于计算机硬盘的读出磁头、磁随机存储器（MRAM）和各类磁传感器，目前高密度、大容量和小型化已成为计算机存储的必然趋势。20 世纪 90 年代初，磁电阻型读出磁头在硬磁盘驱动器中的应用，大大促进了硬磁盘驱动器性能的提高，使它的面记录密度达到了 Gb/in^2 的量级。十几年来，磁电阻磁头已从当初的各向异性磁电阻磁头发展到巨磁电阻（GMR）磁头和 TMR 磁头。TMR 磁头材料的主要优点是磁电阻比和磁场灵敏度均高于 GMR 磁头，而且其几何结构属于电流垂直于膜面（ECC）型，适合于超薄的缝隙间隔。基于 TMR 效应制作的 MRAM 具有集成度高、非易失性、读写速度快、可重复读写次数大、抗辐射能力强、功耗低和寿命长等优点，它既可以作为计算机的内存储器，也可以作为外存储器。作为内存储器，它与市场上通用的半导体内存储器相比，它的优点是非易失性、存取速度快、抗辐射能力强；作为外存储器，它比 Flash 存储器存取速度快 1000 倍，而且功耗小、寿命长。与硬磁盘相比，它的优势是无运动部件，使用起来与 Flash 存储器一样方便。

TMR 材料还可以做成各种高灵敏度磁传感器，用于检测微弱磁场和对微弱磁场信号进行传感。由于此类传感器体积小、可靠性高、响应范围宽，在自动化技术、家用电器、商标识别、卫星定位、导航系统以及精密测量技术方面具有广阔的应用前景。

8.2　二维材料异质结集成技术

自集成电路问世以来，摩尔定律始终驱动着半导体技术的指数级演进。当前 3 nm 制程节点的实现标志着传统硅基技术已逼近物理极限[298]。在此背景下，二维材料家族具有丰富的种类和多样的性能受到人们的广泛关注。若简单按照能带带隙大小区分，二维材料可分为无带隙的导体、较窄带隙的半导体、宽带隙的绝缘体；进一步考虑能带拓扑结构，则可以将其细分为拓扑半金属、拓扑绝缘体等。如果按照功能区分，二维材料又可分为超导体、铁磁体、铁电体以及其他功能材料。另外，二维材料原子级平整的表面以及层间较弱的范德华作用使其可以灵活组合、任意堆叠，从而构成多种类型的超晶格和异质结构。通过精确设计超晶格和异质结中不同层的组分、堆叠顺序和相邻层间转角，又可以进一步扩展二维材料潜力，实现众多新奇的物理现象，展现出前所未有的卓越性能，制备出诸如自旋存储、光电探测、场效应晶体管等不同种类组合的功能性器件以满足实际需求。

在后摩尔时代的集成电路发展中，二维材料及其异质结的产业化应用正面临关键的技术突破期。随着硅基材料逐渐逼近物理极限，量子隧穿效应、短沟道效应和电子散射等问题导致的器件性能衰减已成为制约摩尔定律延续的核心挑战。为构建新一代高性能电子器件以支撑人工智能和信息技术的发展，二维材料的精准构筑技术必须实现三大核心突破：（1）晶圆级制备技术需要跨越尺寸与效率的瓶颈。当前亟须开发在25~300 mm（1~12 in）晶圆上实现二维材料及其异质结薄膜的可控生长、无损转移与精准堆叠的普适性方法，同时将生长速率提升至工业化生产标准。这要求突破传统制备工艺的局限，建立兼顾大面积均匀性与高生产效能的创新技术路线。（2）超平整表面控制是保障器件性能的基础。在材料制备的全流程中，必须将表面起伏度严格控制在1 nm以内，通过精确的层数调控机制消除褶皱缺陷，这对生长动力学调控、转移界面工程和堆叠应力管理提出了前所未有的技术要求。需要从原子尺度理解界面相互作用机制，建立多维度的工艺参数控制体系。（3）本征性能保持是材料应用的决定性因素。制备过程中必须确保材料的结构完整性和高结晶度，使其电学、光学等性能达到机械剥离单晶样品的基准水平。这涉及对缺陷形成机制的深度解析，需要开发原位监测技术实现生长—转移—集成全流程的质量控制，同时建立长期稳定性评价体系。这三个维度的技术突破具有内在的协同性和递进关系：晶圆级制备为产业化提供基础载体，超平整控制确保器件的可加工性，本征性能保持则是功能实现的核心保障。只有通过多尺度制备技术的系统集成，构建从原子级精准控制到晶圆级工程化制造的完整技术链条，才能真正推动二维材料从实验室创新向集成电路产业的跨越式发展。

当前，二维材料的规模化制备技术体系已形成多路径发展格局，主要包括化学气相沉积（CVD）、金属有机化学气相沉积（MOCVD）、分子束外延、原子层沉积、脉冲激光沉积及磁控溅射等。其中，CVD技术凭借设备成本低、工艺兼容性强等优势，被公认为最具产业化潜力的二维材料合成方法。然而，该技术在实现晶圆级、高平整度、高质量二维材料的工业化生产方面仍面临系统性挑战。在晶圆级制备维度，CVD技术虽然通过多晶取向拼接策略实现了石墨烯、MoS_2等材料的厘米级生长[299-302]，但在300 mm晶圆尺度上仍缺乏层数均匀的薄膜制备能力［见图8-4（a）和（b）］，其根本瓶颈在于现有生长机制与工业效率需求间的矛盾：为降低成核点密度，传统CVD工艺通常将生长速率限制在较低水平，导致10 cm级石墨烯晶圆的制备耗时长达数小时［见图8-4（c）］[303-305]，难以满足大规模生产对时间成本的严苛要求。在表面控制层面，CVD生长的二维材料普遍存在界面耦合不均问题。基底与材料间的热力学相互作用差异会导致成核位点分布随机化［见图8-4（d）］[306]，而热膨胀系数失配则引发薄膜褶皱等结构缺陷［见图8-4（e）］[307]。这种非均匀性在转移过程中被进一步放大，有机残留物附着、机械应力诱导的裂纹等二次缺陷［见图 8-4（f）］[308]，严重制约着材料的实际应用潜力。

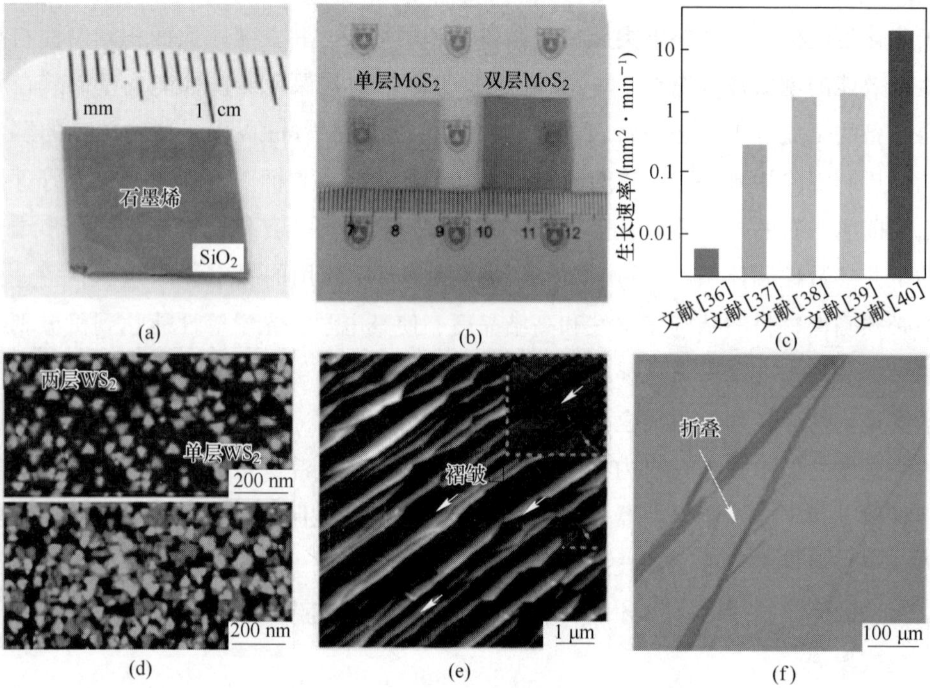

图 8-4　CVD 生长面临的挑战

（a）转移到 SiO_2/Si 衬底上的厘米级石墨烯薄膜的照片[299]；（b）在蓝宝石基底上生长的厘米级单层（左）和双层（右）MoS_2 连续薄膜的照片[300]；（c）不同方法石墨烯生长速率统计图[303-305]；（d）通过 MOCVD 方法生长在单层 MoS_2 上 WS_2 畴的光学显微图像[306]；（e）在 Cu/Ni（111）合金上生长的低褶皱石墨烯的原子力显微镜（atomic force microscope，AFM）图像，右上角为标记区域-10.0°～10.0°的对应 AFM 相位图像[307]；（f）转移过程中产生石墨烯折叠（fold）的典型显微图像[308]

更为关键的是，CVD 工艺固有的缺陷生成机制直接影响材料本征性能。氧悬键、空位等结构缺陷使得材料环境敏感性显著增强，表现为暴露后光致发光强度骤降、超导特性消失等现象。这种性能退化不仅导致器件参数漂移，更对后续微纳加工工艺提出严峻挑战。这些技术瓶颈相互关联形成负反馈循环：生长速率的提升可能加剧缺陷密度，而缺陷控制措施又会制约制备效率。因此，突破二维材料产业化障碍需要建立跨尺度的协同优化机制，在原子级缺陷控制、介观级界面工程和宏观级工艺设计三个维度实现技术贯通。

当前，二维材料制备技术正迎来革命性突破，基于质子辅助生长、自限制生长机制、“平整对平整”叠层转移以及“由高到低”堆垛生长等创新策略，科研人员已成功实现晶圆级高平整度二维材料及其异质结的精准可控制备。然而，面向先进集成电路等工业级应用需求，该领域仍面临三重关键性技术壁垒亟待突破。(1) 晶圆级单晶材料的普适化制备。现有技术虽能在石墨烯、h-BN、MoS_2 等有限材料体系实现 4~12 in 单晶生长，但在层数精确调控、晶相可控性及材料普适性方面仍存在显著局限。特别是面向复杂半导体器件集成需求，亟须开发能同时满足晶圆尺寸、层数控制、晶相调控三位一体的通用制备方法，为高性能器件构筑奠定材料基础。(2) 在单晶材料突破基础上，异质结构筑面临瓶颈。当前外延生长与转移策略虽取得显著进展，但晶格失配、界面缺陷等问题仍制约异质结质量。未来需重点突破层间堆垛角度精密控制、异质界面原子级匹配等关键技术，通过创新“由高到低”堆垛生长策略实现任意材料组合的三维集成。这不仅关乎器件性能均一性提升，更将推动二维异质结器件从平面结构向三维架构的跨越式发展。(3) 工艺兼容性突破。现有制备技术普遍依赖高温过程（>400 ℃），与半导体硅基工艺存在显著温差壁垒，发展低温合成与无损转移技术已成为二维材料融入主流半导体制造的关键突破口。这需要从生长动力学调控、催化剂创新、应力工程等多维度开展协同攻关，在保持材料结晶度的前提下实现与互补金属氧化物半导体（complementary metal oxide semiconductor，CMOS）工艺的深度兼容，为二维材料从实验室走向产业化扫清最后障碍。

8.3　关键科学挑战与发展方向

8.3.1　室温铁磁体的实验制备

室温铁磁体的实验制备是凝聚态物理和材料科学领域的重要研究方向，其核心目标是在常温甚至更高温度下实现材料中自旋的长程有序排列，从而避免传统铁磁体对低温或特殊环境的依赖。这一领域的研究不仅涉及对磁性起源的深入理解，还需要在材料设计、合成工艺和性能调控等方面实现突破。实验制备的核心思路通常围绕如何增强材料的磁各向异性、优化自旋间的交换作用，以及抑制热扰动对磁有序的破坏。例如，研究人员经常通过引入过渡金属（如铁、钴、镍）

或稀土元素掺杂调控材料的电子结构，利用界面效应或应变工程在氧化物异质结（如 $LaAlO_3/SrTiO_3$）中诱导磁性，或通过拓扑材料（如 CrI_3 等二维磁性材料）的本征特性实现室温铁磁性。

二维磁性半导体材料研究近年来取得了系列突破性进展。武汉大学何军教授团队于 2022 年基于限域范德华外延技术，通过动力学生长策略成功制备出厚度可调至单晶胞层的高质量二维铁氧体单晶[309]。该材料展现出突破性的物理特性：居里温度显著超越室温阈值并具有优异环境稳定性，通过厚度调控（3~15 nm）实现了半导体特性与磁学性质的协同调制，特别是矫顽力实现了高达 6 倍的连续可调；研究发现，当薄膜厚度超过 15 nm 时，磁畴结构呈现出与晶体对称性高度关联的多畴特征；当厚度减薄至临界尺寸以下时，静磁能与畴壁能的竞争效应驱动磁结构向单畴态转变。尤为突出的是，该材料在 3 nm 超薄状态下仍保持室温长程磁有序，并展现垂直磁各向异性的矩形磁滞回线。该研究团队进一步将此制备技术拓展至锰铁氧体、镍铁氧体等尖晶石体系，为二维磁性材料的可控制备提供了新范式；此项工作不仅首次揭示了原子级超薄半导体在室温硬磁存储领域的应用潜力，更为磁电耦合机制研究和微型化电子器件开发奠定了重要基础。

在此基础上，中山大学吴曙翔团队于 2024 年取得重大突破，通过分子束外延技术实现了晶圆级 Fe_3GaTe_2 铁磁薄膜的精准制备，如图 8-5 所示[310]。Fe_3GaTe_2 材料展现出强垂直磁各向异性特征，9 个晶胞层厚度的薄膜居里温度高达 420 K，其 300 K 时的垂直磁各向异性能较传统 CoFeB 薄膜提升数倍。突破性发现单晶胞层（1 u.c.）薄膜仍保持铁磁有序，居里温度达 345 K，这得益于应力工程诱导的磁各向异性能强化机制。实验表明，外延薄膜相比机械剥离样品居里温度提升超过 60 K，理论计算揭示拉伸应变不仅增强磁交换耦合，还通过优化电子结构提升磁各向异性能。这种双重增强机制有效抑制热涨落对长程磁序的破坏，为超薄铁磁体的稳定性提供了新思路。该研究攻克了二维磁性材料与半导体工艺兼容性的关键技术瓶颈，其晶圆级单晶薄膜的可控制备能力不仅为高密度磁存储器件开发提供了理想材料平台，更通过磁学性能的精准设计实现了与现有半导体制造工艺的高度适配，标志着二维磁性半导体从基础研究向器件应用迈出关键一步，为自旋电子学器件和磁存储芯片的革新注入强劲动力。

然而，实验制备面临多重挑战。首先，原子级精度的结构控制极为困难，材料中微小的晶格畸变、杂质相或界面缺陷都可能破坏磁有序，例如在二维材料中，边缘态的不完整性会显著降低其居里温度。其次，磁耦合机制的复杂性使得

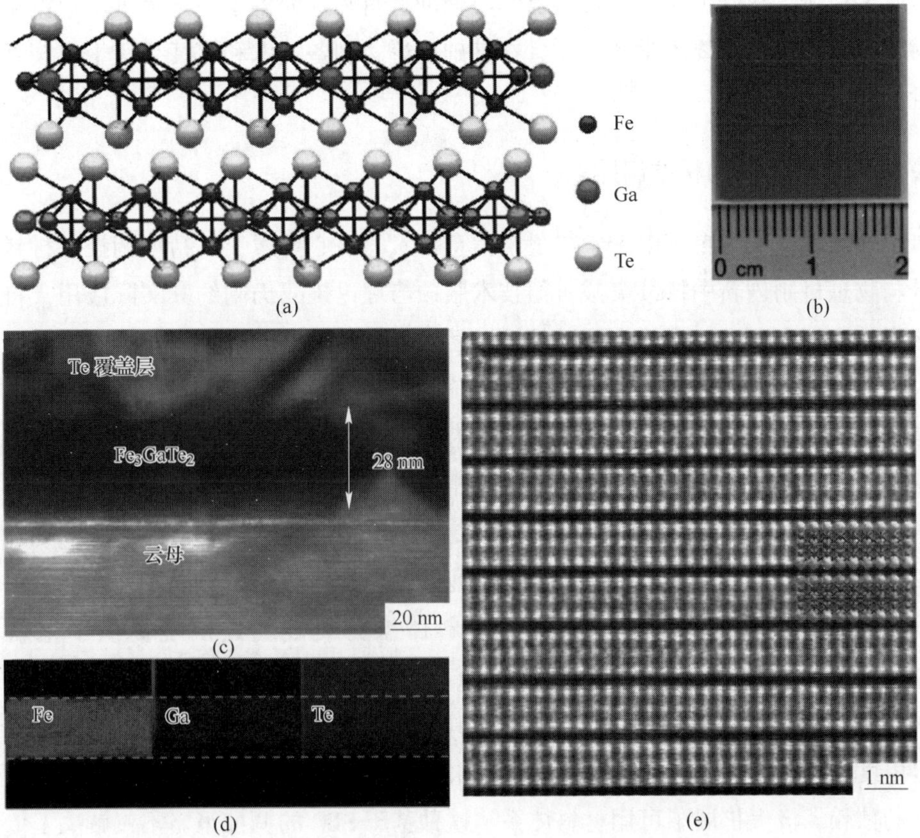

图 8-5 外延范德华层状 Fe_3GaTe_2 薄膜的多尺度结构与成分表征

（a）Fe_3GaTe_2 的分子结构示意图；（b）外延 Fe_3GaTe_2（18 u. c.）的光学图像，尺寸为 2 cm×2 cm；（c）剖面 STEM 测试表明外延薄膜厚度为 28 nm，对应于 18 单胞层厚度；（d）EDS 成像展示出 Fe、Ga 及 Te 元素均匀分布；（e）高角度环形暗场扫描透射电子显微镜晶体结构测试表明外延 Fe_3GaTe_2 薄膜为范德华尔斯层状结构

理论预测与实验结果经常存在偏差，如在掺杂稀磁半导体中，载流子浓度与磁性离子的空间分布关系尚未完全明确，导致实验重现性差。此外，室温下的热涨落会削弱磁各向异性，迫使研究者通过纳米结构设计（如核壳颗粒或超晶格）来增强磁稳定性，但这往往以牺牲材料的宏观磁性强度为代价。材料的化学稳定性问题同样突出，许多候选材料（如某些金属有机化合物）在空气中易氧化或分解，难以满足实际应用需求。更关键的是，现有制备方法大多局限于实验室规模的薄膜沉积或化学气相合成，如何实现大尺寸单晶生长或低成本批量生产仍是产

业化的瓶颈。尽管近年来通过机器学习辅助材料筛选取得了一定进展，但室温铁磁体的实用化仍需要跨学科协作，在基础理论、制备技术和表征手段上实现系统性突破。

8.3.2　自旋极化的精准调控

自旋极化作为自旋电子学与量子信息技术的核心要素，其精准调控在材料设计与物理机制创新中持续突破，但技术瓶颈与理论挑战仍制约其实际应用。自巨磁阻效应发现以来，自旋电子学领域迅猛发展，其中栅极电场调控自旋因其非易失性与低功耗特性备受关注。然而，传统电场调控方案长期受限于两大难题：一是高度依赖强自旋轨道耦合（SOC）作为先决条件，导致材料选择范围狭窄；二是电场诱导的自旋劈裂现象因复杂能带相互作用难以精准预测与控制，显著增加了器件设计的随机性。这些缺陷不仅限制了全电控自旋技术的性能优化，更阻碍了其在高密度集成与量子计算中的应用前景。

近期研究通过新型物理机制与材料体系为突破上述困境提供了全新路径[311]。例如，在交错磁体（altermagnets）中发现的以谷为媒介的自旋-层耦合（SLC）效应，首次实现了无需 SOC 参与的电控自旋极化。该机制通过自旋与层自由度的耦合，使电场可像磁场一样精准调控自旋取向，同时摆脱了对 SOC 强度的依赖，极大扩展了可用材料体系。这种基于 SLC 的调控策略不仅解决了传统电场调控中自旋劈裂的不可控性，还通过能谷自由度与自旋的协同设计实现了可预测的自旋极化操控。通过系统性的对称性分析，研究人员还提出了实现谷媒介 SLC 的对称性条件，并列出了所有具有谷媒介 SLC 的 23 个磁层群。此外，研究人员还确定了 9 种高质量的材料候选者：单层 $Ca(CoN)_2$ 家族，如图 8-6 所示。基于这些具体材料，该工作展示了通过施加栅极场可以实现（近乎）均匀、连续和可切换的自旋极化控制。特别是，施加 2 eV/nm 的栅极场可以产生约 100 meV 的自旋劈裂，相当于一个高达 1000 T 的有效静态磁场。

与此同时，拓扑绝缘体表面态的自旋动量锁定机制因其独特的无耗散自旋输运特性，始终是自旋电子器件的核心研究方向。通过分子束外延技术精确调控 Bi_2Se_3 等拓扑绝缘体的表面缺陷密度，可在室温下实现超过 80% 的自旋极化率，且表面态电子自旋与动量的强关联性在异质结界面中展现出非局域自旋电流放大效应。此外，引入超导近邻效应（如 Nb/TI 异质结构）可进一步调控自旋流相位，为拓扑量子计算提供新思路。在范德瓦尔斯异质结领域，界面工程已从简单

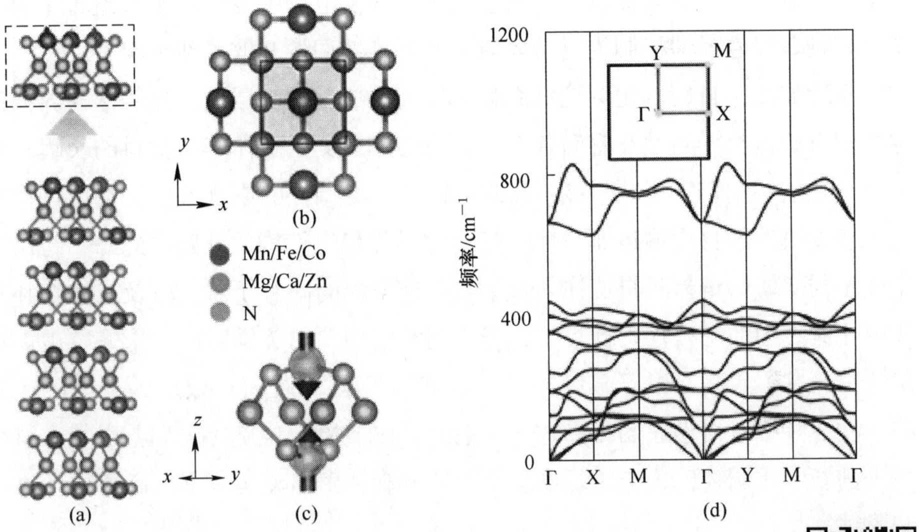

图 8-6 9 种高质量的候选材料：单层 Ca(CoN)$_2$ 家族

（a）从体相中剥离候选单层的示意图；（b）单层 A(BN)$_2$ 的晶体结构俯视图；（c）单层 Ca(CoN)$_2$ 的空间自旋密度分布；（d）单层 Ca(CoN)$_2$ 的声子谱

图 8-6 彩图

的机械堆叠发展为原子级精准的转角调控与插层修饰。例如，通过调控 MoS_2/WS_2 异质结的层间扭转角，可诱导莫尔超晶格对自旋劈裂能的周期性调制，结合栅极电场对层间电荷分布的重构，成功实现了自旋极化方向与幅值的电控可逆切换。更有突破性的是，在 CrI_3/WSe_2 等磁性-半导体异质结中，利用二维磁性材料的层依赖磁序特性，仅通过单层剥离即可在原子尺度上重构自旋输运通道，使自旋注入效率提升至接近理论极限的 95%。

多物理场协同调控策略的深化研究，则通过时空精度的多维操控突破了单一调控手段的物理限制。光场调控方面，阿秒级圆偏振激光脉冲与拓扑表面态的非线性相互作用，可在亚皮秒时间尺度内实现自旋极化方向的全光翻转，其调控速度较传统磁场驱动提升三个数量级；应力场调控则借助压电衬底的逆压电效应，通过机械应变对材料晶格的连续拉伸或压缩，动态调节 Rashba 自旋轨道耦合强度，已在 GeTe 等铁电半导体中实现应变-自旋极化率的线性响应模型。基于微波脉冲的量子调控技术，通过核自旋动态解耦与电子自旋回波的协同，将固态体系的自旋相干时间延长至 10 ms 以上，甚至接近量子纠错阈值。值得注意的是，多场耦合的串扰效应正逐渐从挑战转化为设计自由度。例如，在电场-光场联合调控中，载流子浓度的光致调制可被逆向用于补偿电场引发的自旋轨道转矩效率衰减，这种非线性反馈机制为复杂环境下的鲁棒性调控开辟了新维度。

尽管如此，自旋极化调控仍面临多尺度挑战。微观层面，热涨落与界面缺陷导致的自旋退相干问题在室温条件下尤为突出，交错磁体等新材料的长程有序性维持与缺陷抑制仍需工艺突破；宏观层面，多场调控的串扰效应（如电场调制载流子浓度引发的自旋输运非线性响应）对器件稳定性构成威胁。此外，跨尺度理论模型与实验的偏差、自旋注入效率与阻抗失配的固有矛盾，以及三维拓扑材料规模化制备中的结构均匀性控制，仍是制约实用化的关键障碍。未来突破需深度融合材料基因工程与量子调控技术，例如开发具有强 SLC 效应的二维磁性超晶格、构建基于机器学习的多参数优化系统，以及探索自旋-谷-轨道-层等多自由度耦合的新一代调控范式，才能推动全电控自旋技术向高集成度、高鲁棒性方向跨越发展。

8.3.3　量子器件的设计

量子器件的设计研究正围绕原子级二维材料的精准操控与量子现象的系统解析展开，同时不断融合新型量子系统（如固态量子存储器）的物理机制创新，以构建从微观物性到宏观器件功能的跨尺度理论框架。当前，量子存储器的理论突破正为大规模量子网络奠定基础。中国科学技术大学郭光灿院士团队近期研发的新一代可集成量子存储器，通过自创无噪声光子回波（NLPE）技术，在掺铕硅酸钇晶体中实现了毫秒级存储时间[312]。图 8-7 为长寿命可集成量子存储实验示意图，该成果的理论核心在于：通过圆对称凹陷包层光波导的偏振自由度噪声滤除模型，结合飞秒激光微加工技术抑制界面散射；同时，建立铕离子核自旋的动力学解耦方程，利用共面电波导施加射频磁场调控自旋弛豫路径，最终将存储时间从传统方案的 10 ms 提升至 1.021 ms。这一理论-实验协同创新不仅解决了集成器件中噪声干扰与效率低下的历史难题，更为光量子存储器在长距离量子网络中的应用提供了关键物理模型。

随着量子技术向高集成度、低功耗和智能化方向迈进，多物理场耦合调控逐渐从实验室的探索性研究演变为器件设计的核心范式，这一转变背后是传统单一场调控模式在功能拓展与性能突破上的双重困境。以自旋电子器件为例，单纯依赖电场调控磁性不仅需要极高的驱动电压，还会引发焦耳热效应，导致器件寿命缩短；仅利用磁场调控则受限于响应速度慢、空间分辨率低等瓶颈。近年来，西

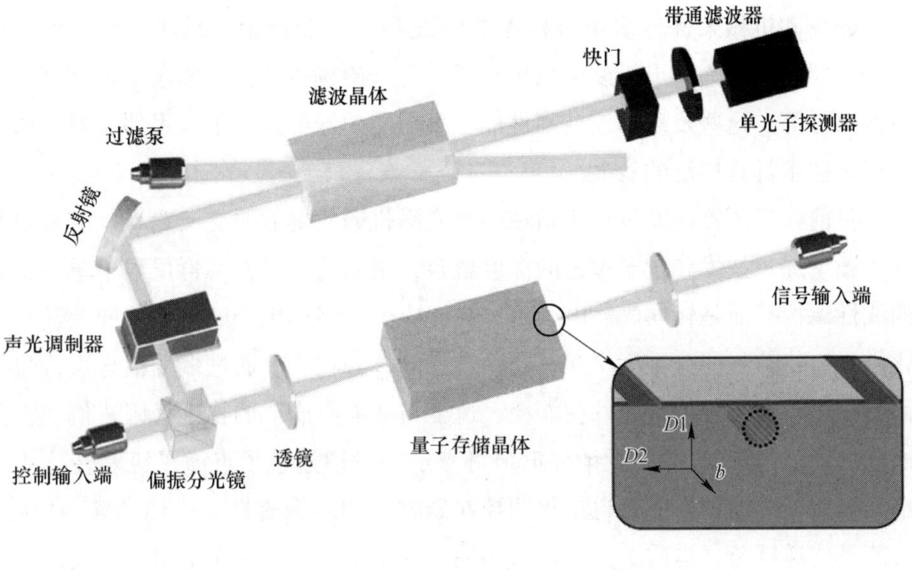

图 8-7 长寿命可集成量子存储实验示意图
（插图显示存储器入射端面的细节）

安交通大学刘明团队与孙向南团队的研究成果，恰好揭示了多场协同设计如何从底层物理机制上重构量子器件的设计逻辑，为下一代量子传感、存储与计算开辟了新路径。例如，西安交通大学刘明团队构建的光伏/铁磁异质结（$Si/SiO_2/Ta/FeGaB/PC71BM@CsPbI_3QDs/PTB7\text{-}Th/Pt$），本质上是通过光-电-磁三场耦合重构了传统磁电材料的调控维度[313]。当可见光穿透钙钛矿量子点层时，$CsPbI_3$ 的激子生成效率比传统有机半导体高出一个数量级，这种高效的光电转换在 PC71BM 的级联作用下，使得光生电子能以更低的能量损耗注入 FeGaB 铁磁层的未占据 d 轨道。第一性原理计算表明，这些非平衡态电子通过交换相互作用改变了局域磁矩的排列方式，导致饱和磁化强度（M_s）出现 27%的可逆变化，这一数值远超传统光磁效应器件。值得注意的是，该团队通过量子点与有机半导体的混合界面设计，将载流子复合率降低了近 40%，这为解决多场耦合系统中常见的能量耗散问题提供了新思路。这种“能量传递链”式的界面工程，使得光场输入的能量被最大程度转化为磁矩调控的有效功，而非以热能形式逸散。此外，国家纳米科学中心孙向南团队在柔性有机自旋器件中实现$\pm10^4\%$量级的磁流比调控，则展现了多场耦合在动态响应与功能重构方面的独特优势[314]。他们发现，该光-电-磁复合场协同调控策略在不同类型的器件中均表现出良好的普适性。通过将光、偏置、磁场和机械柔性等多个可控参数集成到一个器件中，激活了室温多功能应用，该器件可作为高灵敏度磁场传感器、复合磁场传感器、磁电流逆变器和磁控人工突触等。这些发现为设计高性能、多功能的器件提供了新思路，对未来的自旋相关技术具有广泛的意义。

目前，量子器件的设计正站在一个充满机遇与挑战的交叉路口。随着材料科学、微纳加工技术和量子理论的深度融合，未来的发展将不再局限于单一物理场的线性调控，而是转向光、电、磁、热、应力等多场耦合的动态协同，甚至引入化学或生物信号的跨维度交互。这种转变的核心在于，通过多场耦合重构量子态的操控逻辑，突破传统器件在能耗、速度与功能集成上的物理极限。例如，刘明团队的光伏/铁磁异质结设计，正是将光子能量通过量子点激子级联转化为电子自旋极化，再通过界面轨道杂化调控铁磁材料的宏观磁性，这种“光→电→磁”的能量传递链条，本质上是一种多场耦合的量子工程。孙向南团队在柔性有机自旋器件中实现的超宽域磁流比调控，则揭示了机械应变场如何通过分子间作用力改变自旋输运路径，从而将磁场响应从静态的“开关模式”拓展为动态的“连续谱域”。这些案例表明，未来量子器件的设计范式将从“功能叠加”转向“场效应融合”，即在原子尺度上设计材料界面与能带结构，使得不同物理场的输入信号能够通过量子相干、自旋轨道耦合或激子-声子相互作用等机制，实现非线性的协同放大。

在这一进程中，材料创新将成为推动理论突破的关键引擎。例如，钙钛矿量子点与二维过渡金属硫化物（如 MoS_2、WSe_2）的异质集成，能够同时利用量子限域效应和范德华界面的超快电荷转移特性，为多场耦合提供高灵敏度的响应平台。然而，这类材料的稳定性问题仍是一大瓶颈，钙钛矿量子点在光照下的离子迁移、二维材料边缘态的不可控重构，都会导致多场耦合特性的时间依赖性衰减。为此，研究者开始探索“自适应界面”设计，例如在量子点表面修饰具有光致交联能力的有机配体，或利用石墨烯的机械柔性动态补偿晶格失配，从而在非平衡态下维持界面的功能稳定性。

理论建模的复杂性则是另一座需要翻越的高山。现有的密度泛函理论（DFT）或非平衡格林函数方法，虽然能够描述单一物理场下的基态或稳态行为，却难以捕捉多场耦合瞬态过程中的量子涨落与能量耗散。例如，在光-电-磁三场同时作用时，光生电子的自旋弛豫、铁磁层的磁矩进动以及界面声子的热耗散之间存在皮秒到纳秒级的时间尺度差异，这种时空失配会导致理论预测与实验观测的显著偏差。为此，一些团队开始尝试将机器学习势函数与含时密度矩阵重整化群（t-DMRG）方法相结合，构建跨尺度的动态耦合模型。这种“数据驱动+第一性原理”的混合框架，已初步实现了对 FeGaB/PQDs-HIA 异质结中光致磁化翻转过程的毫秒级动态模拟，但其计算资源消耗仍是工业级应用的障碍。

未来的另一个重要方向是将多场耦合设计与拓扑量子态相结合。例如，磁性斯格明子（Skyrmion）的拓扑保护特性使其对外场扰动具有鲁棒性，通过光或电场调控斯格明子晶格的集体动力学，可能实现超低功耗的磁电逻辑运算。近期在 $CrGeTe_3$ 等二维铁磁体中观察到的电场可调斯格明子相变，为这类器件的设计提供了材料基础。但挑战在于，如何在室温下维持斯格明子的稳定性，并解决多场调控导致的拓扑态退相干问题。此外，量子器件的柔性化与生物兼容性需求，也推动着研究向有机-无机杂化系统拓展。例如，将细菌视紫红质的光驱动质子泵效应与自旋传输层耦合，可能开发出光-生物-磁三场响应的仿生量子传感器，但其界面电荷转移机制尚不明确。

最终，量子器件的设计必将走向“智能化自演进”，通过嵌入反馈环路与自适应算法，使器件能够根据环境输入动态调整多场耦合参数，实现类似生物神经系统的可塑性。这需要将量子材料、多物理场模型与神经形态计算框架深度融合，如何在这种高度非线性的系统中保持量子相干性与功能稳定性，将是理论设计与工程实践共同面临的终极考验。

参考文献

[1] HARLOW F H, FROMM J E. Computer Experiments in Fluid Dynamics [J]. Scientific American, 1965, 212 (3): 104-111.

[2] PRINZ G A. Spin-Polarized Transport [J]. Physics Today, 1995, 48: 58-63.

[3] DIETL T. Ferromagnetic semiconductors [J]. Semiconductor Science and Technology, 2002, 17 (4): 377-392.

[4] MUNEKATA H, OHNO H, VON MOLNAR S, et al. Diluted magnetic Ⅲ~Ⅴ semiconductors [J]. Physical Review Letters, 1989, 63 (17): 1849-1852.

[5] OHNO H, SHEN A, MATSUKURA F, et al. (Ga,Mn) As: a new diluted magnetic semiconductor based on GaAs [J]. Applied Physics Letters, 1996, 69 (3): 363-365.

[6] DIETL T, OHNO H, MATSUKURA F, et al. Zener model description of ferromagnetism in zinc-blende magnetic semiconductors [J]. Science, 2000, 287 (5455): 1019-1022.

[7] FURDYNA J K. Diluted magnetic semiconductors: An interface of semiconductor physics and magnetism [J]. Journal of Applied Physics, 1982, 53 (11): 7637-7643.

[8] BRANDT N B, MOSHCHALKOV V V. Semimagnetic semiconductors [J]. Advances in Physics, 1984, 33 (3): 193-256.

[9] GOEDE O, HEIMBRODT W. Optical Properties of (Zn,Mn) and (Cd,Mn) Chalcogenide Mixed Crystals and Superlattices [J]. Physica Status Solidi B, 1988, 146 (1): 11-62.

[10] FURDYNA J K. Diluted magnetic semiconductors [J]. Journal of Applied Physics, 1988, 64 (4): R29-R64.

[11] SATO K, BERGQVIST L, KUDRNOVSKY J, et al. First-principles theory of dilute magnetic semiconductors [J]. Reviews of Modern Physics, 2010, 82 (2): 1633-1690.

[12] OHNO H, SHENA, MATSUKURA F, et al. (Ga,Mn)As: A new diluted magnetic semiconductor basedon GaAs [J]. Applied Physics Letters, 1996, 69 (3): 363-365.

[13] SHIMIZU H, MIYAMURA M, TANAKA M. Magneto-optical properties of a GaAs: MnAs hybrid structure sandwiched by GaAs/AlAs distributed Bragg reflectors [J]. Applied Physics Letters, 2001, 78 (11): 1523-1525.

[14] OHNO Y, YOUNG D K, BESCHOTEN B, et al. Electrical spin injection in a ferromagnetic semiconductor heterostructure [J]. Nature, 1999, 402 (6763): 790-792.

[15] OHNO H, CHIBA D, MATSUKURA F, et al. Electric-field control of ferromagnetism [J]. Nature, 2000, 408 (6815): 944-946.

[16] CHEN L, YANG X, YANG F, et al. Enhancing the Curie Temperature of Ferromagnetic

Semiconductor (Ga,Mn)As to 200 K via Nanostructure Engineering [J]. Nano Letters, 2011, 11 (7): 2584-2589.

[17] STECKL A J, BIRKHAHN R. Visible emission from Er-doped GaN grown by solid source molecular beamepitaxy [J]. Applied Physics Letters, 1998, 73 (12): 1700-1702.

[18] RADER O, VALENCIA S, GUDAT W, et al. Photoemission of $Ga_{1-x}Mn_x$ As with high Curie temperature and transformation into MnAs of zincblende structure [J]. physica status solidi (b), 2009, 246 (7): 1435-1439.

[19] YU K M, WALUKIEWICZ W, WOJTOWICZ T, et al. Effect of the location of Mn sites in ferromagnetic $Mn_xGa_{1-x}As$ on its Curie temperature [J]. Physical Review B, 2002, 65 (20): 201303.

[20] JUNGWIRTH T, SINOVA J, MASEK J, et al. Theory of ferromagnetic (Ⅲ,Mn)V semiconductors [J]. Reviews of Modern Physics, 2006, 78 (3): 809-864.

[21] SATO K, DEDERICHS P H, KATAYAMA-YOSHIDA H, et al. Exchange interactions in diluted magnetic semiconductors [J]. Journal of Physics: Condensed Matter, 2004, 16 (48): S5491.

[22] SATO K, DEDERICHS P H, KATAYAMA-YOSHIDA H. Curie temperatures of Ⅲ-Ⅴ diluted magnetic semiconductors calculated from first principles [J]. EPL (Europhysics Letters), 2003, 61 (3): 403-408.

[23] COEY J M D. Dilute magnetic oxides [J]. Current Opinion in Solid State and Materials Science, 2006, 10 (2): 83-92.

[24] UEDA K, TABATA H, KAWAI T. Magnetic and electric properties of transition-metal-doped ZnO films [J]. Applied Physics Letters, 2001, 79 (7): 988-990.

[25] JIN Z, FUKUMURA T, KAWASAKI M, et al. High throughput fabrication of transition-metal-doped epitaxial ZnO thin films: A series of oxide-diluted magnetic semiconductors and their properties [J]. Applied Physics Letters, 2001, 78 (24): 3824-3826.

[26] HAN S J, SONG J W, YANG C H, et al. A key to room-temperature ferromagnetism in Fe-doped ZnO: Cu [J]. Applied Physics Letters, 2002, 81 (22): 4212-4214.

[27] PRELLIER W, FOUCHET A, MERCEY B, et al. Laser ablation of Co: ZnO films deposited from Zn and Co metal targets on (0001) Al_2O_3 substrates [J]. Applied Physics Letters, 2003, 82 (20): 3490-3492.

[28] VENKATESAN M, FITZGERALD C, COEY J. Thin films: unexpected magnetism in a dielectric oxide [J]. Nature, 2004, 430 (700): 630.

[29] LU Z L, HSU H S, TZENG Y, et al. Carrier-mediated ferromagnetism in single crystalline (Co,Ga)-codoped ZnO films [J]. Applied Physics Letters, 2009, 94 (15): 152507.

[30] AKAI H. Ferromagnetism and Its Stability in the Diluted Magnetic Semiconductor (In, Mn) As [J]. Physical Review Letters, 1998, 81 (14): 3002-3005.

[31] BERGQVIST L, ERIKSSON O, KUDRNOVSKY J, et al. Magnetic percolation in diluted magnetic semiconductors [J]. Physical Review Letters, 2004, 93 (13): 137202.

[32] FUKUSHIMA T, SATO K, KATAYAMA-YOSHIDA H, et al. Dilute Magnetic Semiconductors Based on Half-Heusler Alloys [J]. Journal of the Physical Society of Japan, 2007, 76 (9): 094713.

[33] HAFNER J. Ab-initio simulations of materials using VASP: Density-functional theory and beyond [J]. Journal of Computational Chemistry, 2008, 29 (13): 2044-2078.

[34] BORN M, HUANG K. Dynamical Theory of Crystal Latices [M]. Clarendon Press, 1954.

[35] FOCK V. Näherungsmethode zur Lösung des quantenmechanischen Mehrkörperproblems [J]. Zeitschrift für Physik, 1930, 61 (1/2): 126-148.

[36] THOMAS L H. The effect of the orbital velocity of the electronics in heavy atoms on their stopping of α-particles [J]. Mathematical Proceedings of the Cambridge Philosophical Society, 1927, 23 (6): 713-716.

[37] HOHENBERG P, KOHN W. Inhomogeneous electron gas [J]. Physical Review, 1964, 136 (3B): B864-871.

[38] KOHN W, SHAM L J. Self-Consistent Equations Including Exchange and Correlation Effects [J]. Physical Review, 1965, 140 (4A): A1133-A1138.

[39] JONES R O, GUNNARSSON O. The density functional formalism, its applications and prospects [J]. Review Modern Physics, 1989, 61 (3): 689-746.

[40] BECKE A D. A new mixing of Hartree-Fock and local density-function theories [J]. The Journal of Chemical Physics, 1993, 98 (2): 1372-1377.

[41] PERDEW J P, CHEVARY J A, VOSKO S H, et al. Atoms, molecules, solids, and surfaces: Applications of the generalized gradient approximation for exchange and correlation [J]. Physical Review B, 1992, 46 (11): 6671-6687.

[42] PERDEW J P, BURKE K, ERNZERHOF M. Generalized gradient approximation made simple [J]. Physical Review Letters, 1996, 77 (18): 3865-3868.

[43] ANISIMOV V I, ZAANEN J, ANDERSEN O K. Band theory and mott insulatots: hubbard U instead of stoner I [J]. Physical Review B, 1991, 44 (3): 943-954.

[44] ANISIMOV V I, SOLOVYEV I V, KOROTIN M A, et al. Density-functional theory and NiO photoemission spectra [J]. Physical Review B, 1993, 48 (23): 16929.

[45] SOLOVYEV I V, DEDERICHS P H, ANISIMOV V I. Corrected atomic limite in the local-density approximation and the electronic structure of d impurities in Rb [J]. Physical Review

B, 1994, 50 (23): 16861.

[46] HEYD J, SCUSERIA G E, ERNZERHOF M. Hybrid functionals based on a screened Coulomb potential [J]. The Journal of Chemical Physics, 2003, 118 (18): 8207-8215.

[47] HAMANN D R, SCHLUTER M, CHIANG C. Norm-conserving pseudopotentials [J]. Physical Review Letters, 1979, 43 (20): 1494-1497.

[48] VANDERBILT D. Soft self-consistent pseudopotentials in a generalized eigenvalue for malism [J]. Physical Review B, 1990, 41 (11): 7892-7895.

[49] BLÖCHL P E. Projector augmented-wave method [J]. Physical Review B, 1994, 50 (24): 17953.

[50] HUIBERTS J N, GRIESSEN R, RECTOR J H, et al. Yttrium and lanthanum hydride films with switchable optical properties [J]. Nature, 1996, 380 (6571): 231-234.

[51] DEN BROEDER F J A, VAN DER MOLEN S J, KREMERS M, et al. Visualization of hydrogen migration in solids using switchable mirrors [J]. Nature, 1998, 394 (6694): 656-658.

[52] KERSSEMAKERS J W J, VAN DER MOLEN S J, KOEMAN N J, et al. Pixel switching of epitaxial Pd/YH_x/CaF_2 switchable mirrors [J]. Nature, 2000, 406 (6795): 489-491.

[53] CHEN P, XIONG Z T, LUO J Z, et al. Interaction of hydrogen with metal nitrides and imides [J]. Nature, 2002, 420 (6913): 302-304.

[54] HE T, PACHFULE P, WU H, et al. Hydrogen carriers [J]. Nature Reviews Materials, 2016, 1 (12): 1-7.

[55] KARAZHANOV S Z, RAVINDRAN P, VAJEESTON P, et al. Hydride electronics [J]. Physica Status Solidi (a), 2007, 204 (10): 3538-3544.

[56] BJORLING T, NOREUS D, JANSSON K, et al. SrAlSiH: a polyanionic semiconductor hydride [J]. Angewandte Chemie International Edition, 2005, 44 (44): 7269-7273.

[57] KARAZHANOV S Z, ULYASHIN A G, RAVINDRAN P, et al. Semiconducting hydrides [J]. EPL (Europhysics Letters), 2008, 82 (1): 17006.

[58] KARAZHANOV S Z, ULYASHIN A G. Similarity of electronic structure and optical properties of Mg_2NiH_4 and Si [J]. EPL (Europhysics Letters), 2008, 82 (4): 48004.

[59] KARAZHANOV S Z, ULYASHIN A G, VAJEESTON P, et al. Hydrides as materials for semiconductor electronics [J]. Philosophical Magazine, 2008, 88 (16): 2461-2476.

[60] KARAZHANOV S Z, SHERIPOV U, ULYASHIN A G. Classification of hydrides according to features of band structure [J]. Philosophical Magazine, 2009, 89 (13): 1111-1120.

[61] ZACHARIASEN W H, HOLLEY C E, STAMPER J F. Neutron diffraction study of magnesium deuteride [J]. Acta Crystallographica, 1963, 16 (5): 352-353.

[62] BASTIDE J P, BONNETOT B, LETOFFE J M, et al. Polymorphisme de l'hydrure de magnesium sous haute pression [J]. Materials Research Bulletin, 1980, 15 (12): 1215-1224.

[63] NORITAKE T, AOKI M, TOWATA S, et al. Chemical bonding of hydrogen in MgH_2 [J]. Applied Physics Letters, 2002, 81 (11): 2008-2010.

[64] YU R, LAM P K. Electronic and structural properties of MgH_2 [J]. Physical Review B, 1988, 37 (15): 8730-8737.

[65] VAJEESTON P, RAVINDRAN P, HAUBACK B C, et al. Structural stability and pressure-induced phase transitions in MgH_2 [J]. Physical Review B, 2006, 73 (22): 224102.

[66] VAN SETTEN M J, POPA V A, DE WIJS G A, et al. Electronic structure and optical properties of lightweight metal hydrides [J]. Physical Review B, 2007, 75 (3): 035204.

[67] ER S, TIWARI D, DE WIJS G A, et al. Tunable hydrogen storage in magnesium-transition metal compounds: first-principles calculations [J]. Physical Review B, 2009, 79 (2): 024105.

[68] SHERIPOV U, ZHANABERGENOV Z, UTENIYAZOV A, et al. Ti-derived intermediate band in MgH_2 [J]. Functional Materials, 2012, 19 (4): 520-524.

[69] ZENG X Q, CHENG L F, ZOU J X, et al. Influence of 3d transition metals on the stability and electronic structure of MgH_2 [J]. Journal of Applied Physics, 2012, 111 (9): 093720.

[70] LAKHAL M, BHIHI M, NAJI S, et al. Half-metallic ferromagnetism in TM-doped MgH_2 hydride [J]. Applied Physics A, 2015, 119 (4): 1587-1593.

[71] GAZTANAGA F, LUNA C R, SANDOVAL M, et al. Geometric, Electronic and Magnetic Properties of MgH_2: Influence of Charged Defects [J]. The Journal of Physical Chemistry C, 2016, 120 (40): 22844-22851.

[72] LIECHTENSTEIN A I, ANISIMOV V I, ZAANEN J. Density-functional theory and strong interactions: Orbital ordering in Mott-Hubbard insulators [J]. Physical Review B, 1995, 52 (8): R5467.

[73] ANISIMOV V I, ZAANE J, ANDERSEN O K. Bandtheory and Mottinsulators: Hubbard U instead of Stoner I [J]. Physical Review B, 1991, 44 (3): 943-954.

[74] CHIEN C H, CHIOU S H, GUO G Y, et al. Electronic structure and magnetic moments of 3d transition metal-doped ZnO [J]. Journal of Magnetism and Magnetic Materials, 2004, 282: 275-278.

[75] ER S, TIWARI D, DE WIJIS G A, et al. Tunable hydrogen storage in magnesium-transition metal compounds: First-principles calculations [J]. Physical Review B, 2009, 79 (2): 024105.

[76] BORTZ M, BERTHEVILLE B, BOTTGER G, et al. Structure of the high pressure phase γ-MgH_2 by neutron powder diffraction [J]. Journal of Alloys and Compounds, 1999, 287 (1/2): L4-L6.

[77] PARK M S, JANOTTI A, VAN DE WALLE C G. Formation and migration of charged native point defects in MgH_2: First-principles calculations [J]. Physical Review B, 2009, 80 (6): 064102.

[78] ISIDORSSON J, GIEBELS I A M E, ARWIN H, et al. Optical properties of MgH_2 measured in situ by ellipsometry and spectrophotometry [J]. Physical Review B, 2003, 68 (11): 115112.

[79] VAN DE WALLE C G, NEUGEBAUER J. First-principles calculations for defects and impurities: Applications to Ⅲ-nitrides [J]. Journal of Applied Physics, 2004, 95 (8): 3851-3879.

[80] DALPIAN G M, WEI S H, GONG X G, et al. Phenomenological band structure model of magnetic coupling in semiconductors [J]. Solid State Communications, 2006, 138 (7): 353-358.

[81] WOLVERTON C E, OZOLIŇŠ V, ASTA M. Hydrogen in aluminum: First-principles calculations of structure and thermodynamics [J]. Physical Review B, 2004, 69 (14): 144109.

[82] KE X, KUWABARA A, TANAKA I. Cubic and orthorhombic structures of aluminum hydride AlH_3 predicted by a first-principles study [J]. Physical Review B, 2005, 71 (18): 184107.

[83] PICKARD C J, NEEDS R J. Metallization of aluminum hydride at high pressures: A first-principles study [J]. Physical Review B, 2007, 76 (14): 144114.

[84] SCHEICHER R H, KIM D Y, LEBEGUE S, et al. Cubic metallic phase of aluminum hydride showing improved hydrogen desorption [J]. Applied Physics Letters, 2008, 92 (20): 201903.

[85] GRAETZ J, CHAUDHURI S, LEE Y, et al. Pressure-induced structural and electronic changes in α-AlH_3 [J]. Physical Review B, 2006, 74 (21): 214114.

[86] ORIMO S, NAKAMORI Y, KATO T, et al. Intrinsic and mechanically modified thermal stabilities of α-, β- and γ-aluminum trihydrides AlH_3 [J]. Applied Physics A, 2006, 83 (1): 5-8.

[87] KOLESNIKOV A I, ANTONOV V E, MARKUSHKIN Y E, et al. Lattice dynamics of α-AlH_3 and α-AlD_3 by inelastic neutron scattering: High-energy band of optical bond-stretching vibrations [J]. Physical Review B, 2007, 76 (6): 064302.

[88] MUTO S, TATSUMI K, IKEDA K, et al. Dehydriding process of α-AlH_3 observed by transmission electron microscopy and electron energy-loss spectroscopy [J]. Journal of Applied Physics, 2009, 105 (12): 123514.

[89] BRINKS H W, ISTAD-LEM A, HAUBACK B C. Mechanochemical Synthesis and Crystal

Structure of α′-AlD_3 and α-AlD_3 [J]. The Journal of Physical Chemistry B, 2006, 110 (51): 25833-25837.

[90] BRINKS H W, BROWN C, JENSEN C M, et al. The crystal structure of γ-AlD_3 [J]. Journal of Alloys and Compounds, 2007, 441 (1/2): 364.

[91] VAJEESTON P, RAVINDRAN P, FJELLVÅG H. Novel High Pressure Phases of β-AlH_3: A Density-Functional Study [J]. Chemistry of Materials, 2008, 20 (19): 5997-6002.

[92] NISAR J, SCHEICHER R H, PENG X, et al. Stability of ferromagnetic phase in Fe-doped AlH_3 [J]. EPL (Europhysics Letters), 2009, 85: 67006.

[93] BROWER F M, MATZEK N E, REIGLER P F, et al. Preparation and properties of aluminum hydride [J]. Journal of the American Chemical Society, 1976, 98 (9): 2450-2453.

[94] VAN SETTEN M J, POPA V A, DE WIJS G A, et al. Electronic structure and optical properties of lightweight metal hydrides [J]. Physical Review B, 2007, 75 (3): 035204.

[95] ZHANG S B, NORTHRUP J E. Chemical potential dependence of defect formation energies in GaAs: Application to Ga self-diffusion [J]. Physical Review Letters, 1991, 67 (17): 2339-2343.

[96] WEI S H, ZUNGER A. Electronic and structural anomalies in lead chalcogenides [J]. Physical Review B, 1997, 55 (20): 13605-13610.

[97] DALVEN R. Solid State Physics [M]. New York: Academic Press, 1974: 179-224.

[98] CHATTERJEE S, PAL U. Low-cost solar selective absorbers from Indian galena [J]. Optical Engineering, 1993, 32 (11): 2923-2929.

[99] CHAUDHURI T K. A solar thermophotovoltaic converter using Pbs photovoltaic cells [J]. International Journal of Energy Research, 1992, 16 (6): 481-487.

[100] PARRA R S, GEORGE P J, SANCHEZ G G, et al. Optical and electrical properties of PbS^+ in thin films subjected to thermal processing [J]. Journal of Physics and Chemistry of Solids, 2000, 61 (5): 659-668.

[101] SARAVANAN R S S, MEENA M, PUKAZHSELVAN D, et al. Structural, optical and electrical characterization of Mn^{2+} and Cd^{2+} doped/co-doped PbS nanocrystals [J]. Journal of Alloys and Compounds, 2015, 627: 69-77.

[102] TAN X J, SHAO H Z, HU T Q, et al. Theoretical understanding on band engineering of Mn-doped lead chalcogenides PbX (X = Te, Se, S) [J]. Journal of Physics: Condensed Matter, 2015, 27 (9): 095501.

[103] RAJASHREE C, BALU A R, NAGARETHINAM V S. Enhancement in the physical properties of spray deposited nanostructured ternary PbMgS thin films towards optoelectronic applications [J]. Journal of Materials Science: Materials in Electronics, 2016, 27 (5):

5070-5078.

[104] RAJASHREE C, BALU A R, NAGARETHINAM V S. Influence of Al doping on the structural, morphological and opto-electrical properties of spray deposited lead sulfide thin films [J]. Journal of Materials Science: Materials in Electronics, 2016, 27 (8): 7876-7882.

[105] HAN H P, HU W Q, GAO G Y, et al. Preserving stable 100% spin polarization at (111) heterostructures of half-metallic Heusler alloy Co_2VGa with semiconductor PbS [J]. Journal of Applied Physics, 2012, 112 (8): 083710.

[106] PIMACHEV A, DAHNOVSKY Y. Optical and Magnetic Properties of PbS Nanocrystals Doped by Manganese Impurities [J]. Journal of Physical Chemistry C, 2015, 119 (29): 16941-16946.

[107] LEE J S, BODNARCHUK M I, SHEVCHENKO E V, et al. "Magnet-in-the-Semiconductor" FePt-PbS and FePt-PbSe Nanostructures: Magnetic Properties, Charge Transport, and Magnetoresistance [J]. Journal of the American Chemical Society, 2010, 132 (18): 6382-6391.

[108] YAMAMOTO S, KUSANO Y. Size-controlled Synthesis and Magnetic Properties of FePt/PbS Core/Shell Nanoparticles [J]. Chemistry Letters, 2016, 45 (1): 78-80.

[109] SMITS C J P, FILIP A T, SWAGTEN H J M, et al. Antiferromagnetic interlayer exchange coupling in all-semiconducting EuS/PbS/EuS trilayers [J]. Physical Review B, 2004, 69 (22): 224410.

[110] SMITS C J P, FILIP A T, SWAGTEN H J M, et al. Modeling interlayer exchange coupling in EuS/PbS/EuS trilayers [J]. Journal of Applied Physics, 2004, 95 (11): 7169-7171.

[111] NAKASHIMA T, NAKAO H, TANAKA A, et al. Synthesis of PbS/EuS Core/Shell Nanocrystals [J]. Chemistry Letters, 2012, 41 (4): 412-414.

[112] BARONE P, RAUCH T, SANTE D D, et al. Pressure-induced topological phase transitions in rocksalt chalcogenides [J]. Physical Review B, 2013, 88 (4): 045207.

[113] GEILHUFE M, NAYAK S K, THOMAS S, et al. Effect of hydrostatic pressure and uniaxial strain on the electronic structure of $Pb_{1-x}Sn_xTe$ [J]. Physical Review B, 2015, 92 (23): 235203.

[114] LIU Q, LIU C X, XU C, et al. Magnetic impurities on the surface of a topological insulator [J]. Physical Review Letters, 2009, 102 (15): 156603.

[115] GARATE I, FRANZ M. Inverse Spin-Galvanic Effect in the Interface between a Topological Insulator and a Ferromagnet [J]. Physical Review Letters, 2010, 104 (14): 146802.

[116] WRAY L A, XU S Y, XIA Y, et al. A topological insulator surface under strong Coulomb,

magnetic and disorder perturbations [J]. Nature Physics, 2011, 7 (1): 32-37.

[117] YU R, ZHANG W, ZHANG H J, et al. Quantized Anomalous Hall Effect in Magnetic Topological Insulators [J]. Science, 2010, 329 (5987): 61-64.

[118] DYRDAL A, DUGAEV V K, BARNAS J. Anomalous Hall effect in Ⅳ-Ⅵ magnetic semiconductors [J]. Physical Review B, 2008, 78 (24): 245208.

[119] ADAM A A E, CHENG X M, ABUELHASSAN H H, et al. Microstructure and magnetic behavior of Mn doped GeTe chalcogenide semiconductors based phase change materials [J]. Solid State Communications, 2017, 259: 19-23.

[120] GU G, XIANG G, LUO J, et al. Magnetism in transition-metal-doped ZnO: A first-principles study [J]. Journal of Applied Physics, 2012, 112 (2): 023913.

[121] BONANNI A. Ferromagnetic nitride-based semiconductors doped with transition metals and rare earths [J]. Semiconductor Science and Technology, 2007, 22 (9): R41.

[122] LONG R, ENGLISH N J. Magnetic properties of first-row element-doped ZnS semiconductors: A density functional theory investigation [J]. Physical Review B, 2009, 80 (11): 115212.

[123] CHU D W, ZENG Y P, JIANG D L, et al. Tuning the crystal structure and magnetic properties of Fe doped In_2O_3 nanocrystals [J]. Applied Physics Letters, 2007, 91 (26): 262503.

[124] CHEN X B, PI X D, YANG D R. Silicon nanocrystals doped with substitutional or interstitial manganese [J]. Applied Physics Letters, 2011, 99 (19): 193108.

[125] RAVISHANKAR S, BALU A R, USHARANI K, et al. Optical and magnetic properties of PbS thin films doped with Fe^{2+} ions [J]. Optik-International Journal for Light and Electron Optics, 2017, 134: 121-127.

[126] MORENO O P, PEREZ R G, PORTILLO M C, et al. Morphological, structural, optical and electrical properties of PbS nanocrystals doped with Fe^{2+} grown by chemical bath [J]. Optik-International Journal for Light and Electron Optics, 2016, 127: 10273-10282.

[127] SILVA R S, MORAIS P C, SULLASI H S L, et al. Magnetic and optical characterization of Mn-doped PbS nanocrystals supported in oxide glass matrix [J]. Journal of Alloys and Compounds, 2009, 483 (1/2): 204-206.

[128] MANDAL S K, MANDAL A R, BANERJEE S. High Ferromagnetic Transition Temperature in PbS and PbS: Mn Nanowires [J]. ACS Applied Materials & Interfaces, 2012, 4 (1): 205.

[129] BINDILATTI V, HAAR E T, OLIVEIRA N F, et al. Magnetization steps in $Pb_{1-x}Eu_xS$: Exchange and anisotropic interactions [J]. Physical Review B, 1998, 57 (13): 7854-7862.

[130] WONGA K M, ALAY-E-ABBASB S M, SHAUKATC A, et al. DFT + U study of the structural and electronic properties of the ferromagnetic and antiferromagnetic ordering in the PbS-based ternary alloys $Pb_{1-x}Eu_xS$ (x = 0.25, 0.50, 0.75 and 1) [J]. Solid State Sciences, 2013, 18: 24-35.

[131] GRATENS X, ISBER S, CHARAR S, et al. Magnetic susceptibility study of Ce^{3+} in PbCeA (A = Te, Se, S) [J]. Journal of Magnetism and Magnetic Materials, 2012, 324 (18): 2761-2764.

[132] SONG X S, DONG S J, ZHAO H. First Principles Study of Structural, Magnetic and Electronic Properties of PbX (X = S and Se) Doped with B, C and N [J]. Journal of Superconductivity and Novel Magnetism, 2013, 26 (12): 3437-3442.

[133] WEI S H, ZUNGER A. Electronic and structural anomalies in lead chalcogenides [J]. Physical Review B, 1997, 55 (20): 13605-13610.

[134] HUMMER K, GRÜNEIS A, KRESSE G. Structural and electronic properties of lead chalcogenides from first principles [J]. Physical Review B, 2007, 75 (19): 195211.

[135] DALVEN R. A review of the semiconductor properties of PbTe, PbSe, PbS and PbO [J]. Infrared Physics, 1969, 9 (4): 141-184.

[136] ZHANG Y, KE X Z, CHEN C F, et al. Thermodynamic properties of PbTe, PbSe and PbS: First-principles study [J]. Physical Review B, 2009, 80 (2): 024304.

[137] DEV P, XUE Y, ZHANG P. Defect-Induced Intrinsic Magnetism in Wide-Gap Ⅲ Nitrides [J]. Physical Review Letters, 2008, 100 (11): 117204.

[138] DEV P, ZHANG P. Unconventional magnetism in semiconductors: Role of localized acceptor states [J]. Physical Review B, 2010, 81 (8): 085207.

[139] SAERBECK T, PEREIRO J, WAMPLER J, et al. Ferromagnetism in partially oxidized CuCl [J]. Journal of Magnetism and Magnetic Materials, 2013, 346: 161-165.

[140] VOLNIANSKA O, BOGUSLAWSKI P, KACZKOWSKI J, et al. Theory of doping properties of Ag acceptors in ZnO [J]. Physical Review B, 2009, 80 (24): 245212.

[141] VICTORA R H. Calculated electronic structure of silver halide crystals [J]. Physical Review B, 1997, 56 (8): 4417-4421.

[142] DE BOER P K, DE GROOT R A. Conduction Band of the Photographic Compound AgCl [J]. The Journal of Physical Chemistry A, 1999, 103 (26): 5113-5115.

[143] VOGEL D, KRUGER P, POLLMANN J. Ab initio electronic structure of silver halides calculated with self-interaction and relaxation-corrected pseudopotentials [J]. Physical Review B, 1998, 58 (7): 3865-3869.

[144] BASSETT W A, TAKAHASHI T, MAO H K, et al. Pressure-Induced Phase Transformation

in NaCl [J]. Journal of Applied Physics, 1968, 39 (1): 319-325.

[145] PALOMINO-ROJAS L A, LÓPEZ-FUENTES M, COCOLETZI G H, et al. Density functional study of the structural properties of silver halides: LDA vs GGA calculations [J]. Solid State Sciences, 2008, 10 (9): 1228-1235.

[146] VLAIC P, BURZO E, CARVA K. Oscillatory exchange coupling and strong direct tunnelling with AgCl based heterojunctions [J]. Journal of Alloys and Compounds, 2015, 630: 299-309.

[147] EL HAJ HASSAN F, ZAOUI A. Electronic structure of $CuCl_xBr_{1-x}$, $CuCl_xI_{1-x}$ and $CuBr_xI_{1-x}$ alloys [J]. Superlattices and microstructures, 2001, 30 (2): 75-80.

[148] FERHAT M, ZAOUI A, CERTIER M, et al. Electronic structure of the copper halides CuCl, CuBr and CuI [J]. Materials Science and Engineering: B, 1996, 39 (2): 95-100.

[149] EL HAJ HASSAN F, ZAOUI A, SEKKAL W. Structural properties of copper halides [J]. Materials Science and Engineering: B, 2001, 87 (1): 40-47.

[150] ZAOUI A, HASSAN F E H. Application of the full-potential linear augmented-plane-wave method to the study of electronic properties in semiconductors with d valence electrons [J]. Philosophical Magazine B, 2002, 82 (7): 791-800.

[151] AMRANI B, BENMESSABIH T, TAHIRI M, et al. First principles study of structural, elastic, electronic and optical properties of CuCl, CuBr and CuI compounds under hydrostatic pressure [J]. Physica B: Condensed Matter, 2006, 381 (1/2): 179-186.

[152] WANG J, LI J B, LI S S. Origins of magnetism in transition metal doped CuI [J]. Journal of Applied Physics, 2010, 108 (4): 043713.

[153] CHEN Z H, LI J B, LI S S. First principles and Monte Carlo study of Mn-doped CuCl/CuBr as room-temperature ferromagnetism materials [J]. Journal of Applied Physics, 2013, 111 (6): 063913.

[154] SAERBECK T, PEREIRO J, WAMPLER J, et al. Ferromagnetism in partially oxidized CuCl [J]. Journal of Magnetism and Magnetic Materials, 2013, 346: 161-165.

[155] ZHOU B Z, DONG S J, WANG J, et al. Effects of enhanced electronic correlation on magnetic properties of light non-metallic element (B, C, N, and O)-doped CuCl: A first-principles study [J]. Physics Letters A, 2014, 378 (40): 3001-3005.

[156] ADLI W, FERHAT M. d^0 Ferromagnetism in oxygen-doped CuCl: First principles study [J]. Solid State Communications, 2014, 189: 68-71.

[157] CAO T, LI Z, LOUIE S G. Tunable Magnetism and Half-Metallicity in Hole-Doped Monolayer GaSe [J]. Physical Review Letters, 2015, 114 (23): 236602.

[158] KUSAKABE K, GESHI M, TSUKAMOTO H, et al. New half-metallic materials with an

alkaline earth element [J]. Journal of Physics: Condensed Matter, 2004, 16 (48): S5639-S5644.

[159] XIAO X H, ZHU J, CHEN X R, et al. Elastic Constants of NaCl under Pressure via First-Principles Calculations [J]. Chinese Physics Letters, 2006, 23 (10): 2845-2847.

[160] PEREBEINOS V, ALLEN P B, WEINERT M. First-principles calculations of the self-trapped exciton in crystalline NaCl [J]. Physical Review B, 2000, 62 (19): 12589-12592.

[161] BORODIN A, HÖFFT O, KAHNERT U, et al. Interaction of NaCl with solid water [J]. The Journal of Chemical Physics, 2004, 121 (19): 9671-9678.

[162] ONO T, HIROSE K. First-principles study of dielectric properties of bulk NaCl and ultrathin NaCl films under a finite external electric field [J]. Physical Review B, 2005, 72 (8): 085105.

[163] PIVETTA M, PATTHEY F, STENGEL M, et al. Local work function Moiré pattern on ultrathin ionic films: NaCl on Ag(100)[J]. Physical Review B, 2005, 72 (11): 115404.

[164] CERESOLI D, ZYKOVA-TIMAN T, TOSATTI E. Electron-stimulated emission of Na atoms from NaCl nanocube corners [J]. Surface Science, 2006, 600 (18): 4315-4318.

[165] CERESOLI D, ZYKOVA-TIMAN T, TOSATTI E. Charging induced emission of neutral atoms from NaCl nanocube corners [J]. Journal of Physics: Condensed Matter, 2008, 20 (32): 325236.

[166] FEIBELMAN P J. Substitutional NaCl hydration in ice [J]. Physical Review B, 2007, 75 (21): 214113.

[167] SMITH E J, BRYK T, HAYMET A D J. Free energy of solvation of simple ions: Molecular-dynamics study of solvation of Cl^- and Na^+ in the ice/water interface [J]. The Journal of chemical physics, 2005, 123 (3): 034706.

[168] VLAIC P. Calculated magnetic and transport properties of Fe/NaCl/Fe(001) magnetic tunnel junction [J]. Journal of Magnetism and Magnetic Materials, 2010, 322 (9/10/11/12): 1438-1442.

[169] VLAIC P, BURZO E, CARVA K. Impact of Fe/NaCl(001) interface structure on electronic, magnetic and spin-polarized transport properties of Fe/NaCl/Fe(001) heterojunctions: An ab initio study [J]. Journal of Alloys and Compounds, 2014, 598: 41-53.

[170] TAO L L, LIU D P, LIANG S H, et al. Tunneling magnetoresistance of FePt/NaCl/FePt (001) [J]. EPL (Europhysics Letters), 2014, 105 (5): 58003.

[171] GONG K, ZHANG L, LIU L, et al. Large tunnel magnetoresistance ratio in Fe/O/NaCl/O/Fe [J]. Journal of Applied Physics, 2015, 118 (9): 093902.

[172] ZHANG J, GAO D Q, SI M S, et al. Origin of the unexpected room temperature

ferromagnetism: formation of artificial defects on the surface in NaCl particles [J]. Journal of Materials Chemistry C, 2013, 1 (39): 6216-6222.

[173] FREYSOLDT C, GRABOWSKI B, HICKEL T, et al. First-principles calculations for point defects in solids [J]. Reviews of Modern Physics, 2014, 86 (1): 253-305.

[174] LYONS J L, WLCKRAMARATNE D, VAN DE WALLE C G. A first-principles understanding of point defects and impurities in GaN [J]. Journal of Applied Physics, 2021, 129: 111101.

[175] RAEBIGER H, AYUELA A, VON BOEHM J. Electronic and magnetic properties of substitutional Mn clusters in (Ga, Mn) As [J]. Physical Review B, 2005, 72 (1): 014465.

[176] MERABET M, BENALIA S, RACHED D, et al. Structural and electronic properties of bulk (GaP) and (AlP) and their $(GaP)_n/(AlP)_n$ superlattices [J]. Superlattices and Microstructures, 2011, 49 (2): 132-143.

[177] HEDDAR H, ZAOUI A, FERHAT M. Magnetic behavior of $(MnN)_1/(AlN)_1$, $(MnN)_1/(GaN)_1$, and $(MnN)_1/(InN)_1$ superlattices [J]. Superlattices and Microstructures, 2013, 53: 16-23.

[178] MERABET M, RACHED D, BENALIA S, et al. Half-metallic ferromagnetism in $Al_{1-x}Cr_xP$ and superlattices $(AlP)_n/(CrP)_m$ by density functional calculations [J]. Superlattices and Microstructures, 2014, 65: 195-205.

[179] AKINAGA H, MANAGO T, SHIRAI M. Material Design of Half-Metallic Zinc-Blende CrAs and the Synthesis by Molecular-Beam Epitaxy [J]. Japanese Journal of Applied Physics, 2000, 39 (11B): L1118.

[180] ZHAO J H, MATSUKURA F, TAKAMURA K, et al. Room-temperature ferromagnetism in zincblende CrSb grown by molecular-beam epitaxy [J]. Applied Physics Letters, 2001, 79 (17): 2776-2778.

[181] MIZUGUCHI M, AKINAGA H, MANAGO T, et al. Epitaxial growth of zinc-blende CrAs/GaAs multilayer [J]. Journal of Applied Physics, 2002, 91 (10): 7917-7919.

[182] ONO K, OKABAYASHI J, MIZUGUCHI M, et al. Fabrication, magnetic properties, and electronic structures of nanoscale zinc-blende MnAs dots [J]. Journal of Applied Physics, 2002, 91 (10): 8088-8092.

[183] ALDOUS J D, BURROWS C W, SANCHEZ A M, et al. Cubic MnSb: Epitaxial growth of a predicted room temperature half-metal [J]. Physical Review B, 2012, 85 (6): 060403.

[184] ALDOUS J D, BURROWS C W, MASKERY I, et al. Growth and characterisation of NiSb (0001)/GaAs(111)B epitaxial films [J]. Journal of Crystal Growth, 2012, 357: 1-8.

[185] OOMAE H, IRIZAWA S, JINBO Y, et al. Studies of zinc-blende type MnAs thin films grown on InP (001) substrates by XRD [J]. Journal of Crystal Growth, 2013, 378: 410-414.

[186] SLIPUKHINA I, MAVROPOULOS P, BLUGEL S, et al. Ferromagnetic Spin Coupling of 2p Impurities in Band Insulators Stabilized by an Intersite Coulomb Interaction: Nitrogen-Doped MgO [J]. Physical Review Letters, 2011, 107 (13): 137203.

[187] ZHANG Y F, LIU H, WU J, et al. Impacts of enhanced electronic correlation in anion p-orbitals on electronic structure and magnetic properties of nitrogen or carbon doped zinc oxide [J]. Journal of Applied Physics, 2012, 111 (7): 07E313.

[188] KUKLI K, RITALA M, SAJAVAARA T, et al. Atomic layer deposition of calcium oxide and calcium hafnium oxide films using calcium cyclopentadienyl precursor [J]. Thin Solid Films, 2006, 500 (1/2): 322-329.

[189] WHITED R C, FLATEN C J, WALKER W C. Exciton thermoreflectance of MgO and CaO [J]. Solid State Communications, 1973, 13 (1): 1903-1905.

[190] YAMASAKI A, FUJIWARA T. Electronic structure of the MO oxides (M=Mg, Ca, Ti, V) in the GW approximation [J]. Physical Review B, 2002, 66 (24): 245108.

[191] MEDEIROS S K, ALBUQUERQUE E L, MAIA J F F, et al. CaO first-principles electronic properties and MOS device simulation [J]. Journal of Physics D: Applied Physics, 2007, 40 (6): 1655-1658.

[192] KENMOCHI K, SEIKE M, SATO K, et al. New Class of Diluted Ferromagnetic Semiconductors based on CaO without Transition Metal Elements [J]. Japanese Journal of Applied Physics, 2004, 43 (7A): L934-L936.

[193] KENMOCHI K, DINH V A, SATO K, et al. Materials Design of Transparent and Half-Metallic Ferromagnets of MgO, SrO and BaO without Magnetic Elements [J]. Journal of the Physical Society of Japan, 2004, 73 (11): 2952-2954.

[194] DINH V A, TOYODA M, SATO K, et al. Exchange Interaction and T_c in Alkaline-Earth-Metal-Oxide-Based DMS without Magnetic Impurities: First Principle Pseudo-SIC and Monte Carlo Calculation [J]. Journal of the Physical Society of Japan, 2006, 75 (9): 93705.

[195] LIU J, CHEN L, DONG H N, et al. First-principle study on the magnetic properties of six potential half-metallic ferromagnets: C-doped alkaline-earth chalcogenides [J]. Applied Physics Letters, 2009, 95 (13): 132502.

[196] ELFIMOV I S, RUSYDI A, CSISZAR S I, et al. Magnetizing Oxides by Substituting Nitrogen for Oxygen [J]. Physical Review Letters, 2007, 98 (13): 137202.

[197] SLIPUKHINA I, MAVROPOULOS P, BLUGEL S, et al. Ferromagnetic Spin Coupling of 2p

Impurities in Band Insulators Stabilized by an Intersite Coulomb Interaction: Nitrogen-Doped MgO [J]. Physical Review Letters, 2011, 107 (13): 137203.

[198] GANGULY R, SIRUGURI V, GOPALAKRISHNAN I K, et al. Stability of the layered $Sr_3Ti_2O_7$ structure in $La_{1.2}(Sr_{1-x}Ca_x)_{1.8}Mn_2O_7$ [J]. Journal of Physics: Condensed Matter, 2000, 12 (8): 1683-1689.

[199] WHITED R C, FLATEN C J, WALKER W C. Exciton thermoreflectance of MgO and CaO [J]. Solid State Communications, 1973, 13 (11): 1903-1905.

[200] MCLEOD J A, WILKS R G, SKORIKOV N A, et al. Band gaps and electronic structure of alkaline-earth and post-transition-metal oxides [J]. Physical Review B, 2010, 81 (24): 245123.

[201] PRIMAK W, KAUFMAN H, WARD R. X-Ray Diffraction Studies of Systems Involved in the Preparation of Alkaline Earth Sulfide and Selenide Phosphors [J]. Journal of the American Chemical Society, 1948, 70 (6): 2043-2046.

[202] RAO A S, KEARNEY R J. Logarithmic derivative reflectance spectra of BaO and SrO [J]. Physica Status Solidi B, 1979, 95 (1): 243-250.

[203] KALPANA G, PALANIVEL B, RAJAGOPALAN M. Electronic and structural properties of alkaline-earth oxides under high pressure [J]. Physical Review B, 1995, 52 (1): 4-7.

[204] SOREF R A. Optical band gap of the ternary semiconductor $Si_{1-x-y}Ge_xC_y$ [J]. Journal of Applied Physics, 1991, 70 (4): 2470-2472.

[205] SOREF R A. Electro-optical and nonlinear optical coefficients of ordered group Ⅳ semiconductor alloys [J]. Journal of Applied Physics, 1992, 72 (2): 626-630.

[206] SOREF R A. Nonlinear refractive index of Ⅳ-Ⅳ compound semiconductors [J]. Applied Optics, 1992, 31 (23): 4627-4629.

[207] SOREF R A. Silico-based group IV heterostructures for optoelectronic applications [J]. Journal of Vacuum Science & Technology A: Vacuum, Surfaces, and Films, 1996, 14 (3): 913-918.

[208] EBERL K, IYER S S, ZOLLNER S, et al. Growth and strain compensation effects in the ternary $Si_{1-x-y}Ge_xC_y$ alloy system [J]. Applied Physics Letters, 1992, 60 (24): 3033-3035.

[209] BRUNNER K, EBERL K, WINTER W, et al. Growth and characterization of $Ge_{1-y}C_y/Si$ superlattice structures on Si substrates [J]. Applied Surface Science, 1996, 102: 17-21.

[210] EBERL K, BRUNNER K, WINTER W. Pseudomorphic $Si_{1-y}C_y$ and $Si_{1-x-y}Ge_xC_y$ alloy layers on Si [J]. Thin Solid Films, 1997, 294 (1/2): 98-104.

[211] OKINAKA M, HAMANA Y, TOKUDA T, et al. Effect of lower growth temperature on C

incorporation in GeC epilayers on Si (001) grown by MBE [J]. Physica E: Low-dimensional Systems and Nanostructures, 2003, 16 (3/4): 473-475.

[212] CHENG C, NEEDS R J, HEINE V, et al. Confirmation of an ANNNI-Like Model for Polytypism in SiC [J]. EPL (Europhysics Letters), 1987, 3 (4): 475-479.

[213] CHENG C, NEEDS R J, HEINE V. Inter-layer interactions and the origin of SiC polytypes [J]. Journal of Physics C: Solid State Physics, 1988, 21 (6): 1049-1063.

[214] KACKELL P, WENZEIN B, BECHSTEDT F. Influence of atomic relaxations on the structural properties of SiC polytypes from ab initio calculations [J]. Physical Review B, 1994, 50 (23): 17037-17046.

[215] PIZZAGALLI L. Stability and mobility of screw dislocations in 4H, 2H and 3C silicon carbide [J]. Acta Materialia, 2014, 78: 236-244.

[216] SAHU B R. Electronic structure and bonding of ultralight LiMg [J]. Materials Science and Engineering: B, 1997, 49 (1): 74-78.

[217] NOSE S. A unified formulation of the constant temperature molecular dynamics methods [J]. The Journal of chemical physics, 1984, 81 (1): 511-519.

[218] GRIMSDITCH M, POLIAN A, BRAZHKIN V, et al. Elastic constants of α-GeO_2 [J]. Journal of Applied Physics, 1998, 83: 3018-3020.

[219] LIU Q J, LIU Z T, FENG L P. Calculations of structural, elastic, electronic, and optical properties of trigonal CdI_2 [J]. Physica Status Solidi B, 2011, 248 (7): 1629-1633.

[220] PENG H, XIANG H J, WEI S H, et al. Origin and enhancement of hole-induced ferromagnetism in first-row d^0 semiconductors [J]. Physical Review Letters, 2009, 102 (1): 017201.

[221] STONER E C. Collective electron ferronmagnetism [J]. Proceedings of the Royal Society of London A, 1938, 165 (922): 372-414.

[222] HUND F. Zur deutung verwickelter spektren, insbesondere der elemente scandium bis nickel [J]. Zeitschrift für Physik, 1925, 33 (1): 345-371.

[223] ZHANG C W, YAN S S. Half-metallic ferromagnetism in wurtzite MC (M=Ca, Sr, Ba and Mg) [J]. Solid State Communications, 2009, 149 (9/10): 387-392.

[224] ZHAO H, DONG S J, SONG Y. First-principles Studies on Electronic and Magnetic Properties of I^{A}-III^{A} and I^{A}-IV^{A} Compounds with Zinc-Blende and Wurtzite Structures [J]. Journal of Superconductivity and Novel Magnetism, 2015, 28 (5): 1535-1541.

[225] GEIM A K, NOVOSELOV K S. The rise of graphene [J]. Nature Materials, 2007, 6 (3): 183-191.

[226] NAIR R R, BLAKE P, GRIGORENKO A N, et al. Fine structure constant defines visual

transparency of graphene [J]. Science, 2008, 320 (5881): 1308.

[227] JIAO L, ZHANG L, WANG X, et al. Narrow graphene nanoribbons from carbon nanotubes [J]. Nature, 2009, 458 (7240): 877-880.

[228] MEYER J C, KURASCH S, PARK H J, et al. Experimental analysis of charge redistribution due to chemical bonding by high-resolution transmission electron microscopy [J]. Nature Materials, 2011, 10 (3): 209-215.

[229] KOMSA H P, KOTAKOSKI J, KURASCH S, et al. Two-Dimensional Transition Metal Dichalcogenides under Electron Irradiation: Defect Production and Doping [J]. Physical Review Letters, 2012, 109 (3): 035503.

[230] LEBÈGUE S, BJÖRKMAN T, KLINTENBERG M, et al. Two-dimensional materials from data filtering and ab initio calculations [J]. Physical Review X, 2013, 3 (3): 031002.

[231] ATACA C, SAHIN H, CIRACI S. Stable, single-layer MX_2 transition-metal oxides and dichalcogenides in a honeycomb-like structure [J]. The Journal of Physical Chemistry C, 2012, 116 (16): 8983-8999.

[232] SHI H, PAN H, ZHANG Y W, et al. Quasiparticle band structures and optical properties of strained monolayer MoS_2 and WS_2 [J]. Physical Review B—Condensed Matter and Materials Physics, 2013, 87 (15): 155304.

[233] MAK K F, LEE C, HONE J, et al. Atomically thin MoS_2: a new direct-gap semiconductor [J]. Physical Review Letters, 2010, 105 (13): 136805.

[234] RADISAVLJEVIC B, KIS A. Mobility engineering and a metal-insulator transition in monolayer MoS_2 [J]. Nature Materials, 2013, 12 (9): 815-820.

[235] DENG M, YANG X, SILKE M, et al. Electrochemical deposition of polypyrrole/graphene oxide composite on microelectrodes towards tuning the electrochemical properties of neural probes [J]. Sensors and Actuators B: Chemical, 2011, 158 (1): 176-184.

[236] XU M S, FUJITA D, HANAGATA N. Perspectives and challenges of emerging single-molecule DNA sequencing technologies [J]. Small, 2009, 5 (23): 2638-2649.

[237] WILSON J A, YOFFE A D. The transition metal dichalcogenides discussion and interpretation of the observed optical, electrical and structural properties [J]. Advances in Physics, 1969, 18 (73): 193-335.

[238] OSADA M, SASAKI T. Two-dimensional dielectric nanosheets: novel nanoelectronics from nanocrystal building blocks [J]. Advanced Materials, 2012, 24 (2): 210-228.

[239] HOZOI L, SIURAKSHINA L, FULDE P, et al. Ab Initio determination of Cu 3d orbital energies in layered copper oxides [J]. Scientific Reports, 2011, 1 (1): 65.

[240] GOLBERG D, BANDO Y, HUANG Y, et al. Boron nitride nanotubes and nanosheets [J].

ACS Nano, 2010, 4 (6): 2979-2993.

[241] ZHANG H, LIU C X, QI X L, et al. Topological insulators in Bi_2Se_3, Bi_2Te_3 and Sb_2Te_3 with a single Dirac cone on the surface [J]. Nature Physics, 2009, 5 (6): 438-442.

[242] TANG H, LIANG D, QIU R L, et al. Two-dimensional transport-induced linear magneto-resistance in topological insulator Bi_2Se_3 nanoribbons [J]. ACS Nano, 2011, 5 (9): 7510-7516.

[243] YAO X, MOON J, CHEONG S W, et al. Structurally and chemically compatible $BiInSe_3$ substrate for topological insulator thin films [J]. Nano Research, 2020, 13: 2541-2545.

[244] ZHANG H B, YU H L, BAO D H, et al. Magnetoresistance Switch Effect of a Sn-Doped Bi_2Te_3 Topological Insulator [J]. Advanced Materials, 2012, 24 (1): 132-136.

[245] GAMBLE F R, SILBERNAGEL B G. Anisotropy of the proton spin-lattice relaxation time in the superconducting intercalation complex TaS_2 (NH_3): Structural and bonding implications [J]. The Journal of Chemical Physics, 1975, 63 (6): 2544-2552.

[246] TANG X, XIE W, LI H, et al. Preparation and thermoelectric transport properties of high-performance p-type Bi_2Te_3 with layered nanostructure [J]. Applied Physics Letters, 2007, 90: 12102.

[247] CAHANGIROV S, TOPSAKAL M, AKTÜRK E, et al. Two-and one-dimensional honeycomb structures of silicon and germanium [J]. Physical Review Letters, 2009, 102 (23): 236804.

[248] SCHLESINGER M E. The thermodynamic properties of phosphorus and solid binary phosphides [J]. Chemical Reviews, 2002, 102 (11): 4267-4301.

[249] SUN Y, WANG L Y, WANG C Y, et al. Mechanical properties of 2D blue phosphorus and temperature effect [J]. Nanotechnology, 2021, 32 (8): 085702.

[250] ZHANG Y W, YAN H X, LIU X Y, et al. Highly anisotropic and tunable charge carrier of monolayer phosphorus allotropes by bi-axial strain [J]. Physics Letters A, 2020, 384 (36): 126896.

[251] BELSKY A, HELLENBRANDT M, KAREN V L, et al. New developments in the Inorganic Crystal Structure Database (ICSD): Accessibility in support of materials research and design [J]. Acta Crystallographica Section B: Structural Science, 2002, 58: 364-369.

[252] OKUDERA H, DINNEBIER R E, SIMON A. The crystal structure of γ-P4, a low temperature modification of white phosphorus [J]. Zeitschrift für Kristallographie, 2005, 220 (2/3): 259-264.

[253] CEPPATELLI M, BINI R, CAPORALI M, et al. High-pressure chemistry of red phosphorus and water under near-UV irradiation [J]. Angewandte Chemie: International Edition, 2013,

52 (8): 2313-2317.

[254] SLADKOVA K, HOUSKA J, HAVEL J. Laser desorption ionization of red phosphorus clusters and their use for mass calibration in time-of-flight mass spectrometry [J]. Rapid Communications in Mass Spectrometry, 2009, 23 (19): 3114-3118.

[255] AYKOL M, DOAK J W, WOLVERTON C. Phosphorus allotropes: Stability of black versus red phosphorus re-examined by means of the van der Waals inclusive density functional method [J]. Physical Review B, 2017, 95 (21): 214115.

[256] BRIDGMAN P W. Two new modifications of phosphorus [J]. Journal of the American Chemical Society, 1914, 36: 1344-1363.

[257] LANGE S, SCHMIDT P, NILGES T. Au_3SnP_7@black phosphorus: An easy access to black phosphorus [J]. Inorganic Chemistry, 2007, 46 (10): 4028-4035.

[258] QIAO J S, KONG X H, HU Z X, et al. Few-layer black phosphorus: emerging direct band gap semiconductor with high carrier mobility [J]. Nat. Commun., 2014, 5: 4475.

[259] LI B, LAI C, ZENG G, et al. Black phosphorus, a rising star 2D nanomaterial in the post-graphene era: synthesis, properties, modifications, and photocatalysis applications [J]. Small, 2019, 15 (8): 1804565.

[260] LEE H, PAENG K, KIM I S. A review of doping modulation in graphene [J]. Synthetic Metals, 2018, 244: 36-47.

[261] GAO K, WANG B, TAO L, et al. Efficient metal-free electrocatalysts from N-doped carbon nanomaterials: mono-doping and co-doping [J]. Advanced Materials, 2019, 31 (13): 1805121.

[262] LUO P, ZHUGE F, ZHANG Q, et al. Doping engineering and functionalization of two-dimensional metal chalcogenides [J]. Nanoscale Horizons, 2019, 4 (1): 26-51.

[263] BAI M, ZHANG W, HE C. Electronic and magnetic properties of Ga, Ge, P and Sb doped monolayer arsenene [J]. Journal of Solid State Chemistry, 2017, 251: 1-6.

[264] KOMSA H P, KOTAKOSKI J, KURASCH S, et al. Two-dimensional transition metal dichalcogenides under electron irradiation: defect production and doping [J]. Physical Review Letters, 2012, 109 (3): 035503.

[265] LIU H, ZENG F, GAO S, et al. Contributions of magnetic properties in epitaxial copper-doped ZnO [J]. Physical Chemistry Chemical Physics, 2013, 15 (31): 13153-13161.

[266] GHADIRI M, GHASHGHAEE M, GHAMBARIAN M. Mn-doped black phosphorene for ultrasensitive hydrogen sulfide detection: Periodic DFT calculations [J]. Physical Chemistry Chemical Physics, 2020, 22 (27): 15549-15558.

[267] CHEN Z, LIU X, ZHAO J, et al. Strain effect on the catalytic activities of B-and B/N-doped

black phosphorene for electrochemical conversion of CO to valuable chemicals [J]. Journal of Materials Chemistry A, 2020, 8 (24): 11986-11995.

[268] GUO H, CHU W, ZHENG Q, et al. Tuning the carrier lifetime in black phosphorene through family atom doping [J]. The Journal of Physical Chemistry Letters, 2020, 11 (12): 4662-4667.

[269] ZHAO Y, NING J, HU X, et al. Adjustable electronic, optical and photocatalytic properties of black phosphorene by nonmetal doping [J]. Applied Surface Science, 2020, 505: 144488.

[270] GHASHGHAEE M, AZIZI Z, GHAMBARIAN M. Substitutional doping of black phosphorene with boron, nitrogen, and arsenic for sulfur trioxide detection: a theoretical perspective [J]. Journal of Sulfur Chemistry, 2020, 41 (4): 399-420.

[271] HASHMI A, HONG J. Transition metal doped phosphorene: first-principles study [J]. The Journal of Physical Chemistry C, 2015, 119 (17): 9198-9204.

[272] YU W, ZHU Z, NIU C Y, et al. Dilute magnetic semiconductor and half-metal behaviors in 3d transition-metal doped black and blue phosphorenes: A first-principles study [J]. Nanoscale Research Letters, 2016, 11 (1): 1-9.

[273] WANG K, WANG H, ZHANG M, et al. Electronic and magnetic properties of doped black phosphorene with concentration dependence [J]. Beilstein Journal of Nanotechnology, 2019, 10: 993-1001.

[274] SEGALL M D, LINDAN P J, PROBERT M A, et al. First-principles simulation: ideas, illustrations and the CASTEP code [J]. Journal of Physics: Condensed Matter, 2002, 14 (11): 2717.

[275] MILMAN V, WINKLER B, WHITE J A, et al. Electronic structure, properties, and phase stability of inorganic crystals: A pseudopotential plane-wave study [J]. International Journal of Quantum Chemistry, 2000, 77 (5): 895-910.

[276] ZHENG H, ZHANG J, YANG B, et al. A first-principles study on the magnetic properties of nonmetal atom doped phosphorene monolayers [J]. Physical Chemistry Chemical Physics, 2015, 17 (25): 16341-16350.

[277] KONG L J, LIU G H, ZHANG Y J. Tuning the electronic and optical properties of phosphorene by transition-metal and nonmetallic atom co-doing [J]. RSC Advances, 2016, 6 (13): 10919-10929.

[278] HITTORF W. Zur kenntniss des phosphors [J]. Annalen der Physik, 1865, 202 (10): 193-228.

[279] TSAI H S, LAI C C, MEDINA H, et al. Scalable graphene synthesised by plasma-assisted selective reaction on silicon carbide for device applications [J]. Nanoscale, 2014, 6 (22):

13861-13869.

[280] TSAI H S, LAI C C, HSIAO C H, et al. Plasma-assisted synthesis of high-mobility atomically layered violet phosphorus [J]. ACS Applied Materials & Interfaces, 2015, 7 (25): 13723-13727.

[281] ZHANG L H, HUANG H Y, ZHANG B, et al. Structure and properties of violet phosphorus and its phosphorene exfoliation [J]. Angewandte Chemie: International Edition, 2020, 59 (3): 1074-1080.

[282] LIU H, NEAL A T, ZHU Z, et al. Phosphorene: An unexplored 2D semiconductor with a high hole mobility [J]. ACS Nano, 2014, 8 (4): 4033-4041.

[283] LU Y, DONG S J, ZHOU W, et al. Hittorf's violet phosphorene as a promising candidate for optoelectronic and photocatalytic applications: First-principles characterization [J]. Physical Chemistry Chemical Physics, 2018, 20 (17): 11967-11975.

[284] LU Y L, DONG S, LI J, et al. Prediction of spin-dependent electronic structures of 3d transition metals doped Hittorf's violet phosphorene towards spintronics [J]. Physica E: Low-dimensional Systems and Nanostructures, 2022, 138: 115068.

[285] 卢一林，董盛杰，崔方超，等．碳和氧掺杂紫磷烯作为双极磁性半导体材料的理论预测 [J]．物理学报，2024，73 (1)：016301.

[286] BAUMER F, MA Y, SHEN C, et al. Synthesis, characterization, and device application of antimony-substituted violet phosphorus: a layered material [J]. Acs Nano, 2017, 11 (4): 4105-4113.

[287] GRIMME S. Semiempirical GGA-type density functional constructed with a long-range dispersion correction [J]. Journal of Computational Chemistry, 2006, 27 (15): 1787-1799.

[288] LIECHTENSTEIN A I, ANISIMOV V I, ZAANEN J. Density-functional theory and strong interactions: Orbital ordering in Mott-Hubbard insulators [J]. Physical Review B, 1995, 52 (8): R5467.

[289] ANISIMOV V V, ATADZHANOV K L. The diffusion approximation of systems with repeated calls [J]. Theor. Probab. and Math. Statistics, 1991, 44: 3-8.

[290] CHIEN C H, CHIOU S H, GUO G Y, et al. Electronic structure and magnetic moments of 3d transition metal-doped ZnO [J]. Journal of magnetism and magnetic materials, 2004, 282: 275-278.

[291] BAUMER F, MA Y, SHEN C, et al. Synthesis, characterization, and device application of antimony-substituted violet phosphorus: a layered material [J]. Acs Nano, 2017, 11 (4): 4105-4113.

[292] HASHMI A, HONG J. Transition metal doped phosphorene: first-principles study [J]. The Journal of Physical Chemistry C, 2015, 119 (17): 9198-9204.

[293] DATTA S, DAS B. Electronic analog of the electro-optic modulator [J]. Appl. Phys. Lett., 1990, 56: 665-667.

[294] FUJIMORI H, MIYSNI S, OHNUMA S. Tunnel-type GMR in metal-nonmetal granular alloy thin film [J]. Mater Sci Eng., 1995, B31: 219-223.

[295] HWANG H Y, CHEONG S W, RADNELLI P G, et al. Spin-polarized Intergrain Tunneling in $La_{2/3}Sr_{1/3}MnO_3$ [J]. Phys. Rev. Lett., 1996, 77: 2041.

[296] LU Y, LI X W, GONG G Q, et al. Large magnetotunneling effect at low magnetic fields in micrometer-scale epitaxial $La_{0.67}Sr_{0.33}MnO_3$ tunnel junctions [J]. Phys. Rev., 1996, 54B: R8357.

[297] SCHELP F, LEE S F, FETTAR F, et al. Spin-dependent tunneling between ferromagnetic metals in a new type of tunnel junction [J]. Appl. Phys., 1997, 81 (8): 5508.

[298] SALAHUDDIN S, NI K, DATTA S. The era of hyper-scaling in electronics [J]. Nature Electronics, 2018, 1 (8): 442-450.

[299] LI X, CAI W, AN J, et al. Large-area synthesis of high-quality and uniform graphene films on copper foils [J]. Science, 2009, 324: 1312-1314.

[300] LIU L, LI T, MA L, et al. Uniform nucleation and epitaxy of bilayer molybdenum disulfide on sapphire [J]. Nature, 2022, 605: 69-75.

[301] NGUYEN V L, SHIN B G, DUONG D L, et al. Seamless stitching of graphene domains on polished copper (111) foil [J]. Adv Mater, 2015, 27: 1376-1382.

[302] FU J H, MIN J, CHANG C K, et al. Oriented lateral growth of two-dimensional materials on c-plane sapphire [J]. Nat Nanotechnol, 2023, 18: 1289-1294.

[303] LI X, MAGNUSON C W, VENUGOPAL A, et al. Large-area graphene single crystals grown by low-pressure chemical vapor deposition of methane on copper [J]. J Am Chem Soc, 2011, 133: 2816-2819.

[304] HAO Y, BHARATHI M S, WANG L, et al. The role of surface oxygen in the growth of large single-crystal graphene on copper [J]. Science, 2013, 342: 720-723.

[305] LIU C, XU X, QIU L, et al. Kinetic modulation of graphene growth by fluorine through spatially confined decomposition of metal fluorides [J]. Nat Chem, 2019, 11: 730-736.

[306] JIN G, LEE C S, OKELLO O F N, et al. Heteroepitaxial van der Waals semiconductor superlattices [J]. Nat Nanotechnol, 2021, 16: 1092-1098.

[307] WANG M, HUANG M, LUO D, et al. Single-crystal, large-area, fold-free monolayer graphene [J]. Nature, 2021, 596: 519-524.

[308] YUAN G, LIU W, HUANG X, et al. Stacking transfer of wafer-scale graphene-based van der Waals superlattices [J]. Nat Commun, 2023, 14: 5457.

[309] CHENG R, YIN L, WEN Y, et al. Ultrathin ferrite nanosheets for room-temperature two-dimensional magnetic semiconductors [J]. Nature Communications, 2022, 13 (1): 5241.

[310] WU S, HE Z, GU M, et al. Robust ferromagnetism in wafer-scale Fe_3GaTe_2 above room-temperature [J]. Nature Communications, 2024, 15 (1): 10765.

[311] ZHANG R W, CUI C, LI R, et al. Predictable gate-field control of spin in altermagnets with spin-layer coupling [J]. Physical Review Letters, 2024, 133 (5): 056401.

[312] LIU Y P, OU Z W, ZHU T X, et al. A millisecond integrated quantum memory for photonic qubits [J]. Science Advances, 2025, 11 (13): eadu5264.

[313] ZHAO M, ZHAO Y, WANG J, et al. Efficient Magnetism Controlled by Visible Light Using Perovskite Quantum Dots with Hybrid Interface Architecture [J]. Advanced Functional Materials, 2025: 2425518.

[314] MENG K, LI M, GUO L, et al. Room-Temperature Organic Spintronic Devices with Wide Range Magnetocurrent Tuning and Multifunctionality via Electro-Optical Compensation Strategy [J]. Advanced Materials, 2025: 2417995.